柳學

向未來的臺灣——21世紀環境觀與永續實踐

林俊全、蘇淑娟、王文誠、周儒
邱文彥、黃光瀛、劉益昌、詹素娟
周永暉、施照輝、劉喜臨、吳宗瓊
——著

目次
contents

目次
contents

PART II

海之層理——文化的 歷史的 生態的

關於天、人、海、風、土及自然的連結。
關於地質環境、動植物生態、人文印記、歷史變遷。
野柳岬是被打開的一扇門，是通往世界的海岬。
Cape to the world！

新北萬里

目次
contents

PART III

潮向世界——永續的 觀光的 數位的

此處是陸地的終點，更是海洋的起點。
以「野柳學」開展景區生態保育，落實永續旅遊與數位觀光，
女王頭將自我超越，一圓人們心中的夢想，
奉獻一座臺灣的地質公園予全世界。

推薦序1

對野柳的情感漣漪，有了依靠的方向

劉瑩三／臺灣地質公園學會理事長

野柳的單面山、女王頭、俏皮公主、燭臺石、豆腐岩、海膽化石、生痕化石等傑出的地質地形景觀（地景），是國內外遊客經常造訪的遊憩景點，也是許多人共同的美麗記憶。野柳除了可欣賞優良的地景，更是二十一世紀環境觀與永續發展實踐的場域。本書集結了林俊全等十二位地理、環境教育、海洋文化與保育、生態、考古、民族學、觀光遊憩領域的專家，從他們過去的研究成果，擷取精華，發展出以野柳為場域，建構地方知識學的——野柳學。

筆者以地質學、地形學為研究興趣，是閱讀地景的推廣者，過去數十年間經常到訪野柳，領略了野柳由起始到興盛、衰退再起的各個時期，也曾經在心中泛起些許漣漪。在聆聽演講與閱讀付梓前的初稿時，驚豔於書中多元的觀點、完整豐富的內容，諸如環境保育新路徑、透過地景環境治理與社區參與發展永續的社會韌性、以野柳學的空間生產思索並回應時代、回到環境的根本關懷、隨時代流變的海洋文化與保護、生態與人的跨域新境界、海岸型風景區的文化意涵、野柳學的歷史意涵與當代意義、國家景區全面永續發展與數位轉型、未來觀光發展的新作為、觀光政策的四大前瞻構思、地質旅遊永續關鍵與新野柳行動等，心中皆深有所感。

書中令人印象最深刻的觀點，包括林俊全教授提出「站上全球保育舞臺的機會—地質公園」、「翻閱一本本地書，讓自然素養成為DNA」；蘇淑娟教授「拉開空間、時間，看見地方的價值」、「創造共生共榮的人文、自然環境新範型—環境治理的韌性」；王文誠教授「空間實踐、空間再現—生物、非生物、文化面向」、「將抽象空間轉化為可感知的地景，推動土地和區域永續發展」；周儒教授「感受自己真實活著—自然連結為人類帶來健康與幸福」、「全社會轉型，成為內化的生活方式」；邱文彥教授「環境永續必須含納在地生活與文化」、「地景整合與國土留白」；黃光瀛博士提出「海洋文化與漁村民俗交融出的信仰」、「從在地歷史走向充滿活力的永續化」；劉益昌教授提出「海不是阻隔，而是道路」、「人和海岸的關係」；詹素娟研究員提出「灣澳聚落．漁業生計」、「軍管餘緒．轉型觀光」；周永暉署長提出「如大樹般的永續生態網—導入ESG、SDGs等價值鏈，全面衡平發展」、「以地質公園建構起國家風景區海洋觀光新方向」；施照輝博士提出「建構新的旅遊記憶點」、「上位思考，Thinking Big—擴大尺度，以野柳做為臺灣地質公園入口」；劉喜臨教授提出「疫後前瞻趨勢，消費視角擒拿術—找出內在價值，成為身心靈能量來源」、「創意加值，政策創新永續路」，以及吳宗瓊教授提出「發揮具魅力的地方性，朝向地方永續的旅遊行動」、「把利益留在地方—適地、具創意、有味道的經濟永續與資源商業化」等。

以上這些觀點中的在地化、善用在地資源、國際化、師法他國的典範、生態永續、海洋文化與保育、地質公園的推展與實踐、閱讀地景等，都是我國在施行地景保育、地質公園推展與永續發展上值得仔細反思並做為日後行動的指引。

臺灣地質公園學會以促進地質公園相關之學術研究及地景保育、環境教育、社區參與、地景旅遊等工作為宗旨，本書的出版，提供了新的觀點、實踐的方向與方法，值得同好者細細閱讀並攜手共同推動地質公園。

二〇二四年七月一日於花蓮

推薦序2

野柳學、學野柳

湯錦惠／新空間公司總經理

海不是阻隔，而是道路；「疫情不是終點，而是展現韌性的開始！」這著實是疫情以來園區的最佳寫照。因肩負著野柳地質公園經營責任，當我們在疫情期間面臨整日遊客人數只剩九人的時候，足以堅持下去的力量就是這股熱誠的信念！

我與野柳的緣分很深，從一九七九年離鄉背井遠嫁萬里的「野柳媳婦」，到成為野柳地質公園委託民間的「經營管理業者」，對我而言，這不只是「身分」的轉移，更是「責任」的改變，也因為親身參與野柳從小漁村登上國際舞臺的歷程，才更瞭解這一路上有多不容易！

野柳地質公園二〇一九年成為新北市第一個依據《文化資產保存法》正名的地質公園，但鮮少人知道野柳地質公園最早是萬里鄉公所的公共造產「野柳風景區」；後來由臺北縣政府（現為新北市）管理並稱為「野柳風景特定區管理所」；直到交通部觀光局（現為觀光署）北海岸及觀音山國家風景區管理處（北觀處）推動下，更名為「野柳地質公園」；其又於二〇〇六年依財政部促參法辦理野柳地質公園委託民間參與管理（OT）案，委託「新空間」團隊經營，至今已將近十九年。

十九年可以成就多少事情？我想，足夠成為一位「野柳痴」！因著這份痴迷，穿上園區制服時，領著新空間團隊遵循著 UNESCO 地質公園的宗旨，為保育珍貴地質景觀與推廣環境教育，也為不負我們引以為傲、名為野柳的臺灣之光而努力！在滿身汗水換上便服後，換個場景領著「萬里區瑪鋉漁村文化生活協會」的當地漁婦走出廚房，學習導覽、訪問耆老、推動社區環教活動，集眾人之力讓野柳漁村文化的故事得以留存！

而一場始料未及的疫情，替所有人都上了一課！就算野柳是國際知名的景區，疫情之下一樣元氣大傷，如今好不容易生存下來，接下來的每一步都必須要走得踏實！後疫情時代，觀光模式改變，野柳面臨的挑戰更多了。所幸，野柳痴不只我一個。

林俊全老師於二〇二三年提出「野柳學」系列論壇的想法，由十二個不同主題構成，聚集了十二位不同領域頂尖的專家學者，為此完成了一場場精彩絕倫的講座。這些講題不只涵蓋了地質公園的四大核心價值，還包括國際行銷、觀光創新等當今觀光發展議題。

「野柳學」系列論壇從臺灣最新觀光趨勢的兩大核心——永續發展、智慧景區（數位轉型）開始，再以野柳為對象，重新爬梳、整頓野柳特有的海洋文化、自然資源、社區發展、漁港歷史、環境教育、地景空間及地景保育等脈絡，藉由學者們的歸納與分析，提供我們嶄新的觀點與視野。

而在這十二場講座中，我們得以思考野柳的「土肉」是什麼？我們是否做到了真正全盤的知寶、惜寶，護寶，進而現寶？我們土生土長的這片土地跟海洋的關係為何？乘載著舊時軍事管制記憶的野柳，又可以怎麼豐富野柳漁村的生命、敘說厚度？而我們還可以如何引導大眾用新的眼光來「品野柳」？如何連結社區創造善循環觀光？或是善用既有的資源創造一個新常態旅遊？以及，如何在數位化時代增加服務的溫度和體驗價值？如何在3C影音充斥的年代，增加人們與自然的連結感？而野柳的自然可以用什麼方式來閱讀呢？是細膩的理性描述景色、還是追求剎那間的景致，抑或捕捉眼前光與色彩的風景變化，繼而締造幸福的、永續的生態旅遊，從中培養對土地的關愛與核心素養。

「野柳學」系列論壇的每一場講座內容都是環環相扣，每一場都具有承先啟後之作用，錯過任何一個主題都令人感到惋惜。值得振奮的消息是，這些精彩的演講內容，已經由演講者撰寫成文稿並收錄在本書中，提供更多人在書中尋找上述問題的答案。

「野柳」有幸成「學」，特別感謝臺灣地質公園學會以及交通部觀光署北觀處為野柳、為臺灣地質公園的付出，以及這次為野柳學花費諸多心血的講者：周永暉署長、邱文彥榮譽講座教授、黃光瀛主任、吳宗瓊教授、蘇淑娟教授、施照輝館長、劉益昌特聘教授、詹素娟教授、劉喜臨教授、周儒教授、王文誠教授、林俊全特聘教授等十二位專家學者（依野柳學論壇場次順序）。期許「野柳學」不僅止於體現理解野柳之「學」，而是可以做為理解其他風景區、地質公園的地方學典範。

推薦序3

品味地景中的歲月與芬芳

杜虹／自然文學作家

野柳，是許多人學生年代校外參觀或畢業旅行會探訪的景點，我也曾經在小學畢業旅行來到野柳，只記得這裡的岩石很特別，有一個女王頭，以及零亂的攤販區。於此一別就是許多許多年。

五年前因公再到野柳，這在記憶中並不陌生的地方，卻給了我全新的視野與感知，成為我心中惦記的所在。那是四月的野柳，海岸的海蝕平臺上滿布綠色海藻，海蝕溝吞吐海水的吟唱，蕈狀岩列隊迎向歲月風雨的雕刻。遊人穿梭石陣之間，女王頭是眾人朝聖的座標。現下的女王，經歷大自然長時間的洗禮，已較我初次拜訪時清瘦。人會老，岩石也會老，只是經歷的時間長短有別。

厚層砂岩是野柳岩地的基質，質地硬度不同所造成的差異侵蝕，刻畫出岩石的花朵、蜂窩岩、球石、燭臺石、豆腐岩等精彩的地景畫面。步履之間，風化雨蝕掀開岩石的記憶，海膽化石鮮豔顯影，如一朵朵歲月的寶藏。而鐵氧化形成的銹染紋，更將石面彩成各式圖像，走筆自由，渾然天成，無一重複，隨意取景皆是天成畫作！

大多數遊客只在園區前段賞石，當我們越過初開的臺灣百合，走入山海間的「賞鳥步道」後遊人轉少。步道上眺望，季風吹送著海潮，岸邊巨岩壯闊排立，當人影行過巨型砂岩構成的「單面山」石牆，方知野柳的地景如是壯麗。而一路穿行山海之間，風剪的樹吐露新葉，各色花朵或繽紛或含香，彩蝶訪花與產卵，鳥兒覓食與育幼，野柳原來也是自然生態精彩動人的地域！因為本身研究蝴蝶，對此地可以近距離接觸的彩蝶感到十分驚豔。

當時不禁自問：是怎樣的淬煉，讓野柳在我腦海全新閃亮？如今這本《野柳學》給了我答案。

《野柳學》試圖建構一個典範，為臺灣的「地質公園」許一個未來。從自然生態、文化歷史、環境保育、地景環境治理、社區參與、時代回應、環境教育、永續發展與觀光、美學與人民的素養等面向，「試著剖析當代地質公園由下而上的深刻內涵，並建構一套新區域地理學的路徑。」《野柳學》不只是野柳，也不只是自然或人文的關懷，而是對整體區域規劃、經營管理及永續發展的反思與實踐。

聯合國教科文組織二〇一五年通過地質公園倡議，以地景保育、環境教育、地景旅遊及社區參與為核心內涵。在臺灣，催生地質公園的人，是林俊全教授，二〇一七年，政府依《文化資產保存法》公告馬祖地質公園成立，中央主管機關為當時的林務局。而後在蘇淑娟教授、王文誠教授及劉瑩三教授的協力之下，地質公園蓬勃發展，目前臺灣已經有十座地方級地質公園。

書中林俊全教授提到：在快速發展的世界保育潮流中，「地質公園」是以地方發展為目標的方案。對內來看，地方居民透過地質公園的經營，可更深刻瞭解地方鄉土，產生榮耀感；對外的解說服務，則可讓造訪者瞭解當地特色，進而促進地方經濟，達到永續發展的目標。

永續發展最真實的操作，莫過於在地環境守護。一方水土一方情，每個地域有其歲月與文化累積的特色，藉由當地參與，也可以讓參訪者深刻品味在地生活的種種。每年參加臺灣地質公園網絡大會，看見來自各地的社區夥伴認真介紹自家鄉土，社區間熱烈交流與相互合作，使人真切感受到地質公園網絡的人情溫度與芬芳。

野柳，正是臺灣地質公園網絡的先鋒地域。二〇一二年十二月這裡成立「野柳自然中心」，二〇二一年一月成為地方級地質公園，就如書中所言：「經過長年的努力，野柳已經從一個單純的旅遊地，蛻變成為一個深具教育、研究、保育、文化、遊憩重要性的環境教育與永續旅遊據點。」所以我清楚看見不同以往的，閃亮的野柳。

從書中得知：「約兩千萬年前，大陸棚上的沙堆積形成大寮層砂岩。當時海水不深，海床砂層中有生物殼體和海膽，這些生物被沙覆蓋後歷經久遠歲月，成為化石。約六百萬年前，原本靜埋於海底的大寮層因造山運動而逐漸抬升，曝露於地表。在地表之上再經海水、風、雨及生物等自然力，百萬年不曾間斷的雕塑，形成現今多變的地形景觀。」相對於岩石與土地，生命何其短暫？而土地上的人，卻輕易可以改變土地的樣貌與內涵。野柳的蛻變與經營管理當然密不可分，經營此地多年的私人企業新空間公司，是閃亮野柳的重要關鍵。新空間公司在治理上的堅持與努力，讓我們看見不一樣的野柳。

再到野柳，探索岩石封印於歲月中的記憶，聆聽地質公園解說員訴說當地種種，領略經營單位投注的心思。看水墨與印象派畫作遠近涵蘊，遊人可以各自解讀地景中的故事，各自擷取水石間的圖像與記憶。多麼幸運，我得以看見與親近今日的野柳。《野柳學》正是以野柳地質公園的蛻變為典範，引導讀者深度品味地景中的歲月與芬芳。

祝福野柳，祝福臺灣的地質公園。

PART I

總論 海之視野
——教育的 未來的

單面山、差異侵蝕、節理美學、砂岩、
銹染紋、海相化石……
春花、夏海、秋蟹、冬溫泉……
從鄉土到全球尺度，
「野柳學」建構一套由下而上的新環境教育觀，
以及新區域地理學路徑，地方發展期產生典範轉移。

Chapter
01

建構島嶼的環境保育新路徑——野柳學

林俊全

野柳素以獨特壯麗的地景，吸引無數海內外遊客。經過數十年經營管理，面對未來五年、十年，甚至二十年，是否可以有新的思考？不論是營運、解說、管理等層面，特別是在地景保育、地質公園的設立方面，能否朝向永續發展的方向努力？

過去臺灣長期以來在國際關係的發展上，屢因政治藩籬而受到限縮。時代的巨輪，不斷往前滾動。在保育無國界的全球視野下，臺灣的「地質公園」是否可以成為我們在世界舞臺中擁有一席之地的解答？藉著「野柳學」的探討，我們是否有機會突破，與國際接軌？

在快速發展的世界保育潮流中，「地質公園」是以地方發展為目標的方案。對內來看，地方居民透過地質公園的經營，可更深刻瞭解地方鄉土，產生榮耀感；對外的解說服務，則可讓造訪者瞭解當地特色，進而促進地方經濟，達到永續發展的目標。

野柳地質公園是臺灣地質公園的一顆珍珠，本書希望以「野柳學」為核心，試著

壯麗的野柳岬。（攝影：林俊全）

理解當代地質公園由下而上的深刻內涵，並建構一套新區域地理學的路徑。

面對全世界，我們需要培養有尊嚴、自我認同、自信的下一代。因此，透過地質公園的模式，希望貫穿美麗之島各個角落，讓各地都能發展出永續與榮耀的精神，讓更多地方故事被傳頌。這也是地質公園的任務。

本文主要希望說明地質公園的理念、地景保育的推動，以及永續的重要性；也希望透過「野柳學」的概念，對當代的地方學或是風景區的管理，有一定的思考與回應。

一、站上全球保育舞臺的機會——地質公園

一九七二年以來，全球地景保育深受社會保育運動史的啟發，也成為保育史上的重要一環。全球保育主要歷程與成果包括《世界遺產公約》（The World Heritage Convention）、《溼地公約》（RAMSAR Convention）、「國際自然保育聯盟—世界保護區委員會」（IUCN–WCPA）、「其他有效保育區域」（OECM）等，這些都觸發了全世界各國的保育行動並帶來深刻啟示。二〇一五年世界地質公園的倡議，則在全球保育版圖中，提供我們一個與國際接軌的新機會。

除了《世界遺產公約》、國家公園、自然保留區等，二〇二二年聯合國《生物多樣性公約》（Convention on Biological Diversity, CBD）第十五屆締約國大會（COP15）協議推動的「其他有效保

1.1991 年 6 月在聯合國教科文組織（UNESCO）贊助下，第一屆地質襲產保育研討會在法國迪涅萊班（Digne）舉行，30 多個國家、超過 120 位專家齊聚，連署發表一份國際地球歷史紀錄權利的宣言。

育區域」，也就是OECM，是一個新的突破。締約國承諾在二〇三〇年前，各國有三〇%的陸地與海洋面積，要依法設置為保護區，也就是30×30的意義。這是近年來地景保育運動的新挑戰。

一九九一年迪涅萊班宣言（Digne Declaration）[1]開啟保育運動之後，聯合國於二〇一五年提出「二〇三〇永續發展目標」，即SDGs（Sustainable Development Goals）十七項指標，給了全球新的視野，包含全球化、消除貧窮、生產的發展、性別平等等永續議題。

需特別注意的是SDGs第十三、十四、十五項。近年來，有關碳匯、淨零碳排、ESG（Environment, Social, Governance；環境保護、社會責任、公司治理）以及USR（University Social Responsibility，大學的社會責任）、NbS（Nature-based Solutions，以自然為解方的保育）等運動，都是新的地景保育挑戰；更是讓我們與國際接軌的新機會。政府部門必須積極因應這些國際運動。

2015年聯合國「2030永續發展目標」SDGs的17項指標

SDGs可做為地質公園努力的方向。

・**地景多樣性日（Geodiversity Day）**：訂於每年的 10 月 6 日，是聯合國教科文組織在 2021 年第 4 屆大會上所宣布，一項以保育地景多樣性為主的紀念日。

IUCN–WCPA 的保護區分類

第 I 類、嚴格的自然保留區／原野地：主要是為了科學目的或保護原野而設立的保護區。臺灣的自然保留區屬於此類。

第 II 類、國家公園：主要是為了保護生態系和遊憩目的而管理的保護區。臺灣的國家公園屬於此類。

第III類、自然紀念區：主要是為了保育特殊自然現象而管理的保護區。臺灣地質公園內的自然紀念物屬於此類。

第IV類、棲地／物種管理區：主要是為了藉由管理介入達成保育目的而管理的保護區。

第 V 類、地景／海景保護區：主要是為了地景／海景保育和遊憩而管理的保護區。臺灣的地質公園屬於此類。

第VI類、資源管理保護區：主要是為了自然生態系的永續利用而管理的保護區。

▼｜世界地質公園中的香港地質公園，位於萬宜水庫東壩附近的宏偉柱狀節理。
（圖片來源：©By Chingleung - Own work, Commons Wikimedia Public Domain.）

全球保育史重要歷程與成果

- **《世界遺產公約》(The World Heritage Convention)**：聯合國教科文組織於 1972 年大會中通過此公約。截至 2023 年，總計有 1,199 項世界遺產，其中包括 933 項文化遺產、227 項自然遺產、39 項複合遺產。
- **《溼地公約》(RAMSAR Convention, Convention on Wetlands)**：又稱拉姆薩公約，1975 年在伊朗的拉姆薩簽署，目前共有 168 個締約國。是各國為了保護溼地而簽署的全球性政府間保護公約。
- **國際自然保育聯盟—世界保護區委員會(IUCN–WCPA)**：IUCN(International Union for Conservation of Nature and Natural Resources)是世界上規模最大、歷史最悠久且最具影響力的全球非營利自然生態保護機構。1948 年 10 月在法國楓丹白露成立，總部設於瑞士格朗，1956 年改為現名。

  WCPA(World Commission on Protected Areas)是 IUCN 下屬的 6 個委員會之一，工作範圍遍及全球，以保護區保育事務為主。
- **《生物多樣性公約》(Convention on Biological Diversity, CBD)**：為了減緩生物多樣性的喪失，聯合國 1992 年於巴西里約熱內盧召開地球高峰會，由各國簽署了《生物多樣性公約》(CBD)，此為全球最大的保育公約之一。公約的三大目標為：(1) 保育生物多樣性；(2) 重視與鼓勵生物多樣性資源之永續利用；(3) 公平合理的分享利用遺傳資源所產生的惠益。迄今已有 196 個締約方。2022 年第 15 屆締約方大會「昆明 - 蒙特婁全球生物多樣性框架」(Kunming-Montreal Global Biodiversity Framework) 訂出以人與自然和諧共生 (Living in harmony with nature) 為全球 2050 年願景，並訂出 2050 年四大長期目標，以及 2030 年前要完成的 23 項生物多樣性行動目標。這成為世界各國未來 10 年 (至 2030 年) 推動生物多樣性保育的重要方向。
- **其他有效保育區域(OECM)**：OECM(Other Effective area-based Conservation Measures)於 2010 年第一次出現在《生物多樣性公約》愛知目標的文字中，到 2018 年《生物多樣性公約》才予以定義。2022 年第 15 屆締約方大會中，各國承諾 2030 年前增加陸地和海洋受保護的面積，實現陸地與海域各有 30% × 30%的面積受到保護，以達成有效保護的目標。
- **綠色名錄(Green list)**：由 IUCN–WCPA 所推動的名錄，希望有效保護、經營管理良好的保護區。
- **世界地質公園(UNESCO Global Geopark)**：聯合國教科文組織於 2015 年提出，以具有地質科學意義、珍奇秀麗和獨特的地質、地形景觀為保育範疇。截至 2023 年止，全球有 213 個世界地質公園，分布於 48 個國家。
- **世界地球日(Earth Day)**：訂於每年的 4 月 22 日，是一項世界性的環境保護活動。最早起源於 1970 年代美國校園興起的環保運動，1990 年代走向世界，成為全世界環保主義者的節日和環境保護宣傳日。

氣候變遷所造成的災害，常常導致地景破壞，以及許多生命財產的損失。因此有關減災、調適、減緩的課題，是地景保育運動面臨的新挑戰。地景保育主要任務是保育現有的地景，許多特殊地景尤其是稀有性、脆弱性、經破壞後無法回復的地景，必須避免被無知或有意的破壞。

在此精神與脈絡下，地質公園的特殊地景如何避免被不當利用或不必要的開發，以維持其完整性，培養地景保育的素養是很重要的。

學習如何閱讀地景，瞭解我們生長環境的土地特性，培養保護特殊地景的知識、情懷，提升地景旅遊、環境教育的質與量，協助地方永續發展，都是地景保育的任務。

野柳地質公園一直是國內地質公園的領頭羊，具有保育的指標性。因應以上國際保護區發展的概念，「野柳學」需要思考如何從提供環境教育的場域，成為社會企業，展現其社會責任，同時成為能發揮大學社會責任的所在。未來的重要策略，應該是與各領域結合，成為跨域的平臺，發揮整合與引領的角色。

二、啟蒙早、具進步性的臺灣地質公園網絡

臺灣地質公園的發展從聯合國教科文組織為始，其以全球地質公園網絡為基礎，結合地質遺產保護策略，創造地區經濟的永續發展，帶來當地居民更為永續生活的可能。例如：發展永續的地景生態旅遊，以及地質公園相關產品的經濟和文化活動。這些都慢慢形成國際運動。[2]

事實上，早在二〇〇五年，澎湖已經開啟了這樣的地質公園運動。那時國際地景保育、地質公

野柳學的內涵

野柳學除了包含地質公園的概念外，也含有地景旅遊、環境教育、社區參與等重點。

2.「世界地質公園網絡」在 2004 年時初次選出「世界地質公園」，2015 年改由聯合國教科文組織直接評選。2004 年到 2023 年，一共在 48 個國家，有 213 個世界地質公園列入世界地質公園名錄，並以世界地質公園網絡的方式推動地質公園的業務。

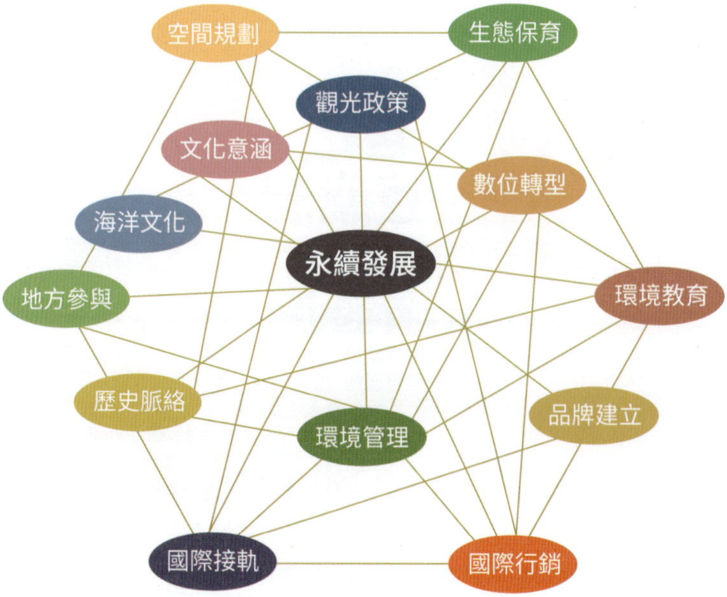

野柳學的網絡

野柳在地方永續發展過程中，與各領域交疊與互相牽連，需要有跨領域的前瞻思維。

野柳地質公園的四大發展方向

園運動方興未艾，透過相關會議的討論，臺灣地質公園即已啟蒙，很早就與世界接軌。然而，其後的問題是缺乏相關法規規範，許多單位無法編列預算，以致業務無法順利推動。

二〇一七年中央主管機關林務局依據《文化資產保存法》第八十一條、《自然地景與自然紀念物指定及廢止審查辦法》第四條，公布馬祖地質公園成為第一個成立的地方級地質公園。自此，臺灣地質公園有了法源。地質公園的工作能納入國家法規，以全世界地質公園的版圖來說，是非常少見的，足見國內在此推動的進步性。自二〇〇五年以來，歷經十二年努力，終於有了具體成果，這個里程碑為臺灣地質公園展開了新頁。

1、突破國境藩籬——以野柳為例

臺灣受到政治限制，無法正常參與世界地質公園的組織與活動，也無法多瞭解世界地質公園的動態，的確相當程度上是非常孤立的。面對這樣的局

臺灣地質公園發展簡史

2009 年	臺灣大學地理系辦理了地質公園國際研討會，在臺北與澎湖舉行。
2011 年	慶祝民國建國 100 年，臺大地理系辦理國際地質公園研討會，會議中提出臺北宣言，同時成立臺灣地質公園網絡。自此，臺灣的地質公園藉著網絡會議的方式，提供了推動的能量。
2016 年 7 月 21 日	地質公園被納入《文化資產保存法》。
2017 年	中央主管機關林務局頒布了《自然地景與自然紀念物指定及廢止審查辦法》。馬祖地質公園成立為地方級的第一個地質公園。臺灣地質公園學會成立。地質公園工作的推動，有了一個新的平臺。
2024 年 1 月	臺灣共有 10 個地質公園依照《自然地景與自然紀念物指定及廢止審查辦法》成立為地方級的地質公園。

不同階段的發展過程

2006

雪霸自然保護區
十八羅漢山自然保護區
甲仙四德化石自然保護區
關山臺灣海棗自然保護區
海岸山脈臺東蘇鐵自然保護區
大武臺灣油杉自然保護區
2006.04.10

2008

澎湖南海玄武岩
自然保留區
(東吉嶼、西吉嶼、
頭巾、鐵砧)
2008.09.23

2009

農委會執行
第三期
地景普查計畫

2010

臺東利吉惡地地質公園
高雄燕巢泥岩惡地地質公園

2011

簽署
地景保育臺北宣言
成立
臺灣地質公園網絡
草嶺、澎湖海洋、
野柳、利吉、燕巢
馬祖六座地質公園
2011.10.03

2012

完成341處地景保育景點普查
旭海-觀音鼻自然保留區
2012.01.20

2013

臺灣十大地景票選出爐
北投石自然保留區
2013.12.26

2015

地景保育通訊
二十年紀念

2016

文化資產保存法修正
「地質公園」入法
2016.07.27

2017

自然地景與
自然紀念物指定
及廢止審查辦法
修正施行
2017.07.28

2018

第一個依法公告
的馬祖地質公園
2018.11.29

2020

地景保育通訊
二十五年紀念

2021

龍崎牛埔惡地
自然保留區
2021.07.30

的發展過程

2016

文化資產保存法修正
「地質公園」入法
2016.07.27

2017

臺灣地質公園學會
成立 2017.03.27

2018

地方級馬祖地質公園
2018.11.29
海洋委員會海洋保育署
2018.04.28

2020

地方級草嶺地質公園 2020.02.20
地方級草漯沙丘地質公園 2020.06.11
地方級澎湖海洋地質公園 2020.08.12
地方級利吉惡地地質公園 2020.09.30
地方級東部海岸富岡地質公園 2020.11.20
九份金瓜石水湳洞地質公園、
鶯溪地質公園加入網絡

2021

地方級野柳地質公園
2021.01.11

2022

地方級和平島地質公園
2022.12.23

2023

農業部林業及
自然保育署成立
2023.08.01

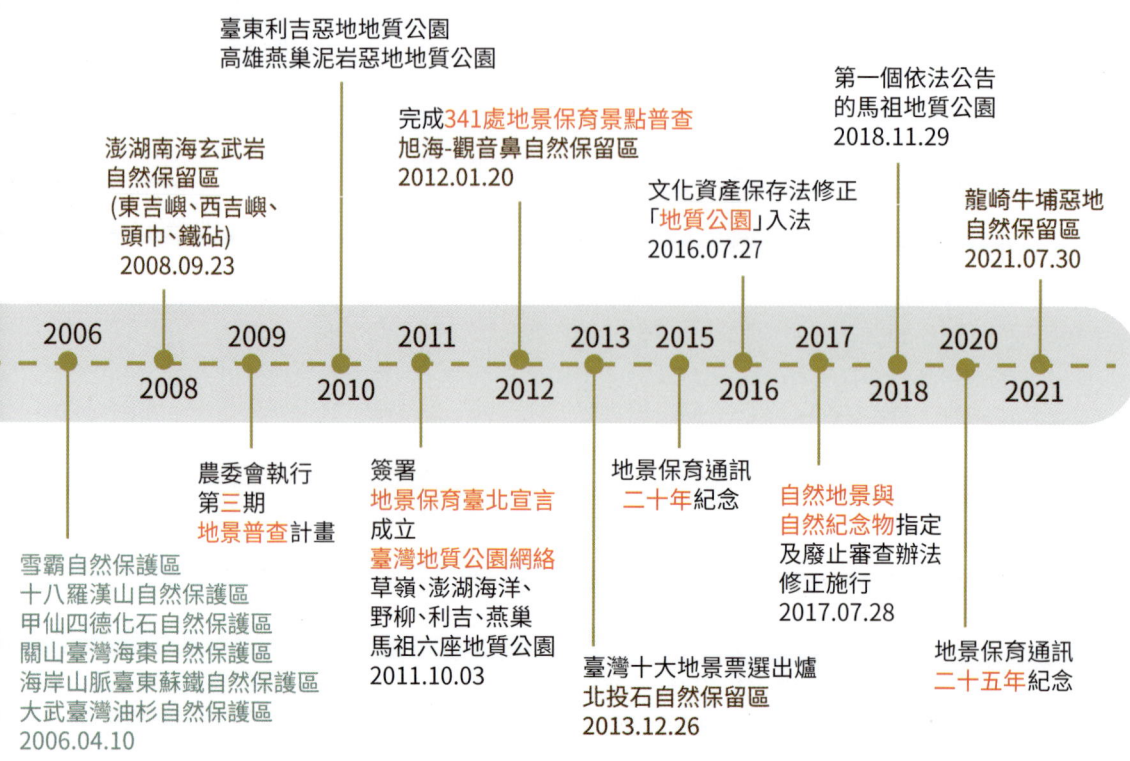

臺灣地景保育

文化資產保存法立法
「自然文化景觀」
1982.05.26

苗栗三義火炎山自然保留區
淡水河紅樹林自然保留區
關渡自然保留區(2021.12.20已廢止)
坪林臺灣油杉自然保留區
鴛鴦湖自然保留區
臺東紅葉村臺東蘇鐵自然保留區
大武事業區臺灣穗花杉自然保留區
哈盆自然保留區
1986.06.27

大武山自然保留區
1988.01.13

澎湖玄武岩自然保留區
南澳闊葉樹林自然保留區
插天山自然保留區
臺灣一葉蘭自然保留區
出雲山自然保留區
烏山頂泥火山自然保留區
1992.03.12

地景保育通訊創刊
挖子尾自然保留區
烏石鼻海岸自然保留區
墾丁高位珊瑚礁自然保留區
1994.01.10

農委會執行
第一期地景普查計畫
1995

聯合國教科文組織
開始提倡Geopark
1999

農委會執行第二期
地景普查計畫
登錄320個地景保育景點
九九峰自然保留區
2000.05.22

自然保育業務
由農委會
移至林務局

森林法修法
「自然保護區」
2004.01.20

文化資產保存法修法
成立「自然地景」
2005.02.05

臺灣地質公園

成立
澎湖縣玄武岩地質公園
設置推動委員會
2003

草嶺地質公園
掛牌
2004

舉辦澎湖地質公園設置
與推動國際研討會
2005

規劃澎湖及北部海岸
地質公園
2007

規劃燕巢泥岩惡地與
利吉惡地地質公園示範區
2010

成立臺灣地質公園網絡
共有六座地質公園
(澎湖、草嶺、野柳、
燕巢、利吉、馬祖)加入
2011地景保育臺北宣言
2011

辦理第一次
臺灣地質公園
網絡會議
2012

雲嘉南濱海地質公園及
鼻頭龍洞地質公園
加入網絡
2014

組團參加
日本舉辦的
第四屆亞太
地質公園會議
2015

勢，若希望持續推動地質公園，可以如何努力？筆者分為國內、國際、兩岸三方面思考。

• 遊客輪廓轉移

地質公園的經營管理，若能依照聯合國教科文組織世界地質公園的理念與目標去努力，應該可以接軌國際。例如國際地質公園的經營管理、服務品質、景區管理與餐飲、交通動線規劃等，皆是國內地質公園經營成效的重要參考。

野柳地質公園在過去可說是兩岸與國際交流的重要窗口，到訪風景區的遊客，最高峰值可達三百多萬人，每年主要貢獻來自於大陸遊客。近年來，大陸遊客數量受到政策性的管制影響，數量驟降。未來如何轉而發展國民旅遊，開發以國際觀光客為訴求的旅遊型態，成為主要的課題之一。

• 學術外交

雖然受限於國際政治阻礙，臺灣仍有機會積極利用學術外交，將研究成果分享世人。地質公園是一個很好的平臺，藉此我們可與國際友人交往，迎接全球朋友來到臺灣欣賞地景、生態與文化資產之美。

透過學術研究，發展出讓人無法忽視的成果，使自身成為一個受人尊敬的國家，地質公園，是臺灣可以努力的方向。以二〇二四年臺北國際書展為例，繼二〇二三年波蘭主題國特展後，荷蘭主題展再次成為臺灣與國外文化交流美麗的一章。國內地質公園若能參考此模式，透過國際交流、互訪，共同理解成長，的確可以帶動國際視野。

• 民間主動出擊

過去德國、英國、捷克、日本、香港的地質公園，都曾與臺灣互訪，因為 COVID-19 的緣故，

◀ 水湳洞選煉廠遺址，又稱為十三層遺址，過去為處理金瓜石礦砂生產粗銅的選礦煉製場，具地方歷史之學術意義及產業文化價值，在 2007 年登錄為歷史建築。（攝影：林金波）

臺灣切斷了一些聯繫。未來，國際交流勢必要重起爐灶；但民間的交流，卻可以不受限制，主動出擊。記得二〇二三年在臺北舉辦國際研討會時，許多國際學者意外看到令人驚嘆的九份金瓜石水湳洞地質公園（簡稱水金九地質公園）。由於小犬颱風侵擾，原本安排的澎湖海洋地質公園野外行程忍痛取消，一天之內，改換到水金九地質公園，地方夥伴早已準備好接待。

水金九地質公園擁有強大而熱情的中文、日文、英文解說團隊，精彩的解說內容與豐富的地景，加上熱烈招待的盛情，讓所有國內外參加會議者為之驚豔。這是地方的驕傲，更是臺灣的驕傲。

積極與國際友人互動交流，辦理國際會議，除了增進彼此認識與建立友誼，更可讓國內地質公園借鏡世界各地地質公園不同的經營管理經驗，瞭解他山之石的優、缺點，成為自身珍貴的參考。

• 野柳的國際化與數位化

野柳地質公園如何成為臺灣面對全世界的窗口與

亮點，依循聯合國教科文組織的指導原則來經營，是策略性的第一步。提供友善的旅遊環境當然不可或缺，其中包括多語言的服務、數位資訊服務、知性的解說，以及利用網路建立良好的食、宿、旅遊、購物、交通系統等，都是很有利的優勢。

在既有的服務之外，野柳地質公園可以努力拓展國際視野，學習經營、服務國外旅客，也爭取出國參訪、參加會議、發表論文的機會。利用數位宣傳以及遊客的口碑，是建立一個世界級地質公園的方向。

2、扎根教育

推動地方向下扎根的地景教育，可以讓更多在地居民、學生認識家鄉。透過學校本位課程，長期以地質公園為研究、認識的對象，介紹地方特色。透過環境教育、鄉土教育的設計，讓學生走出教室，學習觀察、認識地景與生態、文化歷史之美，建構以地方為傲的土地觀。

此外，地質公園的讀景訓練，將是一套有系統的另類學習型地理課。尤其是高中生，可有效地將瞭解土地、強化認同與感情，與保護環境的行動連結起來。

在地居民並不容易瞭解地質公園的任務與特色，因此，長期推動地方培力的課程與活動，使居民有機會不斷參與服務以及訓練課程，是很重要的，特別是地質公園網絡會議以及國際參訪活動。持續扎根的地方教育，才能形成改變。

- **建立解說員品牌服務**

讓造訪的遊客有所收穫，學習欣賞地景、瞭解地景特色的關鍵角色，便是在地的解說員。因此，

◄ 2019 年國際地質公園研討會於野柳地質公園舉辦野外考察，野柳國小的學生擊鼓歡迎。（攝影：林俊全）

歡迎2017國際地質公園研討會貴賓蒞臨
Welcome 2017 International Geopark Conference Members
售票處
野柳地質公園
野柳國小

推動在地的導覽解說制度，建立地質公園解說員品牌，相較於國家公園、國家風景區，更形重要。優秀的在地解說員能吸引遊客來訪，讓來者體驗知性到感性的豐厚地方底蘊，並融入自身經驗，產生感動人的力量；此外，亦能直接協助地方的經濟與產業發展。

以知性之旅為例，臺灣地景的解說教育，從一九八五年即已開展；但地方性有系統的解說教育與制度，目前看來才剛從地質公園開啟。發展解說員系統是現階段很重要的挑戰。

以野柳地質公園為例，女王頭的照片，是中華民國護照的一頁，若能透過解說讓造訪者瞭解臺灣海岸地形的特色，地表的差異侵蝕，以及女王頭這類特殊地景如何在此處被造就，將是環境教育在地化與國際化非常關鍵的力量，影響深遠。每位解說員都是野柳地質公園的大使，可以將女王頭、燭臺石等珍貴的特殊自然地景，推介到全世界各個角落。

- 讀景運動

學習閱讀地景，是我們瞭解自身生長土地的重要過程，也是讓我們認識這個大千世界的途徑。地景的特色，尤其是其稀少性、脆弱性、不可替代性、特殊造型等，正是地質公園的亮點。

何謂知性之旅（1985-1992）

知性之旅工作小組成立於 1985 年，持續辦理自然景觀與人文歷史相關活動，可謂臺灣整體環境教育的先聲。今日社會沿用的知性之旅一詞，實源自這個工作小組的系列活動。

知性之旅在 40 年前成立，主要是希望能導正過去走馬看花的觀光心態，也是當時剛剛開啟的生態保育運動的生力軍。每一兩個月一次的活動，都由不同領域專長的解說員引導，著重對土地的認識。隨著日益惡化的環境，工作小組更肩負宣導愛護大自然的生態保育責任。隨後歷經許多環保事件，慢慢體會到必須在認識大自然的活動中，加入歷史、文化的深度，以及土地的意識。經過 8 年努力，例常性的活動於 1992 年暫告一段落，小組成員則持續在各領域貢獻專長。

讀景讓我們可以培養更好的觀察能力，瞭解大地（地質公園）的特色與變化。

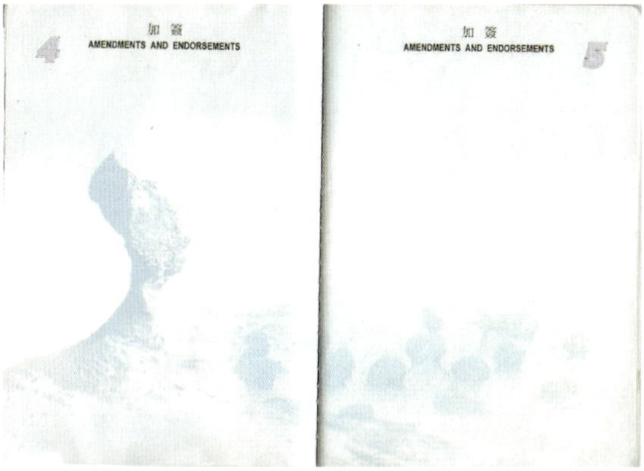

▲｜野柳女王頭在過去曾經被放入護照的第一頁，說明了其獨特性與代表性。

何謂特殊地景

特殊地景指的是各種地表的地景受到岩石、構造特性影響，加上風化、侵蝕、搬運、堆積，透過地表的河川、海水、冰河等作用，形成許多不同的地形，這些地形成為人們賴以維生的棲地，因此造成地景的多樣性。

這些多樣的地景，常常具有形狀、顏色、質地、線條之美，有些是非常稀有的，有些則相當獨特，不容易生成，甚至非常脆弱，受到損壞常常無法回復原有的狀況，同時也有不可替代性。野柳的女王頭、燭臺石都有這樣的特色。

三、翻閱一本本地書——讓自然素養成為DNA

地質公園經營管理者、訪客、居民的地質公園素養如何提升？如果地質公園的推動，是地方的共識，則有系統的推動地質公園業務，提升對於地質公園素養的認識，是必須面對的課題。有關地質公園的素養調查，包括在地居民、政府官員、學校老師、地方社區發展協會與遊客等，是提供經營管理者策略發展的重要依據。

・當我們說素養時……

何謂素養？自重、尊重、體諒、感恩、惜福、負責任的態度，應該是現代公民需要具備的基本素養。

二〇一七年聯合國的報告中提到，世界邁向永續發展過程，人們需要培養基本核心能力，包括系統性的思考能力、對環境與生態系統有整體的概念、策略發展的能力、批判思考力、自我覺知與整合能力，以及具有團隊合作的能力等。要符合、趕上全球對於人才的期待，公民素養的養成確是關鍵所在。

公民環境素養應如何養成？除了傳統的家庭教育、學校教育、本土課程、鄉土教材，更需要社會教育，其中包括國家公園、地質公園、國家風景區等，都是提供相關素養教育的一環。地質公園亦能扮演環境素養與文化素養養成的重要場域。

針對**環境素養**而言，現代公民需要尊重大自然的運作，瞭解人們與自然的關係密不可分，以感恩、惜福與負責任的態度，保護大自然，也就是不破壞大自然，避免環境品質惡化、反撲各種棲地。近年受到環境變遷的影響，更需要所有公民都具有一定的環境素養，以保護地球、我們的生存場所。

就**地質公園素養**而言，應是地質公園內所有住民皆應具備的。對於所在環境加以保護，包括瞭解各地質公園的特性、擔任大使任務等。此外，守護地質公園所在的環境品質，應避免其受到不當的開發；同時培養解說能力等，都是地質公園素養的一部分。

地質公園的環境素養，與教育部一〇八年頒布的十二年國教課綱中希望學生達成的素養，有諸多共通性與異曲同工之妙。地質公園可以扮演培養高中生環境素養、公民素養的角色。諸如：認知能力、解決問題的能力、終生學習態度，尤其是以素養導向的知識、能力、態度的養成。此外還包括自主學習能力、瞭解客觀環境的教育機會、學習從大自然培養整合與互動的能力、宏觀的視野等，進而對環境友善、培養接近大自然的興趣與熱誠。

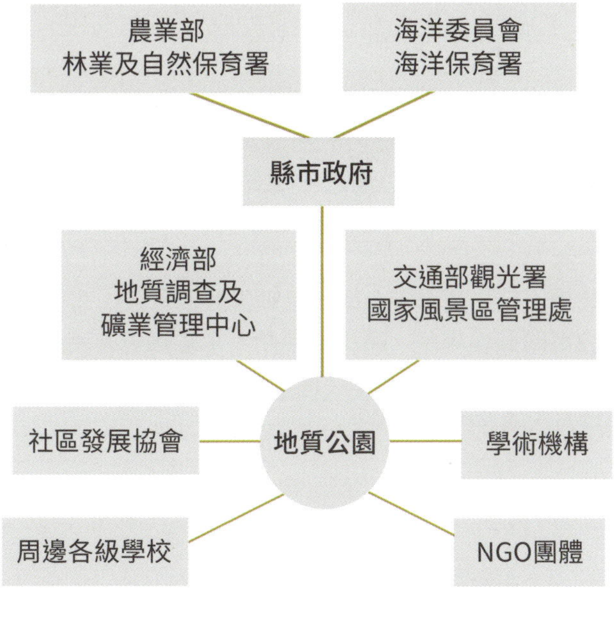

地質公園相關權益關係人連結圖

・捲入環境中的人：公民、地方權益關係人、學生

由於地質公園是近二、三十年來才發展的國際保育運動，人們還未能理解其設立的意義與目的，因此對於地質公園該如何發展、如何提供服務，沒有太多的認識與支持。如果要讓地質公園成為提供地方永續發展的契機，地方的權益關係人、造訪者素養的養成，有其必要性。

個人與社區是地質公園最直接的經營管理者，如何從建立社區共識開始，形成一股由下而上的力量，對整個區域的管理是必要的。這將由社區的組織力量開展。

地方權益關係人和所有造訪公民，如果能夠瞭解這些地景特殊性的意義，就能接受其重要性，主動想要保育與推介，這些是地質公園素養很重要的部分。

過去幾十年來，公害防治與環境管理是社會發展重要的議題；近幾年，氣候變遷與災害防救則成了地景保育中的重要課題，也是公民素養中需要增進的概念。這些都是地質公園居民必要具備的素養培力內涵。

地景的價值

人們欣賞地景，不管在心理或生理的層次，都有一定的需求。從COVID−19之後蓬勃的報復性旅遊來看，就可理解地景對一個社會而言，是有價的。

地景的價值，可能創造許多觀光活動與經濟收入；也是許多環境教育、鄉土教育的最佳場所。特殊的地景，常能讓地方產生榮耀感。透過有系統的解說，敘述地方故事，能讓造訪者對景點有更深入的認識。這些都是地方永續發展的基礎。

・以野柳為例的素養養成與讀景教育

綜合來看，地質公園的素養可分三個方向探討：

1、對地質公園成立的理念、價值與保育運動的瞭解；

2、對地質公園的地景欣賞，例如地景如何變遷？如何形成與保護。

3、對地質公園的經營管理與活動平臺的經營，所應具備的經營管理概念與認知等。

以野柳為例，當我們常看到許多特殊地景，例如女王頭，是否我們可以思考：

・這些地景如何稱呼？為何這樣稱呼？為何有燭臺石、豆腐岩、俏皮公主等稱號？

・為什麼出現在那裡？如何出現在那裡？

・它們是如何形成的？形成需要多少時間？

・它們將會如何變遷？女王頭的頸部，何時會斷落？

・我們可以如何欣賞？如何去保護呢？

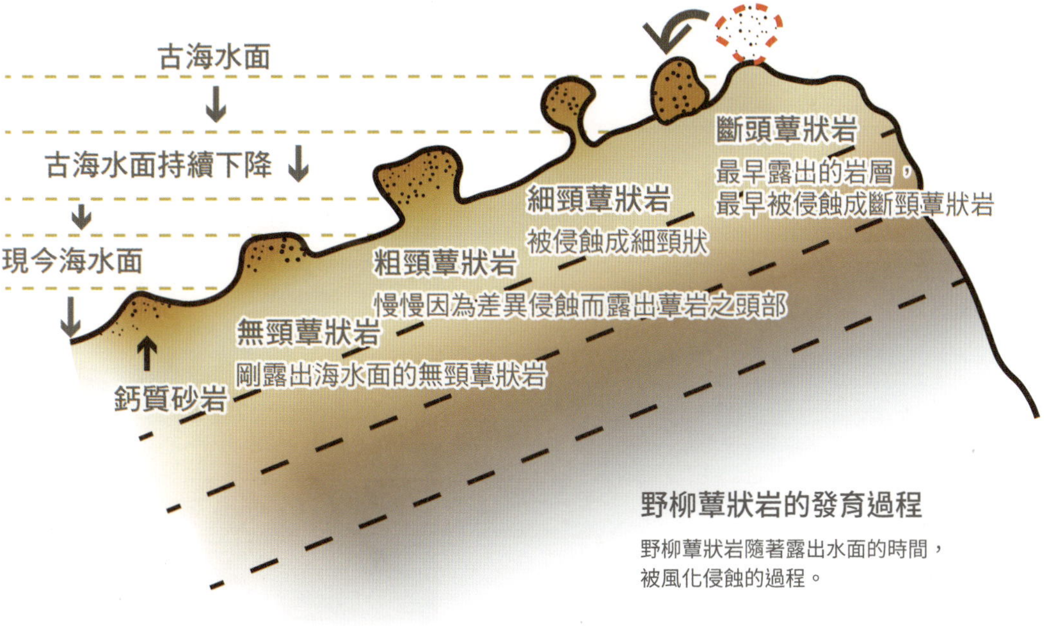

野柳蕈狀岩的發育過程

野柳蕈狀岩隨著露出水面的時間，被風化侵蝕的過程。

前段有提到「讀景」，是指地景像一本地書，每一頁都需要透過觀察能力以及基本素養的培養來瞭解整體環境感，將地方的故事透過觀察描繪出來。

讀景的能力與經驗有關。讀景時，應該盡可能建立整體的概念，把地質、地形、土壤、氣候、水文、生態、歷史文化等，都融入讀景的訓練中，另加上觀察、分析能力。在策略上，應該落實於學校教育，加強美學訓練，讓我們的下一代，培育出讀景素養。

「觀察」是指能夠將重要的景點之間、彼此的關聯性指認出來，甚至素描其重點。而素描時必須遠觀、近看，慢慢看出地景的特色。過去多透過攝影方式認識地景，但拍攝時，並不容易深入觀察、思考地景的特色。越來越普及的攝影，往往觀者在按下快門時，缺少思

▲｜野柳蕈狀岩隨時間發育，從粗頸，慢慢變細，甚至斷裂。

閱讀野柳的地景

野柳地景有許多細節，值得我們仔細端詳。

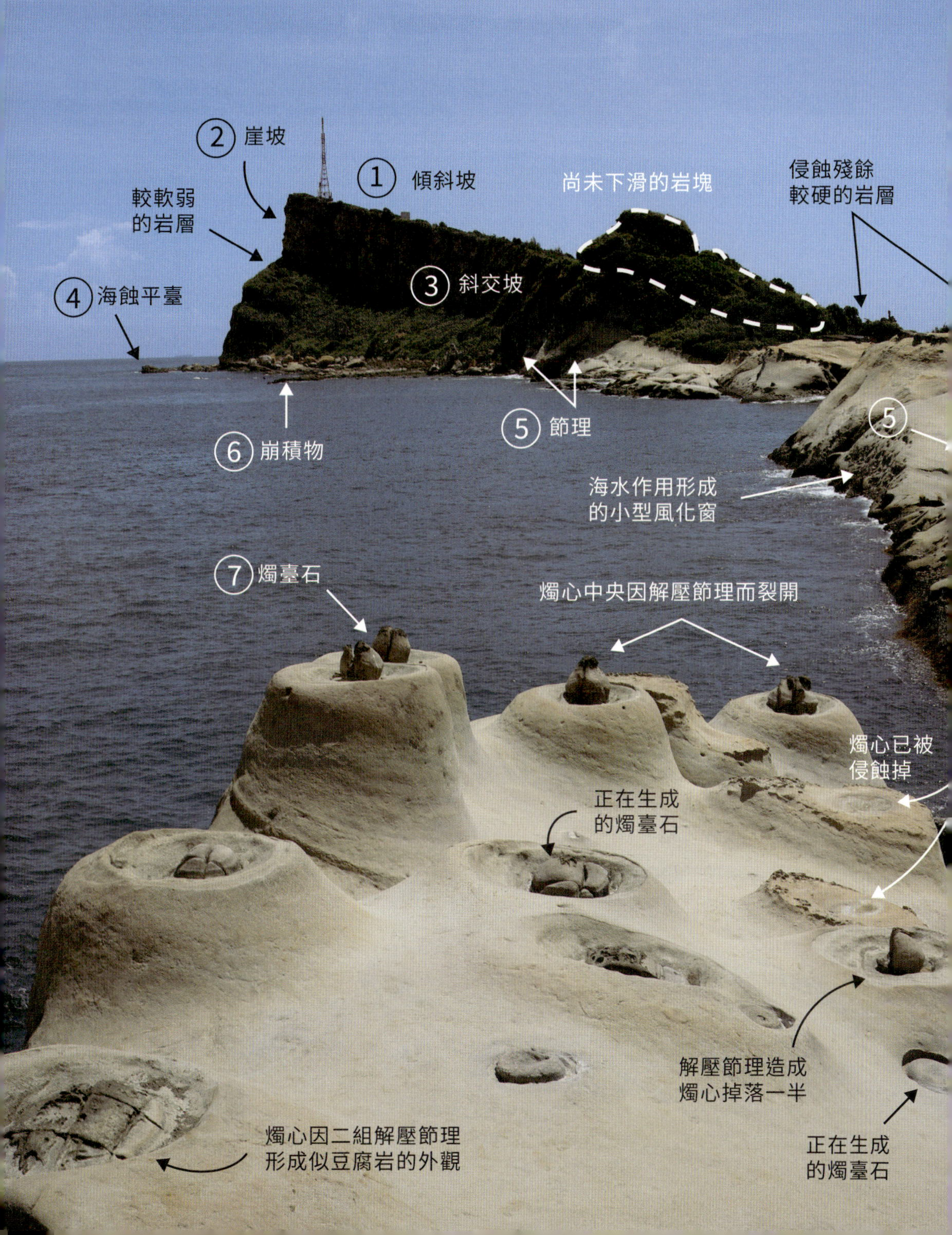

考所拍攝的主題與意義，過目即忘。透過素描，更能瞭解地景的多樣性、稀有性、脆弱性、不可回復性，對地景的保育會有更深層的瞭解與關注。

透過地表、地下、植生、土壤、氣候的觀察，可以瞭解一地區環境的特色；地景的組成；各種地貌與自然物的外表形狀、顏色、質地、線條等；更包括地景的季節變化。

要觀察地景的變遷，岩石與構造的特性是第一個重點。不同的地質構造與軟硬岩層會塑造不同組合的特徵，例如差異侵蝕的影響等。以野柳地質公園為例，當岩石染上綠色，我們觀察到新發芽的綠葉石蓴；而過境的鳥類與夕陽美景，在野柳地景的美麗四季呈現不同變化，瞭解四季之美，也可以從中學習與增進讀景素養。

環境素養、態度與價值觀等，是地質公園公民素養的一環，其領域包括生態學、地球科學、地理學等。提升對環境的敏感度、提高解決問題的能力、具有藝術與美學素養、瞭解多元文化，從而瞭解自身所處的環境特色、維護環境，並以所處環境特色為榮，是未來整體社會發展、特別是地質公園參與者所需具備的素養。

▲｜野柳地景的速寫，說明單面山、燭臺石與海岬的地形特徵。（繪製：林俊全）

▼｜新北市石門國中梁婉琪老師參加教師讀景研習班所繪製的水彩野柳地景素描。（資料來源：梁婉琪）

讀景的過程與目的

岩石

岩石的知識你瞭解多少？

礦物的概念｜造岩礦物、比重、顏色
岩石的生成｜產狀、組織結構
岩層與地層
地質構造｜斷層、節理、柱狀節理
火山｜岩漿、熔岩流活動

→ 岩石

內、外營力

刻劃地表的力量：內、外營力

內營力｜地殼擠壓、抬升、隆起
外營力｜風化、侵蝕、搬運、堆積
外營力媒介｜颱風、河流、海水、沙、冰

→ 內、外營力

土壤地形

地形、土壤的概念，你瞭解多少？

土壤層｜瞭解如何生成土壤
海岸地形｜海蝕地形、海積地形
河流地形｜河蝕地形、河積地形
石灰岩地形｜石灰岩地下地形、石灰岩地表地形
風成地形｜風蝕地形、風積地形
冰河地形｜冰蝕地形、冰積地形

→ 土壤地形

生態

生態有哪些多樣性？

動物
植物
海洋生態

→ 生態

文化

文化多樣性有哪些？

瞭解當地文化特色，包括：
宗教
種族
考古
建築
節慶活動
風俗民情
飲食

→ 文化

地景保育

地景保育的據點：

自然保留區、保護區
地質公園、自然紀念物
國家公園

➜ 瞭解地景的演變與可能的影響

美學素養與欣賞
觀光與環境教育
尊重環境與傳承

→ 地景與保育

▲｜透過瞭解自然環境、文化與保育的概念，培養國人對環境保育的素養。

四、為臺灣的環境教育寫歷史

• 依國際原則落實地方永續

今日討論地方永續發展的課題越來越多，類似 SDGs 等聯合國永續發展指標越來越被重視；透過保育、教育、參與以及地景旅遊等活動，以跨領域整合地方資源，也越顯重要。這些都是各國風起雲湧推動地質公園背後的原因與方式。

地質公園的概念已非只是聯合國高層會議議題，而是在各國依據其地質公園精神，去落實的時刻。臺灣地質公園於二〇二三年已有十處成立，若能認同與秉持聯合國初始推動的初衷，地方應接續積極經營管理與發展，否則過去的努力容易前功盡棄。

• 連結共享經濟模式

將地方經濟發展做為地質公園未來的重要課題，可以透過跨世代的共識、利益、運作、培力來完成。諸如，如何利用地質公園的任務，提高各種工作機會；如何提供各種可能的發展模式與產品，包括行銷（從研發、設計、行銷到利益分配），讓地質公園成為大家的、社區的地質公園；地方的產品與故事創生；如何體驗地方產品的意義，諸如有機農業、環境友善的制度、乃至於關懷與照護的理想等等，以凸顯在地文化與人的價值。

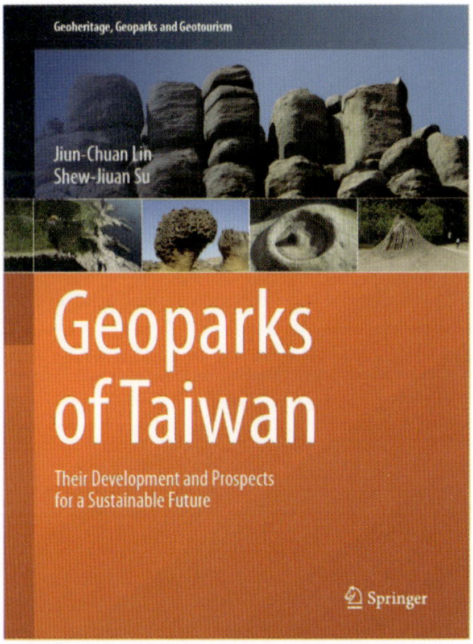

◄ Springer 2019 年出版的《臺灣的地質公園》一書。作者為林俊全、蘇淑娟。

以地質公園展開地方經濟活動與分配利益的新模式，是其相較於國家公園、國家風景區、森林遊客區不同的特殊機會與任務。

• 翻轉教育——跨世代的未來

地質公園的發展，當務之急是保育管理其珍貴地景，不讓地景被破壞。例如關注並阻止不當的計畫；以及經營相關教育活動、地方發展計畫，培養地方參與的動能。

從環境解說的素養來看，先要能結合鄉土教育，培養地景保育的概念，並認同地質公園成立的核心目標：地景保育、環境教育、地景旅遊、地方參與、地方永續。接著慢慢跨域結盟，乃至一起保護地景；同時建立解說制度，協助地方活動，開發各種地質公園產品，積極守護地方，協助下一代（子孫、學生）認識地質公園的地景、生態與歷史文化等價值。

利用讀景的練習方式，可以有效地透過教育向下扎根。在瞭解各種地景成因、解讀地景可能的演變、欣賞地景後，才能對保育更有感。地質公園提供了這樣的機會。

針對高中生設計的讀景練習，是另類的地理課，如果能跨領域學習，就能做為學生們學習歷程的資料，例如實地參訪、素描、紀錄、網頁景點介紹的整理等，讓地理的戶外教學更有目標與方向性，也更容易有具體的成果展現。不但跳脫了在教室的刻板學習，學生也能自主學習。這些對學生的環境素養、地理概念的養成，不但可以翻轉過去地理教育的窠臼，也對愛護地景的體驗更有方向與信心。

讓下一代能從小參與、體驗地質公園的美，讓地方永續發展從此展開，並能帶動地方發展的契機——這將是發展野柳學2.0，最大的期待。

▲｜野柳地質公園的野柳石光一景。（攝影：林俊全）

Chapter

02

二十一世紀的地方學——以在地環境守護為名的「野柳學」，是韌性生活的出路

蘇淑娟

在野柳漁村社會逐漸式微的今日，以「野柳學」或「地方學」的概念切入書寫野柳的人地關係，如何從一九九〇年代臺灣社區營造傳統的地方學概念——以地方文史、社會、愛鄉土、傳統小區域地理、甚或如日本地域學為主軸——及其局限中走出新路？地方學曾經廣泛研究地方的政治、經濟、產業、制度、社會、文化、民俗等專業學科內涵，如何拼湊回其忽略的人與環境的既跨域、又周延的綿密關係？這是二十一世紀地方學須積極面對的議題，亦即如何再創地方學或野柳學新局的叩問，更是檢視臺灣地方發展典範轉移的問題。

▲｜野柳這座海岸漁村，如何擇取生機與創造未來？（攝影：湯錦惠）

就知識論而言，此乃超越純粹地方風貌的地方學，是屬於地方本質與發展的問題，也是地方韌性之問。漁村環境與漁村社會隨著全球環境與氣候變遷，以及人口結構和組成快速變遷，所帶來的生活風格與都市化消費型態之變化，是必須面對的新議題。例如，都市人對海岸休閒活動的期待、對濱海旅遊的新定義、對海岸做為一種空間消費的態度、甚或對漁村社會的理解等，都是啟發尋求地方發展具備環境－經濟－社會韌性的思考。因此，地方學產生了新的需求、標準、定義及視野，超越傳統、也直指知識論。

那麼，期待走出一條有別於一九九〇年代地方學的路，以利面對二十一世紀的地方學到底應具備什麼呢？對野柳學而言，則是以海岸社會的經濟與環境韌性為基礎，以建構地景環境的韌性為經營治理之目標，來達成提升生活品質、生計發展、生態健全，並且拋光野柳海岸社會的特色與自明性，成為在地的驕傲。

在全球環境變遷大加速（Great Acceleration）[1]的「人類世」（Anthropocene）時代，環境變遷與變率的不確定性都提高風險與脆弱度，建構環境韌性成為勢在必行的追求。野柳或任何一個地方社會，可從趨吉避凶的社會期待，反思本地生活環境的問題與解方，以利發展建構環境韌性。在全球和地方環境問題下，以永續發展的價值做為標的、以批判性思維創造老地方的新生命，則需要在地社會力。

不論是以兼具旅遊與保育的「國家風景管理區」、重視地方社會力投入地景保育的「地質公園」、朝向人文社會生態的「里山里海」倡議、甚或採取以有形無形文化

1. 資料來源：Steffen, W., W. Broadgate, L. Deutsch, O. Gaffney, C. Ludwig. 2015. The trajectory of the Anthropocene: The great acceleration. *The Anthropocene Review* 2: 81–98. https://www.stockholmresilience.org/publications/publications/2016-04-18-the-trajectory-of-the-anthropocene-the-great-acceleration.html

大加速 (the great acceleration)

1750 年後的工業革命以來，人類物質生活對地球環境系統與社會經濟系統之需求大增，造成極大衝擊。以地球系統而言，科學家指出 1750 年以來的 12 項指標增長極快，包含一氧化碳、氧化亞氮、甲烷、平流層臭氧、地面溫度（異常）、海洋酸化、海洋漁獲、蝦類水產養殖、海岸區域的氮氣、熱帶森林流失、馴化的土地，以及陸地生物圈的惡化。

而人類使用地球環境資源表現在 12 個社會經濟系統變項之加速成長，亦驚人無比，包含世界人口、實質國內生產總值、外商直接投資、都市人口、初級能源使用、肥料使用、巨型水壩、用水量、紙的生產、交通運輸、遠距通訊，以及國際旅遊。

兩群變項均指向地球系統的資源被人類加速耗用，而此加速耗用也表現在社會經濟指標的增長，兩者都為環境帶來無限的壓力。科學家以大加速概念警醒人類社會應朝消費的檢視及科技解方的尋求，以創造環境之韌性。

1750年至2010年人類世大加速的地球系統趨勢

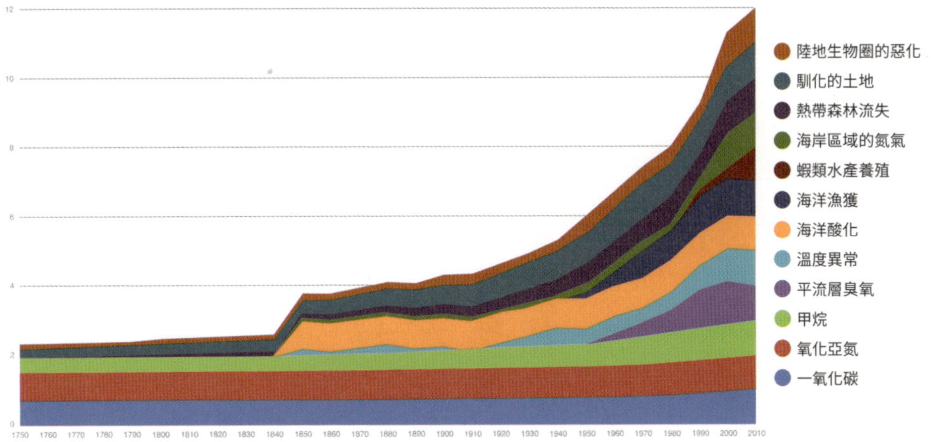

1750年至2010年人類世大加速的社會經濟趨勢

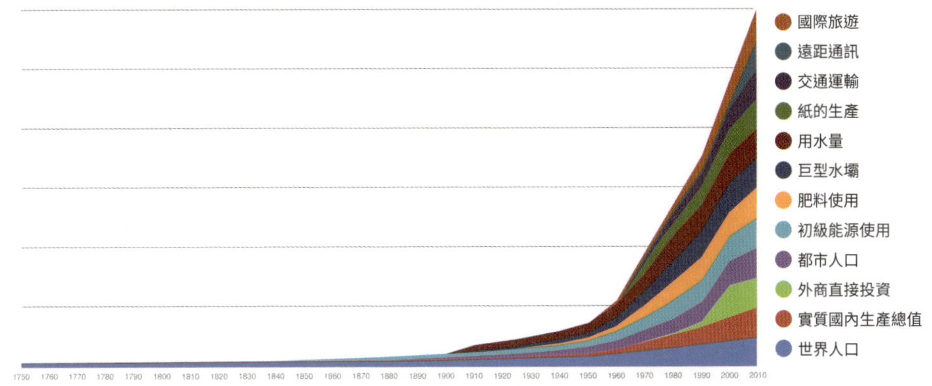

資料來源：© Source data is from the International Geosphere-Biosphere Programme www.igbp.net, by Bryanmackinnon, via Wikipedia commons.

資產保護的角度來看待野柳，到底她與她的社會應有什麼視野或胸襟？生活者及其生活實踐、企業家與產業經營、科學家與科學知識、政府官員與國家政策，又如何回應這個海岸聚落的未來？

野柳在今日漁村走向蕭條、漁業逐漸轉型、漁人凋零、傳統漁技漸成明日黃花之際，如何思考深廣兼具的人與環境關係後，謀定而動、華麗轉身，在自明的取徑中擇取生機與創造新意？

本文奠基於在地的行動與能動性，主張以一九九〇年代活躍的地方學做為今日在地作主的韌性建構之關鍵基礎，融入社會、經濟與環境三位一體的永續思考。野柳的地方學，應以科學知識為本、以島國韌性發展價值為輪、以在地社會文化的活性為動能，來面對環境變遷的挑戰。重視地方守護地景環境的概念與技術、在地環境和生活的關係、環境治理及社區參與韌性建構，以地景環境保育啟動野柳學的人地關係地理學。

一、拉開空間、時間，看見地方社會的價值——在地環境守護的概念與技術

1、以空間、時間與社會為基礎的環境

環境與氣候變遷引起全球重視：在地社會對於可能的環境惡果將如何因應或調適，或究竟環境

的惡果將以什麼形式出現，並無單一或明確的答案與理解方式；因此，在日常生活中建立具有韌性的社會以維護環境韌性，是關鍵基礎，這個基礎是人本在地的環境，包含空間、時間與社會。

就空間而言，「在地」是個看似無主體的語詞，但落實於地理、社會、甚至方言中的人際對話中，它卻是地方社會經過生計歷練的關係語彙，與環境共生存、共榮枯、甚或競合協商而產生的生活方式的別名；在地的主體是社會的人及其各種關係所形塑的力量，姑且稱其為「能動性」。就如楊弘任[2]討論在地有既成的知識與範疇，「在地」做為一個語詞隱含了「在地」與「非在地」之對話、異質之連接或邊界的意義；這種差異或異質的相鄰鑲接不但造就邊界，也創造地方在地的特質與自明性，因此所謂在地守護地景環境意涵的人、事、物具有獨特性。

每個地方有其自明性與獨特性，沒有任何一個地方可能複製一模一樣的環境狀態、社會文化、人與環境關係，因此「在地性」（locality）無可取代、更是維持邊界的動力。所謂在地環境守護，著重在人與環境的關係，由在地人之社會文化主體去知覺、觀察、選擇、決策、分析、評價、行動等，並基於人與環境關係的空間環環相扣、時間代代關聯、社會物物相涉，而綿密有序且盤根錯節。

對地景環境的理解與賞析而言，以人為本意涵了五感六識、人的處境認知、人與他人的關係、甚至是人面對環境或世界的胸襟與態度。地理學領域關照的人地關係（man-land relationship），正是理解人與世界環境如何關聯、如何互動，並以其做為人文社會生態關係之框架。從存在現象學而言，一如海德格的「在世存有」（being-in-the-world）一般，人或社會存在於地方乃積極的實存，因為世界交到我們手中，所以透過我們自己而以情感、關係、價值落實於空間中；從實證主義而言，則是人做為一個理性動物對於持續變遷的山、川、水、土、政治、經濟等的丈量與回應。兩者之間未必和諧

2. 楊弘任 (2011)。何謂在地性？：從地方知識與在地範疇出發。思與言 49(4)：5-29。

或互相解釋，卻都落實在人與環境的空間關係對話中。

日本人佐佐木綱（Sasaki Tsuna）等人以景觀十年、風景百年、風土千年來理解環境，建基在時間上，是時間積累之意義。地方學建立於鄉土發展的時間軸線，人因著時間與閱歷而變化的五感六識，所對應的六根、塵世等物理世界也隨人的生命時間而變動，個人與物理世界互為主體、隨時俱變。就此視野而言，地景環境與其價值的解讀，是不易掌握的。時間偶爾是當代人文社會簡化議題的手段，例如以等分或不等分時間為事件分階段，例如戒嚴時期的海岸封閉階段（一九四九至一九八七，共三十八年）、解嚴後海岸開放管理階段（一九八七至二〇一四，共二十八年）、《海岸管理法》施行至今階段（二〇一五至今，共十年）；實際上，時間的作用一如空間或社會般地不連續、非均質、有動態，但瞭解其細緻而創造性的滲透力，對於在地守護地景環境可能是有利、有力的，時間也通常是社會與空間的朋友，它可以扮演融整與協調的角色。

2、在地守護地景環境之物質技術

地景環境守護的目的乃在於守護地方物質和精神生活的

內涵，有形的物質和無形的精神文化均為守護對象，而其物質多為技藝和語文之所繫，這也反映人類文明依賴物質技術的累積，落實於在地的經濟與變遷。對漁村社會而言，漁業的地方性技藝在於其海岸地形、洋流、潮汐、漁季、魚類、魚群等地方知識、環境知識與產業實踐；既是在地的漁法技術，也是漁村生活的環境知識。

例如「下海看山勢」，對作業於綠島東北外海的青魚嶼礁岩周遭的漁民而言，「看山勢」是漁民從船上探望陸地的山頭、谷地與其他相關景物，以辨識漁場位置與確認工作的身體與環境關係的傳統方法。位處綠島和蘭嶼之間的海脊，在黑潮流經此海域之際，水流受擾而產生渦流，使餌料生物繁殖、魚群滯留，產生豐富的漁業資源；能夠「看山勢」對捕捉底棲魚類的一支釣、手釣等漁法者尤為重要。「看山勢」乃判斷海底地形變化與確認好漁場的環境知識，在過去無探魚機設備時代，漁民以「看山勢」確認自己和漁船在海洋中的位置，以正確找到底棲漁場，是環境知識的體現，乃具物質屬性的環境技術。

頗有失傳危機的傳統古老漁法「鏢旗魚」，也是環境知識與捕魚技藝互為表裡的物質技術。每年秋冬之際是臺東成功

▲｜臺東成功「鏢旗魚」於 2019 年被文化部登錄為國家無形文化資產。鏢臺上有正鏢手、副鏢手、指揮手，鏢手能上鏢臺皆是經年累月磨練而成的經驗與技術。（攝影：江偉全）

「鏢旗魚」的季節。「正鏢手」站立於鏢臺右方，「副鏢手」站在左方，指揮手半蹲式的站立於正副鏢手後方。鏢手以腳掌勾住兩條環狀布塊條，緊握「三叉魚鏢」，專注觀察旗魚現身狀態。鏢臺上的鏢手與船長緊密配合，在配合優越的船速與對方向等細節的默契之下，鏢手在旗魚背鰭浮出水面的短暫關鍵時刻，精準「下鏢」。一旦旗魚中鏢，其龐大體積與強大掙脫力，意味著鏢手們、指揮手、船長與其他船員需冒著生命危險、施展技藝，方能有所獲。說鏢旗魚是個古老傳統、風險大、難度高的漁法尚且不足，它是個具高度環境知識、身體技能的物質技術之代稱。[3]

以物質基礎條件看待環境及其做為生計與發展知識的論述，著名的案例可從麥金德（Halford John Mackinder）的陸權學說論述看到[4]，麥金德以歷史上民族的發展和消長，說明民族的優勢在於生活技藝，而生活技藝則是環境應允而創造的。守護地景環境之物質技術，實應以在地傳統技藝之守護為本，也是在自然和人文環境變遷之下，社會得以韌性存活、不斷確認人與自然環境關係及協商對話之本。

3、野柳在地守護地景環境的技術

野柳今日，因為有野柳地質公園而更顯其時代環境意義與教育重要性。做為一個漁村，野柳是新北市尚存二十八漁港中的一個，如何從野柳地質

▲｜野柳石光夜訪女王活動。（攝影：湯錦惠）

公園的環境守護實踐，習得因應變遷的思維與行動，是漁村韌性的可能路徑。

在極端海岸環境變遷的狀態下，自然海岸顯然比人工海岸更具韌性。近年的案例，二〇一九年新北市利用全國水環境改善的前瞻計畫將漁業人口凋零的石門區老梅漁港、金山區中角漁港及永興漁港之海堤和碼頭設施拆除，期冀恢復自然海岸景觀。姑且不論拆除漁船碼頭和海堤設施能否輕易復育自然海岸，此舉有其前衛的環境與社會經濟意涵。

野柳地質公園的經營管理，以保持維護自然景觀為原則，期做為美學、休閒、遊憩、環境教育的場域，也是漁業傳統技藝傳承的教育基地；不施加巨型結構建築或設施，以自然素樸的方式守護環境，是在地守護地景環境的技術之一，也是維持韌性地景的方式。

地質公園經營野柳為書屋，介紹野柳地景，為野柳這本書規劃一條「走讀路線」，邀請大眾進入品賞、聆聽、接觸，品評野柳的前生、今世與未

▲｜萬里淨灘活動後，小朋友們利用海廢創作的玻璃 DIY 作品。（攝影：湯錦惠）

3. 詹森、江偉全（2023）。黑潮震盪。新北市：野人文化。
4. 哈爾福德・約翰・麥金德（Halford John Mackinder）著，林爾蔚、陳江譯（2023）。歷史的地理樞紐。臺北市：五南出版社。

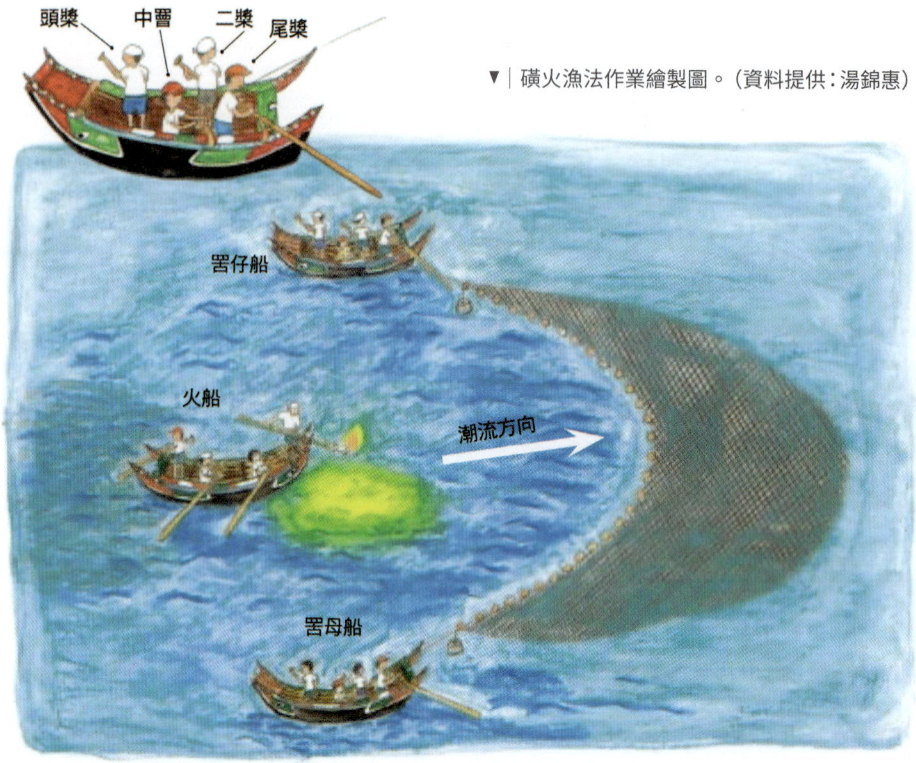

▼｜磺火漁法作業繪製圖。（資料提供：湯錦惠）

來。野柳石光夜訪女王、探索千萬年前海底繽紛、親石玩海廢、無痕小漁村、女王的祕密花園、好野童樂石光、風味海燕窩凍等，無不以循循善誘的教育技術，引人入勝。善用教育技術是多元的保育技術之一，也成了野柳地質公園帶領社會認識單面山、差異侵蝕、節理美學、砂岩、銹染紋、海相沉積層的化石等地球歷史知識的起點，深化地景環境守護的技術，引人共鳴。

在地地景環境守護的技術，尚包含社會集體的力量。坐落於野柳聚落的「瑪鍊漁村文化生活協會」以社區集體走讀、探查、訪問漁人、耆老和在地生活者，將漁村和漁人的故事、漁具和漁法、漁業、民間信仰、歷史地理等，具體而微地記錄；更記載了野柳與北海岸地區著名的磺火漁法與漁技。此外，將各種漁具、漁村生活技藝、工具與生活材料等保存於野柳國小的「萬里漁村生活館」，顯示以教育傳承古老技藝和智慧的跨域協作。

地景保育結合鄰近校園學童的教育尤其可以栽下環境知識與守護態度的種子，影響深遠。野柳地質公園協作野柳國小，體現教育協作夥伴關係。野柳國小的學校教育與行政配合挹注，是培養學童成為地質公園與海洋環境學習者與解說者的契機。筆者曾多次聆聽野柳國小學童地質公園小小解說員中、英文導覽解說，深深體會環境教育栽下種子的意義，以及環境守護教育做為志業的關鍵性，不但培養學生、優化社會，更是教育夥伴關係協作的技術實踐。

透過在地的海岸環境認知與教育，在俯拾可得的尋常中，以隨處可遇見的各種海岸地景及花草植物、鳥類、漁獲技藝、漁村人文生態與社會等做為守護行動對象，落實海岸環境與海洋環境教育的技術，引導社會能日夜欣賞地景與環境，吸引人們四時欣賞萬里區域的春花、夏海、秋蟹、冬溫泉，不限於野柳聚落一方土地，是野柳地質公園創造環境連結的跨域價值，具體落實區域夥伴關係的建構。

二、承擔所有依存於此的生命——地方環境和生活品質的關係

1、風土環境與生活

一地的環境風土與其居民的生活方式之間，關係盤根錯節，常簡化理解為「山

►｜《走看野柳－漁人‧漁具‧漁法》與《走看野柳：尋》書封一隅。(資料提供：湯錦惠)

川地勢、氣候、水文、動植物和其他地理環境，塑造一地的文化、社會和經濟生活」。靠山吃山、靠海吃海，是尋常話語，用以表達人與環境的關係，卻也局限、並過度簡化。

海岸聚落的經濟常以漁業和海上活動為基礎，其文化、習俗、傳統與海洋密切相關，表現在可見與不可見的經濟生活、社會關係、文化實踐、生活精神甚至場所精神與風貌。海岸的氣候和環境變遷牽動一地的生活，例如基隆雨都的社會文化生活，隨著大氣環境與雨量分布狀態之變化而改變，一般人印象基隆日常雨景的刻板印象也受到挑戰。二〇二三年末的雨日缺席短少、陽光普照，甚至氣象報導的溫度體感顯示熱呼呼，是氣候變遷的極端化狀態，對雨都生活的影響不在話下。而二〇二二年末的連續降雨到人都發霉，卻又對比到二〇二三年成為極端落差。

環境災害也可能影響一地的生活方式，例如洪水、乾旱、颱風可能擾亂經濟、導致社會變遷、破壞文化襲產。然而，地方社區也可因累積的環境智慧而有掌握問題的調適策略，結合傳統知識和現代技術或科技，以減輕環境災害之風險，例如地方知識使社區避免不當的土地利用方式與配置。另外，在地的動物、植物的常民文化意義不可忽視，食物選擇、藥物和材料用途等在地傳統知識，代代相傳，具有文化社會意義；社區對自然環境的傳統智慧，是善用資源的基礎，可促進經濟的韌性。

一地環境與生活方式的關係是多元的動態系統，認識、尊重、明智善用人地關係以及自然環境的相互關聯，是生態多樣性、文化多元性、永續發展的基礎；以守護地方水土的健全，做為生活品質的基礎，促進社會的健康和福祉，創造經濟活動的活力與韌性，是在環境變遷中建構具有韌性的社區生活場域之根本。

2、生活場域與生活世界的對話

「生活場域」和「生活世界」的關係是社會重要的主題之一。生活場域是個人或群體日常生活的物理空間，例如家、社區、工作場所、都市或鄉村等，是具體的空間或場所。相對地，簡單說，生活世界則是人們在日常生活中具體經驗到的周遭世界；務實理解它，則是人在空間環境中日常生活的價值、信仰、習俗、語言、藝術等對人與其社會產生的制約或解放之體現，以及諸體現的文化與社會現象間的關係和它們對我們的影響。

生活場域直接或間接影響個人或群體的日常生活。最基本的生活場域——家庭，塑造個人的價值觀、行為模式和人際關係基礎，在其中學習社會規範、培養情感連結、習得生活技能。社區的空間與工作的場域，提供社交機會，也促進溝通技巧、互助合作、文化交流、衝突解決方式，當然社區空間也是創造衝突之處，因多數人有共同的環境基礎卻有差異的理念與理想。城鄉則提供社會生活更多樣周延的資源和服務，有各種殊異的生活方式和結構。

對地景環境守護而言，各種生活場域尺度中的人與環境關係、協商對話的價值與行為等各有不同，例如就臺灣國土空間尺度而言，曾因發展核能而安置核廢於小島，但若從該島嶼生活者或傳統文化保存者的換位思考尺度，卻無法接受核廢料安置於生活之島，這問題不容易。人們對居住社區的環境之認同感與守護，有別於對遠方聚落或他鄉之想像，因此，所有的「在地」地景環境守護涉及「在地性」，涉及權益極度相關的地方人們對鄉土守護的力量，也就詰問著空間與距離對人與環境關係的角色。

生活世界透過價值、觀念、信仰和文化實踐，影響個人或群體在生活場域的行為和選擇，以及生活場域的組織和運作方式。生活場域是生活世界的空間體現，也對生活世界產生影響，是生活世界的塑造者，人們在特定的生活場域中學習、工作、社交，形成對生活的認知和期待。例如，一個重視環境守護或保育的社區群體，可以在城鄉規劃中以環境韌性的價值進行對話、協商，表現居民集體的生活方式和行為選擇。然而此類精神和行為是否會在特定的環境條件才容易被激發？當共同的生活場域或聚落遭遇威脅或壓力時，是否比較容易引起人們團結以因應之？這個問題不容易回答，卻是思考在地守護環境的基本命題與對話基礎。

一九九〇年代以來，臺灣國土的社區營造與社會氛圍，已逐步將鄉土情懷落實於社區，後續如何持續發展成具有環境知識理性的行動？發展具有環境韌性的社會價值與在地的選擇？二十一世紀的臺灣是否為一個進步的社會，端賴社會能否深化面對結構性的環境變遷議題，進行務實、長遠、負責任的探討與對話，並以延續一九九〇年代的社會力，投入今日綜整跨域的環境思維與規劃，再次啟動社會動能，擔下建構韌性環境的行動。

3、在地生活與地方作主

每個地方都有在地的表情、態度、美學、精神，多采多姿，各執特色。例如，在地方邊界歸屬感的身體知識與理性認知之下，聚落村里、社區或街道巷弄，各有其代代相傳的地方知識與文化驕傲，它們具有「認知化的常識」與「身體化的技術」；然而，它們如何與「專家知識」進行有意義的對話和轉譯？在地能否作主？

在地人是否可以成為自己生活（環境）的主人？從哲學、倫理和社會實踐各種面向探究，其核心圍繞著自主、自決、外部力量、地區特色、地域心理學等。從地方或社區參與地景守護的角度來看，鄉土的主人翁是誰，沒有理所當然的答案，唯有重視並愛護地方才可能形成主人翁的力量。

倡導一地之人成為自己生活環境的主人，符合自決的原則。每個人都有與生俱來的尊嚴和能動性，應有做出影響自己生活與環境之決定的自由，培養主人翁意識、責任感及對自己的決定和成就的驕傲感；當個人能自由規劃與決策自己的環境發展的路徑時，他就能追求自己的熱情、目標和願望。然而，享受這過程和接受期待的結果，則需基於對地方環境及其知識的合理瞭解與掌握，以及對決策後果之課責（accountability）和責任的認知與承擔。

實際上，一地方的人們能多大程度成為自己生活環境的主人，受到多種因素的

▲｜公民科學大地遊戲的呈現。（攝影：高雄市馬頭山自然人文協會）

影響，包括社會、經濟和政治結構、歷史遺產和文化規範。結構性不平等、系統性不公義和根深柢固的權力動態關係，可能會限制個人或地方社會的選擇，並限制自主的機會。例如，邊緣化的社群與區域行使自治的能力可能受限，因為缺乏教育、資源不足或其他形式的壓迫等，在此情況下，倡導掌控自己的生活環境需要解決更廣泛的結構性障礙，亦即倡導社會正義和公平之落實。

個人和社區的相互連結關係，意味著個人的行為可能影響在地和全球的其他人。個人和社區所做的決策，對環境健康、公共衛生、社會凝聚力、經濟福祉、環境完整性等可能造成連鎖反應。因此，追求自主治理環境必須與責任和共同利益的考慮互相平衡，當地人成為自己生活環境的主人，不應傷害他人或破壞共同價值和利益；相反地，應該在環境的整體性與物物相關的理解與素養之下，做出最大化與最適化的人與環境以及地方之間互惠的選擇與決策，創造包容的社會、繁

▲｜社區參與手作步道。（攝影：高雄市馬頭山自然人文協會）
◀｜社區自主自然地景埤塘生態調查。（攝影：高雄市馬頭山自然人文協會）

榮永續的經濟以及韌性有餘的生活環境。

當地人是否能成為生活環境的主人，涉及個人權利、社會正義和集體福祉。雖然自決是基本人權，它們也取決於更廣泛的結構條件和倫理與道德因素。賦予當地人掌控自己生活環境的能力，必須確認地方社會對環境的知識與態度的合理性、解決系統性的不平等、促進社會正義、培養對他人和地球的責任感。永續與韌性發展的地方社區，須建基在對人類社會與機構的複雜性和所有生命的相互依存性的周延細緻理解之上。

三、創造共生共榮的人文、自然環境新範型——環境治理的韌性

1、環境經營管理的多元範型

孔恩（Thomas S. Kuhn）的《科學革命的結構》[5]一書開啟了科學史與科學哲學的討

5. 孔恩（Thomas S. Kuhn）著，程樹德、傅大為、王道還譯（2017）。科學革命的結構。臺北：遠流出版。

論，也是科學知識論的里程碑。科學並非線性發展而是動態發展歷程，任何一個新奇的點子可能創造突破，取代既有傳統。一個新的價值觀或思維的出現，可能意涵舊的線性發展路徑受到挑戰，也可能意涵多元並進的競爭思維。孔恩的科學革命概念用在回顧理解當代環境經營管理的變遷，相當有序與穩健。

世界銀行的策略規劃與審議單位於一九八九年提出以「邊緣經濟學」（Frontier Economics 或前沿經濟學）、「深層生態學」（Deep Ecology）、「環境保護」（Environmental Protection）、「資源管理」（Resource Management）以及「生態發展」（Eco-Development），說明環境管理觀念或範型之演化。[6] 早期以人為中心的思維普遍視環境為無物，環境為邊緣經濟學的一部分，可有可無；其後，《寂靜的春天》（深層生態學之先驅）一書出現後，部分社會始反思重視環境，但它反成長的根本思維卻阻礙其持續發揮影響力。

其後，發展出互為表裡與前後關聯的「環境保護」及「資源管理」範型，兩者意涵人類社會發展和組織定義中的社會、生態和經濟系統的互相包容和整合到達某種程度；一九八〇年代末的作者進而指出「生態發展」將成為具有文明的成就。以今日二十一世紀已過四分之一的環境治理（environmental governance）範型而言，其實獨尊生態發展的思維也已成歷史，當代重視的是建立在人類基於反思科技與生活的現實下，人地關係（man-land relationship）的環境理性及人類社會與自然生態環境互動的韌性發展。

二十世紀以來的環境經營管理樣貌，也可從今日治理的角度見證其他環境觀。從初期著重**對自然環境的經營管理**，視其為獨立於人的社會之外，也視其為有待人類社會馴服宰制的對象；到**對環境**

資源的經營管理，以資本效益觀點視環境為資源，朝發揮環境資源的最大經濟效益前進；其後則是**以企業化的手段和視野經營管理環境**，卻鮮少重視環境本身的機制與內涵。此三類範型從環境規制、技術創新、企業績效的角度經營管理環境，各有其時代的科學思維且傾向以經濟效益衡估，但卻失之過於「環境管理主義」，而忽略人與環境的關係，尤其忽視地方差異或區域不均質的經濟、政治、文化表現在地方環境脈絡之內涵，缺乏正視人文與自然環境互為表裡之現實，缺乏韌性思維、甚或可能成為危險的規劃思維。

二十世紀最後十年，學術領域對環境管理經營有了知識論的反思；面對全球環境與氣候變遷的不可測，不少環境經營管理科學的文章或教科書以保留的態度論述之。從認知的落差與失敗經驗中，諸多論述指出每個地方、情境、制度、最佳實踐、人與環境關係等，皆有所異、多說不準，甚至出現書籍版權頁的免責聲明，例如一本於一九九五年首版、並於二〇〇〇年後再版多次的知名環境科學與管理教科書，寫出如下的免責聲明：「環境經營管理領域的知識和最佳實踐不斷變化，隨著新研究和經驗的拓展，我們的理解、研究方法或專業實踐可能隨時而變。專業者和研究人員須依靠自己的經驗和知識來評估和使用本書所述的資訊、方法、綜合論述或實驗……出版商或作者、撰稿人或編輯，均不對因產品疏忽或其他原因，或因任何使用此書資料的方法、產品、說明或想法的操作，而負責任。」（作者譯）免責聲明出現於教科書並非常態，這案例不但指出科學的極限，更展現環境經營管理的脈絡與人及環境關係之重要性，不能單靠理論或他地的最佳實踐案例行事。

儘管今日全球化思維高漲，但因各地環境不均質、環境變遷各處有別、以及地方社會文化之差異，參考應用理論於特定地方問題之解決時，須對地方脈絡及其韌性發展目標有深化理解。因此，

6. Colby, Michael E.（1989）.The Evolution of Paradigms of Environmental Management in Development. Discussion Paper *The Strategic Planning and Review*, No.1, The World Bank.

期待發展具有韌性的環境、經濟、社會，不得不重視尺度差異的問題，亦即是包含對地方尺度的政治、區域尺度的政治、國家政府之治理、全球環境政治等敏感，以及在地不僅關心地方，還要有能力思考與斟酌全國區域性的議題以及全球環境議題和本地的關係；表現在地方政治與環境治理，則須由具有自主反思的地方社會開始。

2、建構韌性的環境治理

為了趨吉避凶，地方學關心者或研究者首重對在地環境的內涵與各式不確定性有所思考，而非在不夠瞭解的情況下，提供解方；此亦是複雜性（complexity）研究的態度與精神。解方或問題的定義或許難以周延，但以「具有韌性的解方或環境治理」思考卻是可接受的起點。

環境韌性，是指在面對不確定性、複雜性和極端變遷時，人類社會有能力調適、靈活應對、持續以明智的方式治理環境。韌性的環境治理特

徵，包含多元參與、跨界合作、明智治理、適性經理、知識共享、創新實驗等理念與實踐，旨在實現社會、經濟、環境共生共榮的永續發展。

韌性的環境治理具有優勢，卻也面臨各種挑戰，包含資源限制、利益衝突、政治阻力、體制或文化差異、技術不足或落後等；因此，如前述「尺度的政治」或「空間尺度的彈性」是區域或地方韌性發展需要的視野與優勢，而地方學更可著眼本土或在地知識和技術，以適地適性的創新，模塑適合地方落實韌性環境治理之途，尋求周延的出路以解決在地問題。

韌性的環境治理，指的也是社會對氣候變化、自然災害、資源管理和社會公正等深化探索，而非僅著眼門口的水溝不通、或公園垃圾的問題；權益關係人的視野須推高到另一層次，俾利深思明辨具有結構性、未來性與複雜性的議題，發揮公民社會之力，投入政策辯論、論述對話、公民參與、技術創新、跨界合作和深化自我

▲｜大學、在地社區、產官學地跨域合作。（攝影：蘇淑娟）
►｜社區共同以在地材料（刺竹）編織地方意象的水鹿。（攝影：高雄市馬頭山自然人文協會）

的教育訓練，以利社會素養提升，促成環境治理的在地框架、方法論和實踐案例，豐富完善兼具理論與實務的跨領域環境治理。

就經濟的韌性而言，地方經濟多元化、異業結合與創新、支持在地企業、營造支持產業的環境、確認基礎設施之健全、提高金融知識和服務的經濟賦權等，是創造經濟韌性的環境條件。當一地方面對嚴厲的環境變遷考驗之際，這些抽象概念與條件如何轉化為在地適地適性的作為，是地方性的挑戰，而非他人可決定或授予的，更是賦權地方實踐永續發展的機會。

以社會的韌性來說，社區參與和凝聚力、多元的民間協作、溝通和支持、社會服務，以及透過政治的包容性和多樣性以促進公平正義，促進各種社會與健康服務資源分配的合理與穩健來強化社會安全網，為弱勢群體提供災變時的支持、備災與應變計畫與訓練等，都是建構社會韌性理想的路徑。

環境的韌性是相對廣泛的概念，然若將之框架在人之於自然環境的討論，亦即是人與環境的關係，則

保護自然棲地、水源和生物多樣性與其永續治理、氣候調適與災害緩解、環境教育與環境意識行為之強化，甚至透過各級政府與地方社會合作宣傳以應對環境挑戰，是建構人與環境關係韌性的途徑。

不論經濟、社會或環境的韌性，都是面對變遷挑戰應具備的根基，並且建立在地方與全球環境互賴的框架、人與自然互為表裡的思維之上。因此，以綜整性的跨領域對話與協作，在全球價值與視野的引導下，適地適性回應環境問題，也就保障了地方追求社會、經濟和環境的韌性發展之基礎。

3、在地環境韌性的根本

永續發展目標（SDGs）從二〇一五年以來受到全球重視，各國期待聯合國可提供什麼樣的藥方帶來永續發展。然而東西有別、南北殊異，農工別流、城鄉分殊；是故，聯合國永續發展目標實際無法提供可稱為萬靈丹的藥方（處方），因為藥方容易、藥引難。所謂面對環境變遷的解方，儘管可以有價值觀、理念、學理的相近；處方落實在各地，需要的卻是「藥引」，意涵各地多元而殊異的藥引應該被挖掘、認識、實踐，也就是在地元素、動能、資源應被挖掘、認識、落實於在地環境韌性的實踐。

「全球視野、在地行動」，是全球化與永續發展成為主流概念後，人們朗朗上口的語彙，但它如何被實踐，始終難以簡單評估。爾後，於全球在地化論述中，「越在地、越全球」一語成為經典，用以說服人們所謂在地化是可以被世界看見的、可以貢獻全球環境穩健建構；但沒有太多人積極於「越在地、越全球」的知識論或方法論。

許多關鍵的環境價值與理念出現於二十世紀最後十年到二十一世紀初二十年中，其中「從管理

►｜學生與社區居民共同進行車瓜林斷層露頭踏查。（攝影：蘇淑娟）

到治理」、「從專業知識到跨域知識」此二觀念性的變革與價值實踐的翻轉，是重新瞭解地方學的關鍵詞語，也是本文以野柳學為起點，論述地方社會在建構韌性環境的根本。

從環境管理到環境治理，意涵過去由上而下的管理結構之鬆動，凸顯當代由下而上的社會力與多元聲音受到包容與肯認，是建置環境韌性之本。環境管理的精神，凸顯在以組織和協調環境資源進行有效落實特定環境目標的過程，它涉及規劃、組織、領導和控制組織或特定活動，著重環境計畫任務的運作與執行，以確保環境事務之順利運作。相對地，環境治理，則傾向重視組織、機構或社會的內部決策、行使權力和採取行動的過程、社會結構和機制，整體機制不僅有正式的結構和法則，更重視影響決策和行為的非正式規範、價值觀和關係。

環境治理比環境管理的概念涉及制定政策與定義問題的角色和責任，並確保決策過程的課責性和透明度。是故，環境治理的機制容許更多元的聲音、涉入多元權益關係人，因此地方社會的主體性與在地知識與技能更受重視，致今日由下而上的環境治理與其社會力更受重視，也是地方學召喚面對逐漸複雜與極端環境下應培養的公民素養之因。

環境韌性的另一基礎是跨領域知識和技能的生產。從十九世紀初第一個結合研究和教學、立基於大學自治和學術自由的現代大學在歐洲發軔以來，知識的專業化乃大學追求的極致；然而在尋求環境問題解方之今日，跨領域協作和夥伴關係所能提供的解方尤為可貴。專業間的溝通、協調、共創新視野並非易事，然而跨領域或跨學科的協作可能創造單一學科無法實現的整體理解和創新解方。

綜合不同領域的思想、理論、方法甚至價值，以應對生活、生計、生態的實務環境問題，是善用在地視野，透過傳統智慧、知識、技藝、文化社會關係，以解決既全球又在地的問題之新模式，例如全球氣候變遷災害下的地方調適與回應、全球經濟困境下的在地生計策略、全球疾病或公衛問題的在地處方（與藥引）等，都是引起跨協作的動機，而所謂在地協作的跨領域知識是強調在地思考、適地適性的創造力、有脈絡的靈活性和開放的觀點。

四、韌性的環境治理做為地方學2.0

典範轉移，是來自科學史的啟發，而當代人類社會面對的複雜、多元、劇變、不均質的環境與氣候狀態，更凸顯環境變遷動態的多元尺度、區域差異、發展異質性，尤其從人類世的角度視之更是如此；因此，啟動以小區域或地方為本的、適地適性的環境調適，並投入跨領域知識生產協作，是二十一世紀環境問題的解方，也是全球環境可漸趨良善的基礎。每個地方的韌性行動可以具周延性的利益一地，若是一萬個地方進行環境韌性的友善行動，其乘數效應之利將加乘，是落實正向價值、並將之傳承下去的一大步。

借用孔恩科學革命的結構概念，思考蛻變中的地方學以及地方從傳統走向環境變遷快速的今日應有何新風貌？

一個被視為常態的科學範型，遇到異常與例外、並受到挑戰、進而面臨危機，人們因此對其信心動搖、質疑其世界觀、鞭撻詰問其結構完形，進而允許新的世界觀之發芽，這並非線性的過程。雖然新世界觀亦可能歷經無秩序、混亂的階段，但它卻處於由山谷走向峰尖的歷程，前景明亮、漸入佳境。直到它受到歡迎或足以被接受時，新的社會秩序與價值亦隨之產生，新範型產生，亦非線性歷程。孔恩的科學革命概念在今日多元世界觀與多元價值中益增可貴，然而在多元價值之中，傳統與創新、古板與時尚，仍然是每個當下此時此在的對話與協商。

過去臺灣的國家管理、政治經濟結構與企業經營的發展主義，多由上而下規範，而今日社會轉型變遷中，逐漸發展出多元競爭、由下而上的治理，多元價值受到合理的對待，權益關係人對話協作成為環境韌性治理範型，不但地方學的道路與視野豁然開闊，也強化地方社會與社群的角色與責任。一如地景保育二〇一一

◄｜野柳有什麼力量讓這個地方「動起來」？應思考提升人地關係的韌性。圖為社區踏查與親子淨灘活動。（攝影：湯錦惠）

年「臺北宣言」所強調的：地景保育需要國家的倡議與地方的行動，兩者協作至為重要。

在全球化潮流中，以地方動能引導與翻轉社會大眾對一地的認識，可以透過發展地方為本的各式活動，例如在地的特色經濟活動、社會文化活動、海岸休閒旅遊、海岸聚落之人文生態保育等。

地方學，為了瞭解地方如何啟動，可從釐清社會人們對於自身以外的事物之態度與作為，以及人與社會如何成為變革的能量開始。例如，如何啟動或集結一個地方的社會力？讓它成為向善或向上的力量？試想在一個海岸區域聚落、遙遠的漁村地方、或北海岸美麗明亮的野柳：究竟有什麼內部的動能或張力、外來的壓力、人文或自然災害、甚或人地環境關係的變遷，可開啟這個地方並使之「動起來」？需要特定的概念、策略、技術或方法嗎？是跨領域溝通協調或教育訓練的技術嗎？或是建構社區對於韌性環境的理想，可能驅動家園環境守護的行動？甚至可自社會參與式的環境規劃方法是什麼詰問起？每個地方的答案或許有異，但都不外乎觀念、技術、策略和行動。

以發展中的野柳學反思一九九〇年代的臺灣傳統地方學，社區參與的精神或許並未改變，但人與環境的關係、策略、技術、方法已產生質變。今日應從反思如何改變自己、去看待環境，以提升人地關係的韌性；二十一世紀地方學需要範型轉移、需建立在人與環境關係之上，以發展各種可能，包含從鄉土到全球在地化的開放態度與視野、從環境管理到環境治理的範型轉移、從對抗或孤立到夥伴關係協作創造環境韌性、從獨尊專業知識到跨領域知識與技能協作、從生態發展到人地共榮、從傳統經濟導向到以人與環境為念的創新科技，以及從人與環境關係重新定位韌性建構等。

面對人類世的環境變遷與極端氣候，培養環境韌性的素養和其對社會DNA演化的可能突破，是社會、經濟與環境之韌性發展的基礎。

Chapter

03

擬若一座座高原——

回到環境的根本關懷，以野柳學的空間生產思索並回應時代

王文誠

本書倡議野柳學，是一個地理學家對區域發展的根本性發問，是對於未來十年、二十年要如何一起為土地發展努力所做的思考。亦即，不只是自然地理或人文地理邊界關懷，而是對整體地理學反思。特別在此變動時代，氣候變遷、戰爭不斷、細菌病毒蔓延、AI與綠能等技術革命持續前進並隱含忐忑。我們刻正應反思「區域」以及所在的地理學哲學與實踐。

從這個脈絡，「環境」、「社區參與」、「由下而上」、「治理結構變遷」及「民主深化」等，正是新時代的關鍵詞。隨著日常生活地景的空間實踐，人們開始對於全球化無所不在的壓迫，反思在地在微光中的抵抗。就像是柏修斯一樣，只有在地化才能躲開梅杜莎的眼睛。[1]以環境規劃為例，原生植物開始成為各種環評計畫的必要條件，逐漸成為社區營造普遍共識。全球化流動空間裡，我們需要一種以用心本土、社區參與為底蘊的地景保育及環境教育，而地景旅遊規劃應思考在地土地的空間再現與再現空間。

雖然空間實踐、空間再現以及再現空間三者的辯證構成空間生產；然而我們還沒有真正將此落實於地景保育。社區參與旨在成為學習性地景網絡，而不只是執行活

動；是在全球格局中理解自己的條件。地景的規劃，如風景區，以「特區式地景」為發展目標，應該如何從由上而下的權力中，轉為由下而上的規劃過程？如何在多重自然與人文資源脈絡下，分析與實踐環境適宜性？本文將以野柳做為地景旅遊的空間規劃個案，回應空間如何生產；換句話說，如何擬若一座高原，以及地理學哲學與實踐。

一、根莖——從地理哲學到高原的實踐之路

一九八四年臺灣設立國家級風景區，景觀系接軌成為公園、國家風景區以及國家公園環境設計的重要角色。然而景觀規劃教育於一九八一年引進臺灣，全然地學習西方規劃及設計方法，或者說「模仿」往往是空間再現的模式。例如位於大肚山的中部都會公園設計，模仿頤和園平面格局；其植物配置則是挪移那個年代市場上流行的景觀植物，而不是大肚山的原生植物，因此對於環境的適應就有困難。

大肚山的地質為頭嵙山層，更新世早期所形成，經歷溼潤年代所形成的土壤，其中的有機質被雨水淋溶，留下礦物，氧化後形成紅土及紅色礫岩。頭嵙山層的特殊土壤在臺灣中部孕育特有植物，但是中部都會公園大量種植非本區域的植物。以相思樹為例，相思樹的原生環境是墾丁，有將近半年的乾季，有些還位於保水不易以及強烈東北季風吹襲的高位珊瑚礁。歷經演化，會蒸發散水分的葉片

1. 柏修斯（Perseus）是希臘神話中宙斯和達那厄的兒子。漂流海島時，因故被要求獻上梅杜莎（Medusa）的頭。梅杜莎是蛇髮女妖三姊妹之一，可以用她的眼光將每個看她的人變成石頭。柏修斯獲得雅典娜幫助，利用閃亮的盾和翅，逃過劫難並達成目的。

就消失掉了，只留下葉柄，逐漸葉片化以利光合作用，形成適應墾丁高位珊瑚礁的物種。種在中部都會公園裡的植物，不在演化優勢的環境，因此承受著褐根病、根腐病的無情折磨。

本土需要被重視。所以如此計畫的空間，同時有兩個問題，第一是對配置的植物不瞭解，即使相思樹已經算是臺灣的原生植物；另一方面則是對土地不認識，所以栽植流行樹種。我們爰此空間生產，造成跟環境的協調大相逕庭，這是早期景觀學習知識論的歷史問題。

如何用心的思考本土？二〇一九年筆者訪問法國雷恩（Rennes），法國地形學者埃爾維・雷格諾（Herve Regnauld）也對於地理學的關懷提出發問，捧讀《德勒茲與地質哲學》（*Deleuze and Geophilosophy*）[2] 一書深思探索地理哲學。德勒茲（Gilles Deleuze）是二十世紀法國哲學巨擘，試圖連結地質學與實踐之可能。他最重要的概念是「根莖」（rhizome），是全球化後對於結構主義的反動。

根莖是「網絡」的隱喻，與此同時，聯合國對地質公園的倡議，即是一種網絡發展原理，也就是學術知識由下而上草根的民主力量、或者說是某種由上而下民粹主義的組裝。不同於過去保育組織（例如一九七一年「人與生物圈計畫」、一九七二年《世界遺產公約》），聯合國教科文組織二〇一五年通過地質公園倡議，便以「地界地質公園網絡」做為號召，下而上的計畫，夥伴合作管理，旨在倡議地質公園間的網絡聯繫。

臺灣近幾年的地質公園運動中，以社區參與為本的九份金瓜石水湳洞地質公園即為例子，該地大概近五年形成「社區」氣候。九份金瓜石水湳洞緣於一百年來的礦業歷史，形塑出礦工生活文化，在黃金博物館登高一呼之下，召喚出血液裡滿滿是礦工文化的地方孩子，一起探索礦物、地質、地景保育，考崛文化路徑、生產及生活器物。社區自費找地質專家、礦物學者、生態環境老師來指導，傳遞價值，閱讀並學習地景。黃金博物館興起礦山學國際論壇，辦理刊物，「後礦業時代」地質公園工程正式啟動。

後礦業時代，超越了九份金瓜石水湳洞原本只是礦業生產鏈網絡。地質公園開啟社區視野，用科學的、文化的、歷史的、美學的角度凝視岩石；九份金瓜石水湳洞的岩石，從此不再只是冰冷石頭，不再只是化學組成元素，是有溫度的故事、歷史與文化，是社區人與地的行動網絡。網絡共同體是描述非線性網絡的概念；透過符號鏈、權力組織、藝術、科學和社會鬥爭相對情境之間的聯繫，建立網絡，沒有明顯順序或連貫性，純粹是一個非樹狀多樣性網絡性質。所以加入了臺灣地質公園網絡之後，區域不再只是九份金瓜石水湳洞地區。

《一千個高原》（*Mille plateau*）是德勒茲與伽塔利（Félix Guattari）一九八〇年合作出版的書，當中所討論的與地質哲學有關。該書指出，區域由「高原」所構成，傳統區域是一種結構式的樹形，高原則為根莖，網絡式。九份金瓜石水湳洞即是擬若一座高原。臺灣高山玉山箭竹原，是另一個很好的理解方法。臺灣高山草原並非是生態學上的乾草地——以旱生草本植物為優勢的「草原」（steppe）類型，而是由早田文藏於一九〇七年以新高山發表命名的「玉山箭竹」所組成。

「玉山箭竹原」由於環境影響，全球其他區域沒有一樣的景觀，形成某多元體所生成之獨特生態。生長在冷杉或鐵杉林下，最高可以長到五至七公尺。由於雷擊、落石及人類活動引發森林大火，火燒過後，玉山箭竹地底下的根莖還活著，開始搶攻地盤而形成箭竹原。由於雨水澆灌淋溶，流去養分，因此在諸如合歡山、奇萊山、能高山等高山上，可以觀察到只長到三十到五十公分的玉山箭竹。

2. Geo- 可以理解為地質，也可以是地球、地形，或是地理。

從箭竹原中的步道上，即生態孔隙（gap），可以看到爭搶著陽光而生長的龍膽、杜鵑、玉山懸勾子及玉山小檗等。整體上，無論從三十公分到七公尺，不同形態、是否位於林下，或受到環境衝擊，玉山箭竹都是同一棵根莖網系，就像板塊一樣，透過根莖延伸，長成不同的「高原」。

依據德勒茲及伽塔利的看法，根莖、網絡或高原，具有連接、異質、多元、斷裂、繪圖和轉印的原理。《一千個高原》中，地理學所關懷的區域，就是根莖，也是高原，內容更多地集中在系統、環境和空間哲學上。高原論述區域的張力，區域可以具有更多如同根莖、高原般的想像。區域透過去領域化和再領域化，行動的逃逸線、層、層化和去層化、所指、能指和符號等，生產一座座新高原或頁面，每個高原上彼此連結。

德勒茲的關鍵詞是「根莖」，跟地質公園發展的核心概念一樣。就野柳來說，野柳適用於以上任何的區域組裝，依需要而定，也就是在變遷中改變

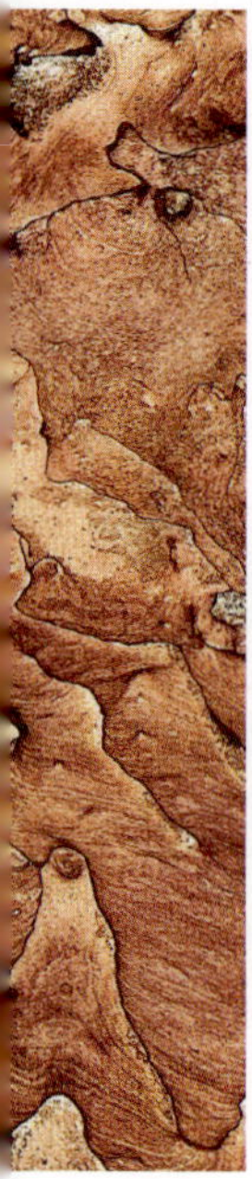

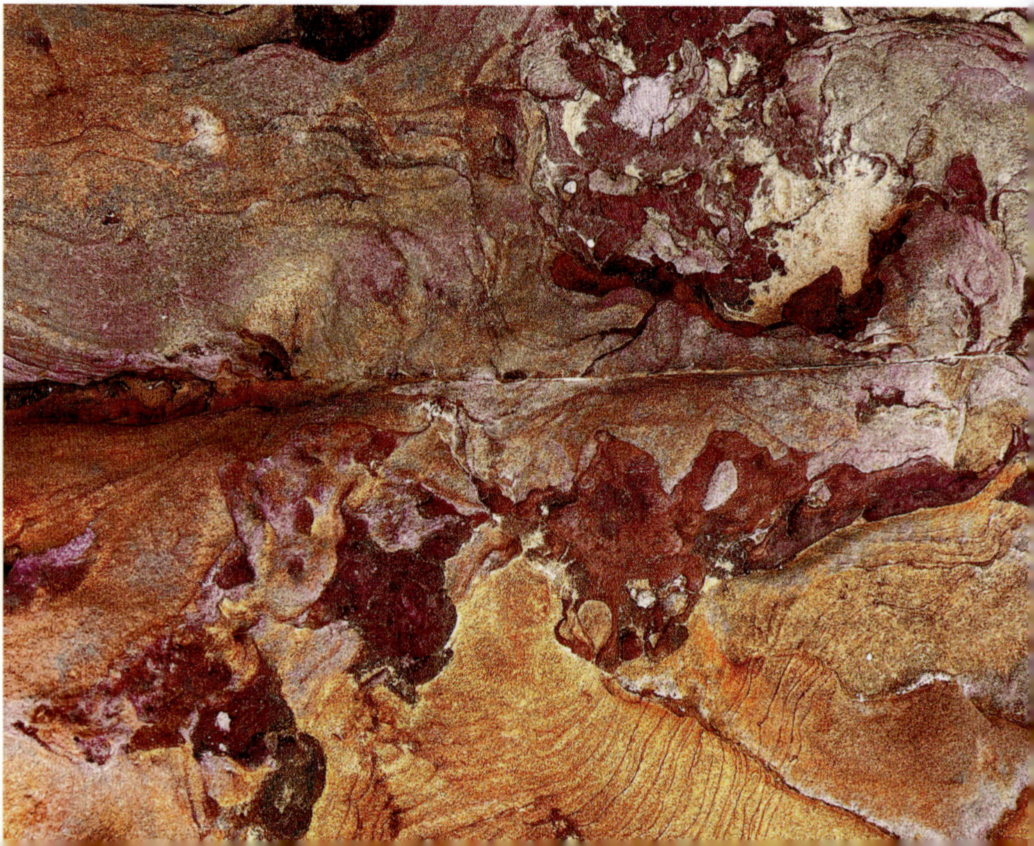

與組裝。野柳的紋理、節理與斷層，構成野獸派強烈的構圖畫風，土地色彩鮮豔大膽，將印象派色彩理論中的塗色技法推向極致，任意透視和隨興明暗，放棄傳統的遠近比例、明暗透視與採用平面化構圖，陰影面與物體面形成強烈對比。野獸派再現銹染紋石「高原」美學，組裝成全球獨一無二的女王頭、燭臺石，以及聯繫了每一個經營者、遊客、專家學者及政府機關的凝視，寓意一座座新高原。

亦即，本書旨在去領域化和再領域化野柳，組裝十二個「高原」構成野柳學：觀光與數位轉型、觀光政策的創新、海岸的文化意涵、海洋文化與保護、海岸的歷史脈絡、生態文化的推動、環境教育新挑戰、品牌與國際行銷、環境管理與參與、守護地方的永續、景區的空間規劃，以及國際接軌的策略。野柳學由區域、社區、根莖、網絡、高原、紋理、節理及美學所構成。符號鏈、權力組織和藝術、科學以及社會鬥爭的相對情境之間彼此聯繫，建立起網絡，本書是我們重新認識區域的方法。

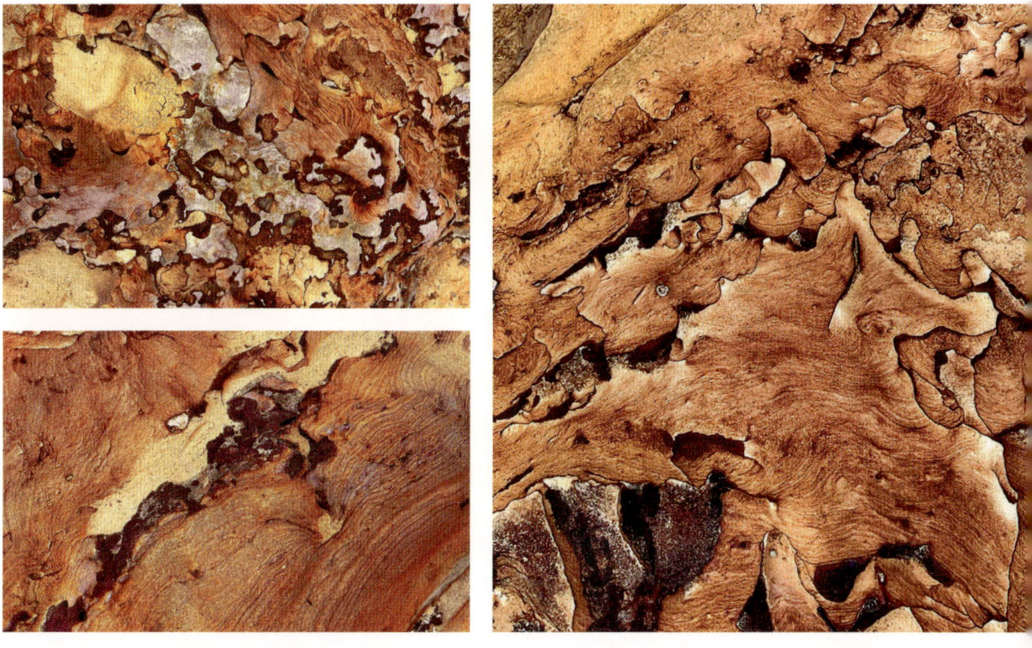

▲｜如野獸派畫作的銹染紋石「高原」美學。（攝影：王文誠，於野柳地質公園）

而本章將沿著網絡、根莖路徑，如下表深入研究社會如何擬若一座座高原，產生空間以及空間如何生產，審視空間實踐、再現和空間本身之間的辯證關係。

擬若一座高原，其空間實踐、再現和空間本身之間的辯證關係中，列斐伏爾（Henri Lefebvre）提出了三元辯證：空間實踐（spatial practice）、空間再現（representation of space）及再現空間（representational space）。這三者互為文本，形成一個交織的網絡，共同詮釋了空間的複雜性。

- **空間實踐**：對應於常識意義上的感知空間，包括非生物、生物及文化的物質性存在，是人們日常生活中實際經歷和操作的空間。
- **空間再現**：指關於空間的論述和推論性的分析機制，涉及空間構想的規劃設計及專業知識，是對空間進行抽象和系統化思考的結果。
- **再現空間**：做為空間的話語和可能的空間，是人們對空間的體驗和想像，形成了社會的集體想像。

這三者相互滲透和影響，共同構成了空間的整體理解。它們的交織和互動不僅解釋了空間的物質性和社會性，也揭示了

野柳的空間生產

空間實踐 (經驗的空間)	非生物 Abiotic：地質、地形、氣候、水文、土壤 生物 Biotic：動物、植物 文化 Cultural：人口、經濟、交通、聚落、政治、社會、文化
空間再現 (概念的空間)	規劃：國土規劃、區域規劃、都市計劃 設計：環境設計、景觀設計、建築設計
再現空間 (生活的空間)	讀景：1. 鹿野忠雄模式 2. 張愛玲模式 3. 印象畫派模式：造形、質感、色彩、光影、尺度

空間的動態特質和變遷過程。爰此，這樣的辯證分析，我們能夠更全面地理解空間的多元與多維度意涵，以及其在社會、文化和政治上的重要性。三者互為文本，滲透到本書各章，全書才能詮釋如根莖般交織網絡。

二、空間實踐、空間再現——生物、非生物、文化面向

・高原的形成來自大地的刻劃

野柳的空間實踐，為了方便溝通，當可從非生物的（abiotic）地質、地形、氣候、水文、土壤；生物的（biotic）動物、植物；以及文化的（cultural）人口、經濟、交通、聚落、政治、社會、文化等ABC模式來分析。以野柳地質變遷說明如下。

首先，大約兩千多萬年前，東海淺海大陸棚上的沙層逐漸堆積，形成了大寮層砂岩。當時的水深約為十幾公尺，這些砂層沉積在海床上，有時包含大量生物殼體和海膽，這些生物被沙泥覆蓋後形成化石，或因海底生物的活動而形成生痕化石。

其次，在接下來的千百萬年間，更多的沙泥覆蓋在這些沉積層上，大寮層逐漸被埋在數千公尺深的海床下。在深埋過程中，地底的高溫和高壓使原本疏鬆的沉積物逐漸壓密，並膠結成堅硬的岩石。由於砂岩的膠結程度不同，這些砂岩中形成特別堅硬的結核。

然後，約六百萬年前，原本安靜深埋於海底的大寮層經歷了劇烈的地質事件，即「蓬萊造山運動」。菲律賓海板塊向歐亞板塊靠近，兩者碰撞推擠，使海底的岩層隆起成為臺灣島，野柳的岩石也

因這次運動而逐漸抬升。野柳岬的砂岩可能在數萬年前才出露於地表，這些岩層大多傾斜，形成單面山地形，並且出現節理和斷層。

接著，隨著野柳砂岩層曝露於地表，它們開始受到大自然的風化侵蝕、海浪沖蝕以及岩鹽風化。岩石的軟硬和結構不同，使得它們在這些作用下形成各種獨特的形態。風、雨水、海水和生物等自然力量不斷地刻劃和塑造，形成了多樣化的地形景觀。這些自然力量如同大自然的雕刻師，不停地改變著地球表面的容貌，成為空間實踐的物質基礎。此外，由於特殊的氣候和地形，這個區域成為受東北季風影響的動植物生態區，海陸交接的生態推移帶，又稱為東北季風雨林生態區，孕育特殊的高原。

• 空間再現

空間再現是對空間安排，是一連串科學與決策的複雜折衝，容易受到知識的局限及政策的影響，但很容易落入看見蛇髮女妖的眼睛，而變成石頭。空間規劃是在適當的時空中對土地使用適當的安排，包括國土規劃、區域規劃、

◄ 位於海陸交界的生態推移帶，野柳岬是非常重要生態基地。受到東北季風的影響，大寮層具有化石的石灰質。跟墾丁一樣，墾丁的高位珊瑚礁具有石灰質，也同時受到東北季風的影響。所以爬森藤在臺灣南北分布，是大白斑蝶幼蟲食草。
圖為大白斑蝶的蛹。（攝影：王文誠）

都市計劃，也含括環境設計、景觀設計、建築設計。野柳學的空間再現，必須從全球網絡的脈絡及其獨特性來思考；亦即全球思考，在地行動。

• 全球思考

一九九二年聯合國舉辦首屆世界永續發展高峰會議，又稱地球高峰會（Earth Summit）。這是聯合國每十年舉辦一次的永續發展重要會議之一，旨在整合全球資源與共識，以解決氣候變遷、生物滅絕和糧食短缺等全球共同面臨的危機。二〇一五年聯合國宣布「二〇三〇永續發展目標」（SDGs）的十七項指標，以及ESG、《生物多樣性公約》等做為思考，指引全球規劃方針、邁向永續。（可參考本書第一章）

其次是《氣候變化綱要公約》（United Nations Framework Convention on Climate Change）於地球高峰會後一九九四年生效，一九九五年起每年召開締約方大會，直至今日其歷經主要內容有：一、生物多樣性在生態系、物種及基因多樣性的努力；二、碳中和，透過從《京都議定書》到《格拉斯哥氣候公約》，以共同遏阻全球暖化失控趨勢。全球思考還需要實踐《生物多樣性公約》的措施，特別是保育生物多樣性、永續利用其組成部分，以及公平合理分享利用遺傳資源所產生的惠益。二者二〇五〇年的共同願景是：「與大自然和諧相處」（Living in Harmony with Nature）。

ESG 是聯合國發起的一項企業社會責任倡議，現已成為全球現象。其內容包括：一、環境保護（Environmental）：涵蓋溫室氣體減排、碳排放、氣候變遷、環境永續、汙染處理等。二、社會責任（Social）：涵蓋企業如何管理員工、供應商、客戶、工作環境、資訊安全、社區計畫等。三、公司治理（Governance）：涵蓋公司管理高層、主管薪酬、審計、內部控管、股東權利、企業道德、資訊透明、董事多元、企業合規等議題。

最後，土地使用的地景保育部分，聯合國教科文組織在一九七一年擬定「人與生物圈計畫」，一九七二年《世界遺產公約》，以及二〇一五年世界地質公園。三項地景襲產皆有其不同的保育機制以及治理形態。

• 在地行動

在目標、實踐和整合上，通過層、層化和去層化、所指、能指和符號達成規劃目標。這些術語可以解釋如下。**層**：指地景中不同層次的組成部分，如地理、文化和生態層次。**層化和去層化**：**層化**是對這些不同層次進行分類和組織，而**去層化**是打破這些分類，進行跨層次的整合。**所指和能指**：這些是符號學中的概念，**所指**是符號的意義，而**能指**是符號的形式。在地景規劃中，這些概念幫助我們理解和設計地景中的象徵和實體。所有這些步驟和概念按規劃流程圖進行，確保規劃過程有序和系統。

三、再現空間，野柳的三種讀景方式

再現空間也就是生活的空間，以人們的感覺為主體。換句話說，就是野柳的讀景方法。從人地關係以融合科學及美學的認識論基礎上，對於讀景以意識本質做為哲學的原創和影響。「讀景」是一

野柳空間再現規劃流程圖

野柳做為一個地景旅遊目的地的空間再現，包括三個具體階段：

一、規劃目標擬定：

第一階段是確立規劃目標。這包括對地景進行初步評估和資料收集，分析發現問題，並設立具體的規劃目標。具體步驟包括基地初勘、法律法規研究、上位及相關計畫檢視，以及建立基本圖。

二、資源調查：

第二階段是資源調查。這一階段涵蓋對自然、人文、景觀及遊客等方面的全面盤點和調查。根據風景區的供需情況，進行詳細的調查和分析。調查內容包括自然資源、人文背景、景觀特徵及遊客需求。

三、整合規劃：

第三階段是整合前兩階段的資料和分析，提出全面的計畫。這包括活動適宜性分析、土地適宜性檢視和創意設計。完成自然、人文、景觀及遊客的調查後，進行區域規劃的實務操作分析，通過 GIS 疊圖、合成分析和可行性評估，最終制定實質計畫、執行計畫和經營管理計畫，並完成規劃報告。

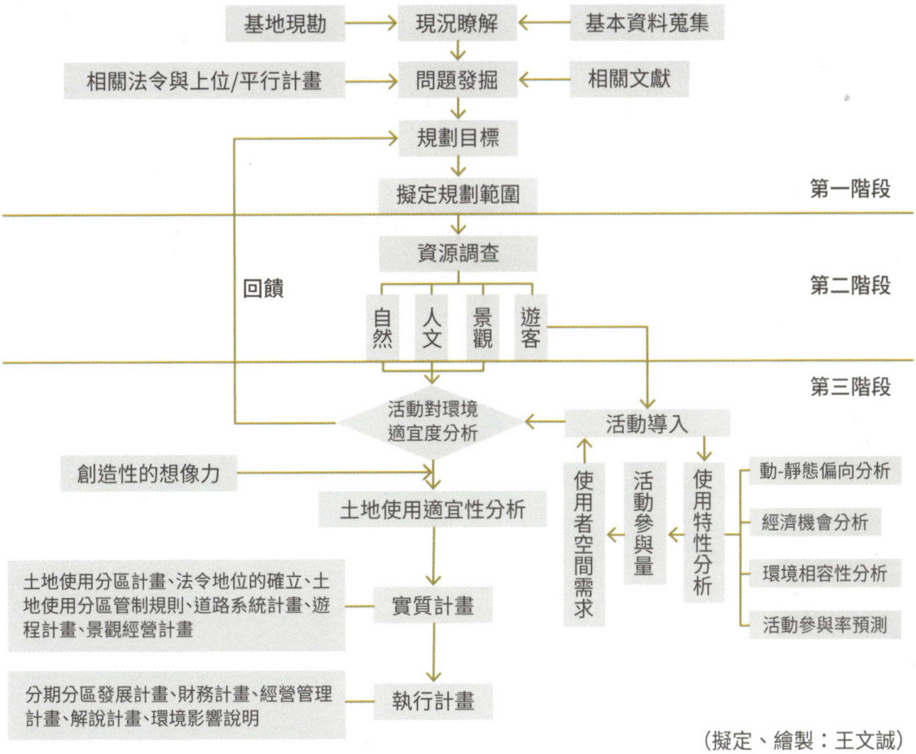

（擬定、繪製：王文誠）

個綜合性概念，通常指對景觀的閱讀和理解，特別是在景觀設計和規劃方面。這種觀點強調了對自然和人文景觀感知、美學、評價和詮釋。讀景是對於地區各種景觀元素的介紹和描述，特別是獨特的地景，就環境科學與美學哲學，如何在全球尺度中，「遇見」地景。

筆者提議三個方法：鹿野忠雄在將近一個世紀前的《山、雲與蕃人：臺灣高山紀行》中，以「山」、「雲」和「蕃人」完成高山旅行中的讀景紀錄。然而，鹿野忠雄少了時空遇見的論述，也少了美學的詮釋，因此，本文加入了「張愛玲的遇見」及「印象派畫作」的心靈地圖。這三個隱喻做為分類，有些概念無可避免地重疊，卻是嘗試繪製和轉印根莖原理一個完整的閱讀圖形。

1、鹿野忠雄模式——科學、心情、民族誌

鹿野忠雄於一九四一年出版《山、雲與蕃人：臺灣高山紀行》一書，透過對臺灣的閱讀書寫而成。就讀景直接意識本質來說，他寫道：

> 「我仰望天空，亂雲繼續在翻滾，雲彩的裂縫處露出天空的一角，湛滿深海色。逐漸地，亂雲像潮水一般退去，灰色的雲幕揭開之後，頭上出現了宇達佩山的圓頂，深藏慓悍性格的雄姿引人矚目。」

書名中，「山」讀到的是科學與理性，「雲」是書寫心情與詩，「蕃人」

◄｜褶皺、風化、侵蝕，構成了玉山脆弱易崩落的地質條件。（攝影：王文誠）

則是臺灣高山原住民的民族誌與人類學；是從高山旅行中記錄讀景的方法。

・山：科學與理性

山代表的是科學，自然景觀。「山」是科學的生產資料，代表科學、理性和論文，包括地質、地形、氣候、水文、土壤、動物、植物等自然景觀的閱讀。這些閱讀必須來自專業的科學訓練。鹿野忠雄科學地辨認地質與生態：

「卓社大山頂密生著短箭竹，處處有混雜著石英的砂岩露出，稜脊向東傾斜。除了西北至西南的彎曲內側是斷崖外，其他都是坡度緩和、短箭竹柔和的地貌。山腰以下是森林，以臺灣鐵杉、五葉松和冷杉為主。」

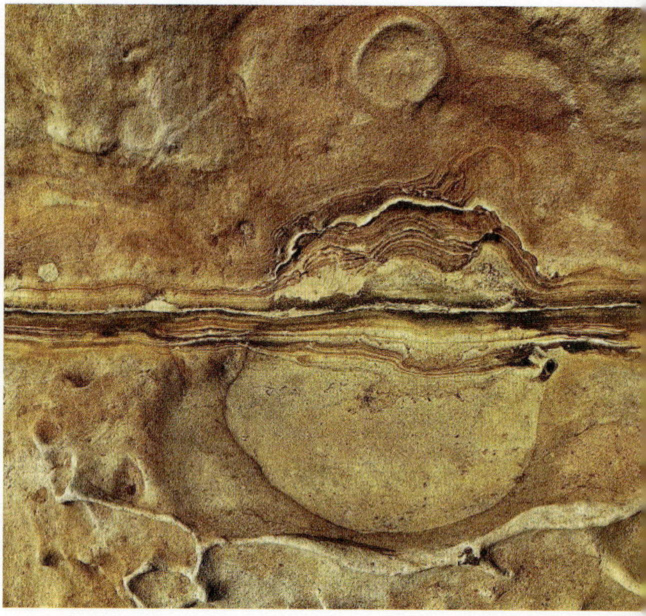

科學閱讀緣自鹿野忠雄曾於臺灣求學，並進行長期的學術研究。直至今日，臺灣學術界進行高山地形研究，仍大多引用他的論點。上述引用的文中，「混雜著石英的砂岩露出，稜脊向東傾斜」、「山腰以下是森林，以臺灣鐵杉、五葉松和冷杉為主」是受過科學訓練才能閱讀出的地質、地形、植物及生態地景。

・雲：心情與詩

雲代表的是詩，心情景觀。特別是臺灣高山多位於雲霧帶，變化萬千，構成景觀本質與閱讀核心。然而，雲是最難書寫的對象，尤其構成臺灣高山針葉林裡的裊裊輕煙；鹿野忠雄所努力的是一種感受的傳達、心情的再現空間。前面引用鹿野忠雄書寫的「亂雲繼續在翻滾」、「雲彩的裂縫處」、「亂雲像潮水一般」及「灰色的雲幕揭開之後」，心情駐足，精英華彩，再現空間。

▲｜四幅野柳砂畫。（攝影：王文誠）

鹿野忠雄玉山東峰雲霧中讀景：

「剛才茫然佇立於雲霧中的牝鹿，在我眼中其實像一個純潔的小詩人，惹人憐愛。」

以及，認同地景觸達心情調盤中，閱讀以下的自然色彩調配，所以鹿野忠雄又寫道：

「溪谷上是靜止不動的大雲海，昨天隱沒於濃雲中的群山，現在突現於雲海之上。在冷冽的大氣中，近山呈現穩重的暗藍色，遠山則趨向明亮的淺藍色，山色時時刻刻在變化，終於搭配成臺灣山岳獨特的顏色——那神奇的鈷藍色（cobalt blue），是多麼迷人啊！」

就好像風隨意而吹，你聽見風聲，卻不知道它從哪裡來，往哪裡去。但是，風一直都在！透過隱喻，詩般吟唱。海枯石爛，逝者如斯，時空洪流之中，我們如何擷取生命中吉光片羽，「那神奇的鈷藍色」即是讀景。鹿野忠雄書中的散文如詩般，讀來可以看見年輕生命，迴盪在臺灣高山紀行中。

- 蕃人：人文與民族誌

蕃人代表的是民族誌，人文景觀，甚至考古學、人類學。民族誌是一種寫作文本（text），透過田野閱讀，提供對人類社會的書寫。其方法建立在一個概念上（argument），提供一個可衡量的基礎，是一種文化人類學方法論本質。人類學是一門研究過去與當代人類社會的學科，揭示身處田野閱讀地景的人類學家將會面臨的潛在問題、挑戰和後果。「據蕃人說，他們在這裡經常獵到很多鹿和臺灣長鬃山羊。」讀景成就文本，成為內容（context）。

鹿野忠雄寫道：

「……看到幾十個蕃人帶著很多蕃犬，形成一團黑影在移動。隔著一條大溪谷，蕃人的叫聲竟然傳到這麼遠的地方來。芬列布對我說，那些人是伊巴厚社蕃人。我們日本人足跡所不能到的深山蕃地，蕃人當作自家庭院或牧場那般任意馳騁。我繼續傾聽著，早晨寧靜的大氣中，那一群追逐野獸移動的蕃人邊跑邊呼喝的聲音，飛越高山，飛越溪谷，傳到我的耳裡，而且餘音繚繞，久久不散。」

當時的日本人凡原住民都讀成「蕃」，這是他們認識世界的方法；所以連狗都稱為「蕃犬」，地點稱為「蕃地」。同時，我們也藉由鹿野忠雄的讀景，瞭解原住民跟土地的關係：「蕃人當作自家庭院或牧場那般任意馳騁」、「邊跑邊呼喝的聲音，飛越高山，飛越溪谷，……，餘音繚繞，久久不散。」

臺灣原住民歌聲高亢、優美悅耳，聆聽是閱讀延伸，布農八部，餘音繞梁，耐人尋味。從認識論層面來說，鹿野忠雄以科學調查為起點，從一開始的山地昆蟲採集，到之後對臺灣原住民產生興趣，而完成了空間閱讀。

2、張愛玲的遇見——剛巧趕上了，沒有早一步，也沒有晚一步

於千萬人之中遇見你所要遇見的人，於千萬年之中，時間的無涯的荒野里，沒有早一步，也沒有晚一步，剛巧趕上了。

——張愛玲，一九四四年

臺灣由二次造山運動所形成，就地質條件來說，曾經經歷大陸棚沈積、變質、褶皺、抬升、侵蝕的過程。因此，我們每個當下所看到的地質畫面，都是「於千萬年之中，時間的無涯的荒野里，沒有早一步，也沒有晚一步，剛巧趕上了」的地景。下一刻即變動而不同。時空聚合，每一個讀景都變得珍貴。

日本茶道中有所謂「一期一會」，意思是在茶會時領悟到這次相會無法重來，一輩子只有一次，故賓主須各盡其誠意。一期一會在茶道以外，意義推而廣之，指一生一次的機會，當下的時光不會再來，須

▲｜海浪拍打著仙履鞋。
▼｜單面山與石痕化石。
◀｜蕈狀岩。（攝影：王文誠）

珍重之。在地景的閱讀中，每個時空的轉換，便是一期一會，也是所謂的張愛玲的遇見。

大約兩千多萬年前，野柳處於淺海，有豐富海濱生物活動。六百萬年前造山運動開始抬升，風與海洋侵蝕，形成今天野柳奇特地景。因為生物、物理、化學作用所勾勒的黃金比例線條，時空限定。四千年前的女王頭雕刻，都是「時間的無涯的荒野里，沒有早一步，也沒有晚一步，剛巧趕上了」。

進入野柳馬上可見化石與生痕化石，以及岩石節理與紋理形成的蕈狀岩、燭臺石、薑石與豆腐岩。多樣地質形態形塑出女王頭、俏皮公主、仙履鞋、金剛與冰淇淋。這些構成野柳獨一無二美學與全球特殊地景，加上把海洋當通道的史前人類，以流移的遷徙歷史構成聚落，累積出的是文化空間。

野柳可以分為三區，第一區擁有全世界獨特的燭臺石，在這裡可以閱讀到美與完美曲線，是上帝精湛雕刻的地景作品：岩石、風與海浪作用。還有女王的接班俏皮公主，替補力量，引人入勝，活潑清芳。各式各樣化石，揮霍疊置，框景沙錢海膽化石，閱讀生痕化石，盡覽大自然揮灑創意。

第二區最有名的是女王頭，在這裡可以閱讀風作用在蕈狀岩的演替地景。演替的漫漫長路，讓我們瞭解此情此景是何等恩典，得以在這千萬年時空遇見。女王頭是蕈狀岩，高度八公尺，年齡四千歲，二十年前頸圍還有超過一百三十公分，現在大約一百一十八公分。此時，這裡有地質產品，在單面山之傍、海之岬，煮咖啡話英雄。

沒有到過第三區，不能說去過野柳。這區除了擁有所有野柳地質景觀之外，還有暖色線條美麗的銹染紋，豐富、多樣海岸生態，植物、鳥類、蝴蝶在季節交替時刻最是精彩。此處有跟墾丁一樣的動植物生態，例如大白斑蝶。

閱讀是一種時空交會的互動，野柳地質公園以大地的高質感帶領我們閱讀未曾感受過的溫度、未曾閱讀過的地景，以及未曾聆聽過的浪濤聲。野柳單面山展示造山運動方向，在野柳可以相信，地景閱讀是療癒的泉源，是我們緩慢移動的文化底蘊。在野柳地質公園優質解說員的引領下，在無垠穹蒼中，我們可以一起與地景、海洋與天空，閱讀與對話。閱讀清晨黃昏上帝的驚嘆號；無論夏日滿天繁星，海浪低吟輕歌；抑或冬季閱讀東北季風狂襲下，驚滔駭浪捲起的千堆雪；以及，任憑狂風怒號、淒風苦雨，在岩石上雕刻地景。

▲｜野柳印象。（攝影：王文誠）

3、印象派畫作——粗獷未修飾的本色

印象主義畫派是一種地景畫，地景也轉譯在印象派主義的畫布中，傳達一種粗獷的轉譯，不同於寫實派的細緻。現實畫派（Realisme）對自然或當代生活做準確、詳盡和加以修飾的描述—細緻（delicate）；而，印象派（Impressionnisme）畫作特色是筆觸未經修飾，構圖寬廣無邊，尤其著重於光影的改變，以及對時間的印象，並以生活中平凡事物做為描繪對象—體現粗獷（gritty）。讀景，當地景經過不同科學訓練的眼簾、腦海，如印象派畫家，將意識本質在其生命中轉化，轉化成為粗獷的意象，即是地景與心靈互為文本的活動。

四、將抽象空間轉化為可感知的地景，推動土地和區域永續發展

空間實踐是我們認識和理解土地的方法，這涉及日常生活中我們與空間的互動和操作。透過這些實踐，我們在身體和感官層面上體驗和改變空間。

非生物、生物及文化於空間實踐，這些活動不僅塑造了物理環境，也反映了社會結構、文化價值和經濟活動。因此，空間實踐是將抽象的空間概念轉化為具體的、可感知的現實的過程，是人類與區域互動的基礎。

空間再現是對空間的概念化和表達，旨在將空間呈現為一系列有意義的形象或構想。這就像是將土地擬若一座座高原，將其抽象的特質具體化，使其成為我們可以理解和分析的對象。空間再現通常通過地圖、圖表、美學作品等形式實現。規劃者繪製的地圖，建築師設計的建築藍圖，都是空間再現。這些再現不僅僅是對現實的描繪，還包含了設計者的理念和價值觀，影響著我們如何看待和使用空間。

再現空間有三種模式：「鹿野忠雄模式」從自然、人文及心情的角度再現地景。「張愛玲的遇見」描繪時空交會的瞬間景觀。「印象派畫作模式」反映心靈地圖，常聯想到現象學，表達世界在我們腦

►｜銹染野柳刻畫臺灣紋理。（攝影：王文誠）

海中的樣子，即讀景中的心靈地圖。意識如何呈現現象，揭示其本質，需要回到事情本身。空間實踐要求排除干擾，如實描述意識，呈現現象。描述便是閱讀，而閱讀是理解世界運行和思維運轉的關鍵張力。不做解釋，只做如實描述，這是所有知識的來源。從這個角度看，現象就是本質；雖然我們的意識太複雜，讀景做為意識的基本結構，可以掌握其具有原創性的意識本質，因此透過讀景這種實踐方法，即如透過繪畫、書寫，如實呈現地景。

本章以野柳學的觀點重新審視地理學在區域發展中，面對無所不在的全球化，以及地方的崛起，提出深刻反思。擬若一座座高原意味著將複雜、多層次的空間特徵進行抽象和簡化，使其成為一個可以理解和分析的整體。就像高原是地形學上的一種地貌，具有明確的形狀和邊界，空間再現也是將雜亂無章的空間轉變為有結構、有秩序的形式，使我們能夠更清晰地理解和掌控。這一過程不僅是技術性的，更是概念性的，涉及對空間的哲學思考和民主意義賦予。不僅是對過去經驗的總結，更是對未來十年、二十年發展的前瞻，為我們在不確定的時代中提供了堅實的理論基礎和實踐指南，指引我們共同努力，推動土地和區域的永續發展。

▲｜印象派、野獸派野柳。（攝影：王文誠）

Chapter

04

重新連結自然——

探野柳學如何透過環境教育與保育促進全民健康福祉

周儒

野柳是許多臺灣人生命經驗中共同的重要記憶；是許多人兒時校外教學、遠足、畢業旅行的必去景點；也曾是青少年時期與三五好友漫遊北海岸時的走訪去處；更是長大成家後，全家親子漫遊散心時的遊覽熱點。每年有為數眾多的外國旅客拜訪野柳，一睹大自然在此長年累月精雕細琢形塑出的地景與生態。

從風景區到地質公園，筆者有幸一起參與、協助、見證了這個學習、行動、改變與創造的歷程。經過長年的努力，野柳已經從一個單純的旅遊地，蛻變成為一個深具教育、研究、保育、文化、遊憩重要性的環境教育與永續旅遊的據點。面對快速改變的世界與社會的需求，野柳在環境教育方面面臨了什麼新的挑戰與機會？筆者希望特別就野柳在連結人與自然，並促進身心健康方面提供論述與淺見。

▲｜野柳地質公園成立後，已經從一個單純的大眾休閒旅遊地，躍升成為具有自然紀念物、地景保育、教育、文化、遊憩等重要意義的據點。（攝影：湯錦惠）

一、感受自己真實活著——自然連結為人類帶來健康與幸福

在現代社會，生活工作的步調快速並充滿挑戰。競爭、壓力之下，人們接觸戶外與自然的時間越來越少，健康狀況也大不如前。近來健康有關的議題深受重視，並吸引了許多不同學術領域的關懷與研究。

依據聯合國世界衛生組織早期對於「健康」（health）的定義，認為健康不僅是疾病與虛弱之消除，更是身體、心理及社會關係達到完整健康的狀態。反思現代社會人們的生活，普遍充滿健康風險。人類長期以來的生活需求與社會文化發展都脫離不了與自然的互動，以及來自大自然的啟發與影響。譬如凱勒（Kellert, 1997）就認為，之於人，自然具有諸如美學的、宰制的、人性的、功利的、道德的、自然主義的、符號的、科學的、負向的（negativistic）[1] 等方面的價值，這些多面向的價值，在在影響著人類的生活與生存。

近年來由於環境與社會的變遷迅速，造成人類生活與生存上更多的挑戰，因此許多領域都開始重新論述與研究人類對於自然的需求與關係。譬如美國著名的生物學家威爾遜（Edward Osborne Wilson）提出親生命性（Biophilia）假說，主張「人類天生對於其他生物體的情感歸屬」（Wilson, 1984）。他認為人類與生俱來會被大自然中充滿生命力的動植物所吸引。近年來有越來越多不同領域的研究，證實了縱使人類各方面科學技術發展迅速，卻不能脫離自然！從心理學、醫學、行為學等各方面研究，都顯示人類的身心健康，仰賴著與自然的連結。

美國知名作家理查・洛夫（Richard Louv）於《失去山林的孩子》（*Last Child in the Woods:*

Saving Children from Nature-Deficit Disorder）一書中提出「大自然缺失症」（Nature-Deficit Disorder）之警訊，他發現現代社會中，兒童親近大自然的時間越來越少，感官經驗逐漸窄化，並且被網路虛擬世界的數位訊息取代，缺乏在自然環境中自由探索、遊戲的機會，嚴重影響兒童身心發展健康（郝冰、王西敏譯，二〇〇九）。因此，認為人類需要直接的自然體驗，運用各種感官去感受自己「真實活著」的感覺。近年來許多心理學研究亦證實，接觸自然、與自然連結之感受，能帶來正向且實質的健康效益，包括促進身體生理與精神層面的健康（Howell et al., 2011; Nisbet et al., 2011; Keniger et al., 2013）。而當人們將自己視為自然的一部分，也更具有保護環境或友善環境行為之傾向（Howard, 1997; Schultz, 2002; Mayer & Frantz, 2004; Nisbet et al., 2009）。

在社會科學與環境心理學領域，有兩個特有的關鍵名詞牽涉到以上所說的關懷，一個是「自然連結」（Nature Relatedness，簡稱 NR），另外一個是「幸福感」（well-being）[2]。「自然連結」是用來衡量人們在認知、情意、感官體驗方面與自然親近融合的狀態程度。

野柳的環境教育角色演變

我國《環境教育法》於 2011 年 5 月 11 日正式施行，野柳地質公園是當時觀光局第一個通過環境教育設施場所認證的自然中心。2012 年 12 月 22 日交通部觀光局舉行「野柳自然中心」揭牌儀式。野柳地質公園成立後，更從大眾休閒旅遊的重點，躍升成為具有自然紀念物、地景保育、教育、文化、遊憩等重要意義的據點。

這背後代表著野柳營運團隊的用心，以及關心野柳的各界夥伴長期投入的成果。

1. 原文為 fear, aversion, alienation from nature，是指對於大自然有恐懼、厭惡、疏離的傾向。
2. well-being 中文譯為「福祉」，有時亦被譯為「幸福」、「幸福感」。

我們要如何定義與測量這兩種特性關懷呢？相關學界已經發展出不同的測量工具，並累積長時間研究的成果。譬如在「自然連結」方面，尼斯貝特（Nisbet et al., 2009）等人已發展能具體測量上述關懷的工具。測量的重點在：1、自然連結我（NR-Self）；2、自然連結觀（NR-Perspective）；3、自然連結經驗（NR-Experience）。

「幸福感」簡單的定義，是一種感受到健康與快樂的狀態（Cambridge Dictionary, 2024）。又因關切哲學視角的不同，有從不同觀點來描述與研究，譬如主觀幸福感（Subjective well-being）（Diener, 1984）、社會幸福感（Keyes et al., 2022）、心理幸福感（Ryff, 1989）。其中卡洛・雷夫（Carol Ryff）在「心理幸福感」針對六大核心面向[3]發展的工具，在測量與自然連結有關的研究中常常被運用到。令人振奮的是，諸多研究發現，自然連結與心理幸福感之間，存在著正相關。

美國耶魯大學精神醫療方面的研究證實[4]，接觸大自然是人們可以讓自己休息、大腦恢復的幾個重要方法之一。日本森林醫學研究會會長李卿博士在他長期的研究與醫療執業過程中，發現森林是驚人的資源，提供人類賴以生存的一切，走進森林可以提振人們的情緒、恢復精神和活力[5]。李卿綜合多年的研究與實務，發現森林浴可以幫助人們入睡、改善心情、促進免疫系統。尤其現在過半數人類居住於城市環境，城市的綠地對於居民的健康（包括心理和情緒的健康）和福祉格外重要。他發現這種接近接觸自然的行為習慣是可以逐漸學習培養的，更強調環境教育在這種學習與促進的努力中，有非常重要的角色。同樣的關懷、主張與更多的研究，也可參考日本森林學者上原巖（二〇一三）與國內森林療癒領域學者余家斌（二〇二二）的著作與發表。

英國在自然連結與身心健康方面的研究不少，布瑞格和阿特金斯（Bragg & Atkins）針對自然可

3. 1、正向人際關係；2、自主性；3、環境掌握；4、個人成長；5、生活目的；6、自我接納。
4. 久賀谷亮（Akira Kugaya）著，陳亦苓譯（2018）。最高休息法。臺北市：悅知文化。

以幫助心理健康的維繫與促進方面（Bragg & Atkins, 2016）研究發現，運用自然幫助人們身心健康促進有三個基本要素：自然環境（natural surroundings）、社交情境（social context）與有意義的活動（meaningful activities）。這三元素的交集，創造出綠色照護（Green Care，也有譯成綠色照顧、自然照護）最好的效果。他們發現綠色照護可以在促進心理健康方面有正面效益，包括：心理幸福感提

▲｜許多研究顯示，人類的身心健康仰賴著與自然的連結。走進森林可以提振人們的情緒、恢復精神和活力。（攝影：周儒）

5. 余家斌（2022）。森林療癒力：forest, for + rest，走進森林讓身心靈休息、讓健康永續。新北市：聯經出版。李卿著，莊安祺譯（2019）。森林癒：你的生活也有芬多精，樹木如何為你創造健康和快樂。新北市：聯經出版。

▲｜研究發現，在自然中活動、與自然有較高的連結感，不僅有益身心健康，對於環境保護也有較高的傾向，非常值得重視。（攝影：周儒）

升、減少沮喪和焦慮或壓力的症狀、改善失智的情形、增進自尊與自信心、提升注意力與認知能力、改善生活滿意度與生活品質、感受到放鬆與平靜、獲得安全感、增加社交接觸、包容感與歸屬感、增進工作技能與個人成就等。

筆者過去三十多年的時間，在環境教育研究與實務工作上投入不少心力，主要在促進人們能夠有更好的機會接近自然、走入自然、保護自然，在工作現場確實看到不少正面效益與影響。因為工作領域挑戰與研究興趣使然，近十年來，我與指導的研究生們一起努力探討人們與自然連結的狀況、對於環境保護的支持、心理幸福感以及其間的關係。這些研究著重於行為與心理面向的探討，與一些關注於自然連結的生理健康方面的研究稍有不同，但同樣關注於探討人們藉由與自然產生連結所得到的正面效果。

筆者藉此介紹我們多年來的研究與發現。針對成年人研究的部分，包括：愛好登山的大學生（徐子惠，二〇一四）、經常在自然中活動的志工（周儒、曾鈺琪、宋上仁、蔡佩勳，二〇一八）、關渡自然公園志工（蔡佩勳，二〇一八）、林務局國家森林志工（宋上仁，二〇一八）、國家公園解說員（張朝翔，二〇二二）、公民科學家團體成員（臺灣兩棲類保育志工）（潘之甫，二〇二一）。針對兒童與家庭的研究，包括：參與林務局自然教育中心活動的學童（王喜青、周儒，二〇一八）、長期參與學校自然有關課程學習之學童（林奎嚴，二〇二二）、長期參與課外自然體驗團體的學童與家庭（林東良，二〇一六）等。研究成果豐碩，僅以本文主要關懷，綜合上述多年研究，扼要地將研究發現介紹如下：

1、多接觸自然，能夠提升個人與自然的連結。

2、有較高的自然連結感，也會對於環境保護有較高的傾向。

3、多接觸自然，有益身心健康（心理幸福感的提升）。

4、多接觸自然，有益學童的學習與家庭發展。

5、與自然的連結，並不會因為個人背景、社經地位等條件而有差異！

以上一至四點，印證了國外相關研究的發現與相同的趨勢。以筆者身為環境教育工作者而言，前兩點的發現，給予我們多年來從事環境教育投入的努力很大的支持。三、四點則在過去許多自然公園、自然中心、國家公園等現場，時有所見；但當時多半認為這是「附加價值與影響」，而未重視。轉念一想，筆者認為更好的個人、更好的家庭，才有更好的社會。因此第三、四點的發現不僅是附加價值，的確非常值得重視！也是我們長期從事環境教育、自然保育工作，一直在推動、篤信與堅持的價值與努力。

在追求個人的健康（health）與幸福（well-being）以及社會的永續（sustainability）上，我們同樣可以有所貢獻，甚至做得更多。筆者認為第五點也深具意義，對社會有更深一層的關懷與貢獻。與自然連結的特性，並不是來自先天遺傳，而是可以透過後天的浸潤來培養。只要願意走入自然，每一個人都可以增進自己與自然的連結，也能從中促進個人的身心健康。

二、不論城市或荒野，公園為所有生命保留生機——健康的公園，健康的人

前段提及綠地對城市居民格外重要。不論是城市裡的鄰里公園、都會公園，或是較大面積的區域自然公園，或是特別具有文化保存與自然保育意義價值的國家公園、森林公園、溼地公園，抑或是具有特別地質景觀與特殊保存意義價值的地質公園，筆者認為它們存在一個共同基本價值，就是要為人們或是自然保留一塊完整的區域，讓大家（包括人類與其他的生命）的生機（livelihood）得以維護持續。

國際自然保育聯盟（IUCN）將保護區（Protected Areas）區分為六類，國家公園是其中一類，

強調國家公園的存在在於能夠滿足拜訪者在靈性、科學、教育與遊憩方面需求的目標（Dudley, 2008）。我國《國家公園法》也將保育、育樂、研究做為三大重要功能與目標。之後修訂的《國家公園法》中，再加上了永續與生物多樣性的新定位（內政部，二〇一〇）。很明顯，在公園經營管理的趨勢上，除了保育、生物多樣性與永續外，已經納入滿足人們身心靈的需求。這個趨勢也呼應了聯合國永續發展目標SDGs所重視的課題，如第三點：健康與福祉（Health and Well-being）。

公園的遊憩目標與功能，包括對於遊客與到訪者提供各式戶外遊憩經驗，如漫步林間、步道健行、環境解說、環境教育、志工服務、夜間觀星、自然體驗等，以及透過在戶外與大自然的接觸，參與各種不同形式與層次的活動。遊客的身心靈得到滿足、擁有充電感般的收穫，這種性靈（心靈）上的滿足，其實就是遊憩（recreate）這個英文字原文所傳達的意義（心靈精神的再創造）。遊客在大自然裡與自然的接觸體驗和活動，使得心靈獲得休息、強化，這種感受與狀態，使個人心理滿足、獲得幸福感，也可以說是一種個人幸福感（well-being）的獲得。許多公園事業夥伴，一定都曾在公園現場看到許多這樣的案例。

國際保育組織、國家公園、公園遊憩經營管理單位、公共衛生專業等領域，都開始呼籲大自然對人類健康有無比重要的意義；而維護良好的自然環境如公園，對於促進人類健康不可或缺。

從澳洲、IUCN到一些跨國的區域會議，以及一些國家的公園管理單位，在二〇一〇年前後開始不斷呼籲此種價值與重要性，逐步形成一股趨勢與倡議，認為政府相關單位要能提供更佳的公園與大自然中的多元活動，以觸及社會不同年齡層，創造大眾更佳的身心健康；而政府也能藉此培養更多公民支持自然保育與環境保護工作。

這股趨勢運動最明顯的就是「健康的公園、健康的人」（Healthy Parks, Healthy People, 簡稱HPHP）。二〇一〇年起，HPHP得到許多國家重視支持，成為一個跨國倡議並積極發展。近年來國際上在公園與保護區經營管理領域，紛紛正視自然與人類健康息息相關，推出回應社會需求的創新與發展。如美國、英國、澳洲、加拿大、韓國、日本、歐盟等國的國家公園與公園主管部門，相繼以HPHP為名，推出支持「健康的公園、健康的人」倡議的國家策略或促進方案（張朝翔，二〇二二）。臺灣的林業與自然保育署也注意到此趨勢與需求，在其所屬的森林遊樂區、自然教育中心等場域推出具有森林療癒性質的方案活動。

從以上所述的眾多研究與實務發現，在自然中人們可以獲得心理上的豐足感，過去也許只是從事公園管理、自然保育、環境教育的工作者認為在主要工作目標達成之外的附加價值效益；近年來，透過許多跨領域的研究，證實對於人們健康有正面效益。自然保育、環境保護、公共衛生、醫療保健、永續發展等領域的專家，都認同與自然產生連結，可以促進人類身心健康；而若獲得更好的個人健康與幸福感，將能夠讓人們對於自然更為珍視、尊重，支持自然保育、環境保護。自然與環境得到維護與確保，對於人類的身心健康與社會永續，顯然更具意義與價值！

三、他山之石——澳洲與美國

1、澳洲的努力：首倡HPHP架構

澳洲是重視自然與人類健康關聯的先驅國家之一。透過多年的研究與現場實務的發現，澳洲維

多利亞省公園局（Parks Victoria）引領與促成了二〇一〇年四月在澳洲召開的第一屆「健康的公園、健康的人世界大會」（first Healthy Parks Healthy People Congress in April 2010），以及之後的「健康的公園、健康的人」這項跨國倡議。

維多利亞省公園局積極制定公園策略方案，完善各式軟硬體設施，建構完整夥伴關係，鼓勵人民親近自然，多接觸自然。希望藉由這些與自然的連結，達到健康促進與提升人民福祉的目標。[6] 在公園局的策略規劃文件中，清楚告訴各界接觸自然對於人類健康與福祉有以下益處：降低血壓、降低

▲｜澳洲維多利亞省公園局引領與促成「健康的公園、健康的人」跨國倡議。都會中的公園綠地對於城市居民十分重要。圖為墨爾本菲茨羅伊花園的英國榆樹大道。（圖片來源：©By Melburnian - Own work, Commons Wikimedia Public Domain.）

6. 維多利亞省公園局提出了很完整的政策規劃與策略架構，值得關心此議題的同好參考（Park Victoria, 2020）。

▲｜「健康的公園、健康的人」促進架構值得我們的國家公園管理單位參考。
圖為陽明山國家公園。（攝影：王梵）

壓力荷爾蒙、降低心率、提振情緒、提升認知功能、提升生活品質、促進體能恢復、提升免疫系統、提升肌肉骨骼強度、提升環境保護能量、提升社會與社區連結。

二〇二〇年「健康的公園、健康的人」促進架構（HPHP Framework）中，揭示自然是一帖良藥（Nature is a good medicine），而國家公園的角色是確保公園的生物多樣性維持健全，同時透過更多科學數據，讓公眾瞭解自然對健康的益處，降低公眾親近自然的門檻，透過各種設施與規劃不同規模的活動，促進民眾接觸自然、促進健康與福祉（Park Victoria, 2020；張朝翔，二〇二二）。

從公園局的經營管理原則，我們看到一個國家公園與公園經營管理領域的創新視野和企圖。筆者以為，這就是一個國家公園管理單位對於世界永續發展的趨勢以及聯合國永續發展目標倡議的具體回應。

澳洲維多利亞省公園局的經營管理原則與促進健康方案

維多利亞省公園局負責管理超過 400 萬公頃的多元化土地，其中包括陸地和海洋公園及保護區。該單位與其他政府和非政府組織，以及社區團體、夥伴關係團體、志工、旅行社、研究機構等進行廣泛合作。

對維多利亞省公園局來說，健康公園、健康人民是管理公園的基礎，基於四個關鍵原則：

1、所有社會的福祉都取決於健康的生態系統。

2、公園培育健康的生態系統。

3、與大自然的接觸對於改善情緒、身體和精神健康與福祉至關重要。

4、公園是經濟發展以及充滿活力和健康的社區的基礎。

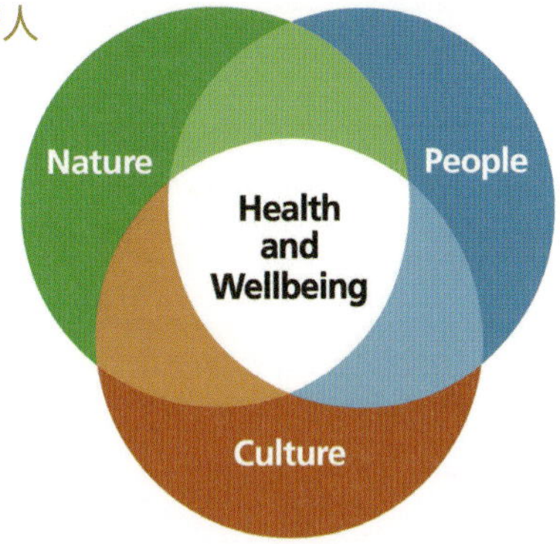

公園提供促進健康與福祉的活動類型

公園局主張公園是連結自然的重要資產，整理了過去提供給各界的方案活動，並結合夥伴專業，針對新的健康與福祉的促進關懷和發展需求，提供三種類型方案與活動，分別為：1、經常接觸自然的活動；2、運用自然的健康促進活動；3、運用自然的健康介入活動。

經常接觸自然
遊憩
志工服務
戶外學習
發現
文化聯繫

運用自然的健康促進活動
公園散步和類似活動
「來試試」活動
節慶活動

運用自然的健康介入活動
自然處方箋
自然輔助療法

這三個類型領域其實是有層次的。最基礎的前兩類「經常性接觸自然」、「運用自然的健康促進活動」在公園裡已經行之多年，社會大眾已非常熟習，參與親近性極高，只是過去較少以健康關懷為名推出與執行。面對新的需求，將對健康與福祉的關切，連結與注入到活動設計中，這樣就產生了新的意義與效果。

這種將既有「產品線」整理、重組、注入新意、重新設計，與增添產品創新需求與意義的做法，筆者認為對於相關領域工作者頗具參考啟發價值。

資料來源：Parks Victoria（2020）. Healthy Parks Healthy People Framework 2020. Melbourne, Australia: Parks Victoria, Victoria State Government.

2、美國的努力：跨界合作、積極創新

美國國家公園署從二〇一一年起就推動「健康的公園，健康的人」方案，目標是促進民眾多多親近國家公園與公共土地資源。在接近自然、走入戶外的活動與過程中，養成健康的生活型態與促進身心健康。強調跨部門夥伴關係與合作，一起促進全民健康。

二〇一八年，國家公園署針對 HPHP 倡議推出 2.0 版的策略規劃。[7] 文件中，明示願景「公園為健康、公正和永續的世界做出貢獻」，並宣示：所有公園——不論在城市和荒野，都是人們身體、心理和精神健康、社會福祉的基石，並促成地球的永續！堅定地告知各界：「公園對於國家的健康是有益的」（Parks Are Good For Our Nation's Health）！

美國政府重視並支持國家公園，推動人們重新連結自然、促進健康的努力並非偶然。近年面對許多社會改變的挑戰，例如手持式裝置普及、網際網路興盛等現代科技，讓人們待在大小螢幕前的時間越來越長，從事戶外活動時間越來越少，與自然的距離越來越疏遠。美國人平均每天

►｜優勝美地國家公園是美國著名的生態勝地。（圖片來源：©By King of Hearts - Own work, Commons Wikimedia Public Domain.）

▲｜優勝美地國家公園中的騾鹿。（圖片來源：©By Constantine Kulikovsky - Own work, Commons Wikimedia Public Domain.）

待在室內的時間高達九三％，只有二一％的人有達到建議的二．五小時的體能活動量。美國兒童一週接觸自然的時間只有約三十分鐘。這顯示美國人民健康狀況大不如前，慢性疾病的比例與醫療支出越來越高。全美慢性疾病支出大概占了全部健康照顧支出的七五％，而健康照顧支出大概占了全年國家GDP（Gross Domestic Product）的一八％。

美國國家公園系統龐大，所轄範圍超過四百個不同層級型態的公園，有各式的教育、解說、遊憩方案提供遊客服務使用。認知到公園對於國家與人民健康的重要性後，在既有的方案基礎上，注入健康關懷與促進的元素，積極鼓勵一些試點國家公園推出滿足不同民眾、不同層次的健康促進與療癒需求活動。值得注意的是，其實只要人民願意踏出家門、進入自然、造訪不同的公園或國家公園場域，就是促進自己健康的第一步了。因此加入健康促進的重點關懷，並非要全面改變國家公園的經營管理和操作，而是因應新的情勢與需求，再增加滿足這類需求的活動方案。在此做法指引下，一些國家公園陸續推出不同設計的活動，以下提供一些具體案例。

- **「公園處方箋」（Park Prescriptions）**[8]：全國的醫生可以開處方箋，要求病患參與自然綠地的活動，以此做為慢性疾病的預防措施。
- **「開放街道」（Cyclovia, Open Streets）**：公園和社區利用適當時節，選擇性地關閉街道交通，允許所有年齡、不同能力、背景的人能在公共道路上安全無虞地行動、遊憩，改善與促進大眾健康。
- **「公園的體適能挑戰」（Parks Based Fitness Challenges）**：國家公園因地制宜規劃體能挑戰方案，像是健行、單車或獨木舟等運動。遊客可以依據狀況參與，完成者有認證與標章獎勵。

7. 2018 年國家公園署針對 HPHP 推出 2.0 版的策略規劃，其為「健康的公園、健康的人策略規劃 2018-2023」（Healthy Parks, Healthy People Strategic Plan 2018-2023）。本文即參考該策略規劃（U.S. Department of Interior, National Park Service, 2018）所寫。

8. https://www.parkrx.org

- **「藝術治療」（Art Therapy）**：一日型方案，特別照顧方案中置入視覺或舞臺藝術以促進心理與情緒健康。
- **「自然玩耍區域」（Nature Play Zones）**：國家公園設立孩子的戶外遊戲空間，像是自然藝術、爬山、平衡運動、音樂、玩泥巴或玩水，讓孩子可以培養創造力與協調肢體發展，在非結構下的自然玩耍。[9]

在提供各界相關資源的支持上，美國國家公園的做法更值得借鏡。[10] 國家公園除了提供各界具體的科學研究支持 HPHP，還和哈佛大學公共衛生學院等一流醫學研究機構合作，具體清楚地將走入自然有益身心健康相關的研究，提供各業參考利用。跨域跨界的夥伴關係裡，還有健康醫療民間組織以及美國疾病管制與預防中心（CDC）[11] 的共同參與，充分展現出跨界的合作和決心。

四、持續演化的野柳學——觸發全民環境教育與保育行動

野柳經過多年營運，在環境教育的推展上，已取得一定的成果。對於野柳未來環境教育的走向，筆者參考國際趨勢與對臺灣的理解，提出以下建議。

1、在角色定位上：想體現什麼？

野柳從觀光景點到成立地質公園、自然中心，都是在同一個區域地點。因此野柳過去到現在的演變，並不是物理、生態、環境條件的改變，而是體現外在大環境與國內、國際發展的趨勢後，所做

9. 有興趣深入瞭解的同好，筆者建議只要在美國國家公園網站上，輸入 Healthy Parks, Healthy People 搜尋，就可以找到許多相關資源和在不同國家公園管理處提供的活動。當中有許多適合學童、親子、成年人、企業人員、年長者、特殊需求者等的活動，很值得參考。

出的組織再創新；也就是角色、功能與服務影響的再定位與創新。

在環境教育、保育、永續發展上，期許野柳可以努力成為：

- 環境教育的重要基地
- 保育研究的重要據點
- 保育行動的觸發點
- 文化傳承的重要基地
- 國民休閒遊憩的最愛
- 串聯各個自然中心與組織，形成一個夥伴網絡平臺，創造無限的可能！

2、在內涵重點上：人們可以學些什麼？

做為一個國家環境教育的重要基地，以及國內與國際遊客遊憩的熱點，野柳在環境教育角色、服務品質、功能上都具有不可忽視的重要性與價值。環境教育傳統的定義是「促使人類認識並關切環境及相關聯的問題；使人們具備與環境相關的適當的知識、技能、態度、動機，並且能獨立地或參加團體與他人共同合作，致力於解決現存的環境問題和預防新問題的發生」。因應時代潮流與國際對永續發展的重視，臺灣的《環境教育法》已經把永續發展放入條文中。此刻對於野柳的環境教育學習內容，要回答的是：「人們要在野柳學習些什麼？」

筆者根據研究（Chou, 1997）建議從六個重點方向進行教學的規劃、設計與推廣：1、自然資源的保育；2、環境的管理；3、生態學原理；4、互動與互賴的特性；5、環境倫理；6、永續發展等。

10. https://www.nps.gov/subjects/healthandsafety/healthy-parks-healthy-people-resources.htm。在專屬網頁上可以找到政府的施政策略規劃、重要性說明文件、提供各界使用的資源指引、接觸自然有益健康的具體研究結果、交通資訊，甚至與軍方的合作等。
11. https://www.cdc.gov/physicalactivity/activepeoplehealthynation/index.html#print

也就是針對海岸、海洋、地質、生態、文化等資源，在環境教育內涵上進行重點與更多元的關懷。

3、野柳 can help！：環境教育更多元創新

如前段所述，野柳經過多年來的「演化」，不再僅是以「女王頭」為單一吸引重點的旅遊地，而是已蛻變成為一個深具教育、研究、保育、文化、遊憩重要性的環境教育與永續旅遊的重要據點。一如前文所說，在遊憩方面除了滿足遊客在物質感官上的需求，更要為他們在心靈精神上獲得滿足與提升上下功夫並提供機會。

在國際保護區與公園經營管理上的創新關懷與取徑——健康的公園、健康的人——可以增強公園、保護區、自然地的存在，不僅對其他生命（生物物種）、生態系的健全很重要，對於維持與促進人類自己的身心健康更有正面效益。

我們共同擁有的「野柳」，不再僅是一個具有自然特色的旅遊目的地，更是具有幫助人們重新連結自然，建立自然連結感（Nature Relatedness）和促進身心健康的重要機會與據點。野柳未來可以提供的服務，將是寬廣而多元的。

未來環境教育與經營上，野柳可以成為引領與滿足國人休閒遊憩、健康需求，促進身心健康的重要選擇；根據前述英國布瑞格和阿特金斯（Bragg & Atkins, 2016）歸納出的綠色照顧三重點：自然的情境、社交性的情境、經過設計有意義的活動，以及美國國家公園系統的健康促進方式，與澳洲維多利亞公園運用自然促進健康的機會序列等，皆可當作野柳在未來的方案活動規劃、設計與推廣上的

參考。

野柳的環境教育，將可以是一種很有彈性的組合編成，如左圖所示。想像成一個運轉順暢的機器，必須由三個密切契合的齒輪來帶動運轉。其中任何一個齒輪的轉動，也將帶動其他兩個齒輪的轉動。

野柳的學習與體驗服務的提供，絕非一成不變，應跳脫過去傳統的「遊客服務」思維。除了最基礎慣常的一般性體驗與服務，譬如遊客解說、自導式步道解說、帶隊解說等，必須有一些經過設計，根據不同時節、主題、使用者需求，打造出來的活動與體驗。像是特殊時

野柳的環境學習配置組合

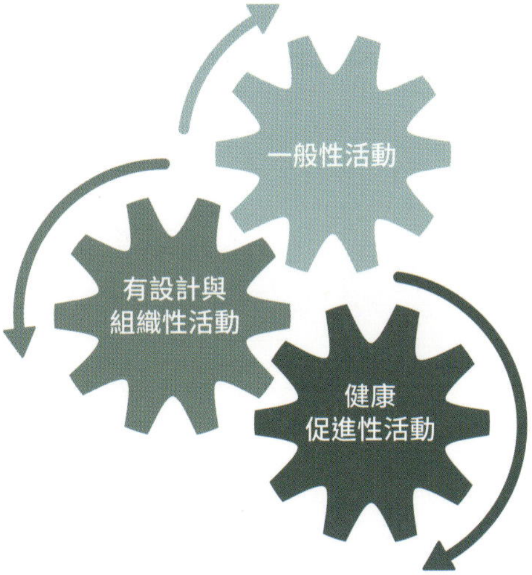

野柳運用自然促進健康的三種機會序列

這三種類別，可當作野柳在健康促進關懷方面的機會序列量尺，分析、整理既有活動與發展新活動，以滿足未來需求。

野柳不需要捨棄原有擅長的，而是在既有基礎上更上層樓。最左邊「經常接觸自然」類的活動，是目前已有，未來可以提升，引領更多人們與自然產生更高頻率的接觸與深度的連結。另外兩個層次「運用自然的健康促進活動」與「運用自然的健康介入活動」，可以建立在既有活動與營運基礎上，引入外部更多元、專業、跨領域的合作，規劃設計相關活動，滿足社會不同層面的團體與個人需求。

節民俗節慶、國家或國際重要主題節日所推出的活動等。也針對學校團體、社會團體、企業等需求量身打造。

面對社會變遷、自然保育與永續發展挑戰，在以前述兩個層次的基礎之上，還可以加入結合關懷健康促進與永續有關的體驗與學習活動。創造這些組合時，要考慮使用者的背景特性與需求，以及野柳想要引領的體驗和價值。

感官的滿足是最基本的，但是優質的遊憩（meaningful recreation）可以幫助遊客達成身心「再充電」的目標。而遊客的身心從遊憩活動的參與獲得滿足與「充電」後，可以更佳的面對自我、家庭、社會或工作職場，這是本文前面所提及的概念「心理幸福感」的追求之一！

野柳提供的戶外遊憩與環境學習經驗，若能夠創造出讓遊客在大自然中感覺

野柳是具有幫助人們重新連結自然和促進身心健康的重要機會與據點，可以提供寬廣而多元的服務。（攝影：洪耀東）

更好（to feel better）的體驗，進而從更好的個人、更好的家庭、更好的友伴關係、更好的社群，擴及到更好的環境「共好」追求，相信將是未來野柳的環境教育可以帶給這個社會最佳的示範與禮物。

五、全社會轉型──成為內化的生活方式

培養具有環境素養的公民是環境教育的重要目標。野柳擁有自然環境資源、對社會大眾開放的特性，具有許多人際互動機會情境，可提供經過設計的各式體驗活動，這使此處成為一個遊客可發展自我與完善人際互動的重要平臺，更是一個促進國民身心健康與福祉的重要據點。

呼應 IUCN 以及聯合國永續發展目標 SDGs 所主張的關懷──有健康的環境，才有健康的人；有健康的人，也才有健康的環境！推動環境教育其實是「利環境、利人、也利己」。有了健康的人，才會關心並投入照顧環境健康的行列。

本文針對野柳學加以思考。事實上在重點方向與內容相關建議上，亦可適用在臺灣其他管理自然資源、自然生態保育並創造民眾福祉的公部門[12]。

現今國際自然保育趨勢，在保護大自然與促進永續發展的框架下，公園的經營要能創造更佳遊憩體驗、提供更多元的環境學習機會與形式，並創造使用者身心靈多方面的滿足與收穫！不只是因為生態服務，更是對生命福祉的關懷與尊重！長期耕耘與努力於環境教育，是希望在快速變遷的社會中，幫助人們重新連結自然，促進身心健康，並培養具有環境素養的公民。我深深地相信：我們可以與野柳一起成為自然保育的支持者、環境守護者，更能成為國民身心健康福祉的促進者！

12. 如國家公園署、林業及自然保育署、交通部觀光署等，以及其他公園、風景區、保護區的經營管理單位與從業人員。

PART II

海之層理
——文化的 歷史的 生態的

關於天、人、海、風、土及自然的連結。
關於地質環境、動植物生態、人文印記、歷史變遷。
野柳岬是被打開的一扇門，是通往世界的海岬。
Cape to the world ！

Chapter 05

流動與多元：海洋文化與海洋保育——從全球回望野柳

邱文彥

文化是一種相應環境的「生活方式」，在不同時代、地點，它會有不同形式的表現，這種多樣性表徵在人與人、社群與社群，甚至國與國、區域和區域之間，是全球重要的資產；就像生物多樣性一樣，扮演非常重要的意義，對人類而言，可激發文化的認同、相互的尊重和維繫社會的和諧與穩定。因此，二〇〇一年《世界文化多樣性宣言》(UNESCO Universal Declaration on Cultural Diversity) 指出：「文化在不同時代和不同地方具有各種不同的表現形式。這種多樣性的具體表現，構成人類各群體和各社會具有的獨特性和多樣化。文化多樣性是交流、革新和創作的源泉，對人類來說，就像生物多樣性對維持生態平衡是不可少。從這個意義上出發，文化多樣性是人類的共同遺產，應當從當代人和後代子孫的利益考慮給予承認和肯定。」[1]

二〇〇五年《保護和促進文化表現形式多樣性公約》(Convention on the Protection and Promotion of the Diversity of Cultural Expressions 2005) 於二〇〇七年生效。[2] 該公約強調，應保護和促進文化表現形式的多樣性；並鼓勵不同文化間的對話，以保證世界上的文化交流更廣泛和均衡，促進不同文化間的相互尊重與和平文化建設。

1. UNESCO（2024）. UNESCO Universal Declaration on Cultural Diversity. Retrieved from https://en.unesco.org/about-us/legal-affairs/unesco-universal-declaration-cultural-diversity.（Accessed: 2024/3/30）.

野柳是臺灣最重要的地質公園之一，以文化、生活方式支撐永續發展將是重要的課題與挑戰。（攝影：湯錦惠）

聯合國《世界文化多樣性宣言》特別提到，「文化的多樣性是人類的共同遺產」，從這個角度，我們當然要努力保護文化資產。另外，由二〇〇五年《保護和促進文化表現形式多樣性公約》可以看到，聯合國非常強調國與國之間的相互尊重與對話，不但鼓勵不同文化或族群間的對話，也強調文化沒有尊卑，每個文化與族群都應該受到同樣的尊重。像過去幾十年來，我們對原住民族的尊重一樣。聯合國的文化政策，頗值得參考。

聯合國教科文組織相關活動中，有很多跨國組織。其中，「聯合城市與地方政府」（Unite Cities and Local Governments, UCLG）旨在促進地方政府的永續發展，值

2. UNESCO（2024）. Convention on the Protection and Promotion of the Diversity of Cultural Expressions 2005. Retrieved from https://www.unesco.org/creativity/en/2005-convention（Accessed: 2024/3/30）.

得關注。過去談到永續發展，通常只提到三個面向：經濟、社會、環境；但 UCLG 認為這些不足以含括真正人類的生活內涵，亦即「文化」。例如，聯合國的政策文件非常強調「消除貧窮」，很多文件也都提到婦女。開發中國家的婦女，為了要燒飯而去砍柴，因為是攸關生計。如果能教導她們永續的概念，就跟環境保護直接相關了。因此，UCLG 認為，文化、生活方式是「永續發展的第四根支柱」，並強調文化必須納入國家或各級政府的公共政策。[3]

野柳是臺灣最重要的地質公園之一，地質公園推動的任務，是要提高人對地質遺產的認識，強調的不僅是完整有效的保護，更重要是在地產生力量。很多環境保護的工作者常說，希望我們的國家公園、地質公園或風景區成為臺灣亮眼的名片。如何提升認同感，必然是重要的課題與挑戰。

▲｜UCLG 認為文化是永續發展的第四根支柱。
資料來源：https://www.agenda21culture.net/sites/default/files/files/documents/en/zz_culture4pillarsd_eng.pdf（下載日期：2024/5/30）

3. Unite Cities and Local Governments（UCLG）（2010）. Culture: Fourth Pillar of Sustainable Development. Retrieved from https://www.agenda21culture.net/sites/default/files/files/documents/en/zz_culture4pillarsd_eng.pdf（Accessed: 2024/3/30）.

一、環境永續必須含納在地生活與文化

世界地質公園網絡（Global Geoparks Network）特別提到：「聯合國教科文組織地質公園的主要目標之一是永續發展，但如果沒有強大的文化成分，任何發展都不可能持續。事實上，只有在相互尊重和不同文化間公開對話的基礎上，採取以人為本的發展方針，才能產生持久、包容和公平的結果。」[4]因此，世界級的地質公園高度重視文化資產，經常與負責該遺產的實體（世界遺產地、國家歷史古蹟、考古部門等）密切合作，積極致力於保存和發揚文化遺產。

該網絡也強調，由下而上的方法非常重要。意即，地質公園要由地方帶動起來，積極凝聚夥伴關係。規劃和管理過程中，必須要跟所有權益關係方（Stakeholders）好好溝通，包括住民、遊客。此外，地質公園不只談地質結構，也要探索、發展和欣賞這個地方的地質遺產、當地的自然環境，以及有形、無形的文化資產（包括藝術、表演、宗教等）。這種總體性、全觀性和包容性（inclusive）的思維，對我們有很大的啟發。換言之，地質公園的推展，必須與當地團體密切結合，貼近和含納在地生活、文化，始稱可行與務實。

聯合國教科文組織所稱之文化資產，分為兩個部分：其一為有形的（物質的）資產（tangible heritage），第二為無形的（非物質的）資產（intangible heritage）。有形的資產又分可移動的和不可移動的，可移動的包括繪畫、雕塑，無法移動的包括歷史遺址、古蹟等等，比如說女王頭。[5]

文化資產在近十餘年來有很多用詞或觀念的改變，以前討論水下文化遺產，只關注水下沉船或遺址。後來，水下文化遺產的範疇，不僅探討水下的部分，也跟文化活動和沿海社區有密切關係。例

4. Global Geopark Network（2024）. Cultural Heritage – Mankind's Memory. Retrieved from https://www.visitgeoparks.org/geopark-cultural-heritage（Accessed: 2024/3/31）.
5. UNESCO（2024）. International Geoscience and Geoparks Programme. UNESCO Global Geoparks . Retrieved from https://www.unesco.org/en/iggp/geoparks/about（Accessed: 2024/3/30）.

如，臺灣保存最多和完好的澎湖的石滬，可說是人類智慧的結晶，也是永續捕魚的方法，所以聯合國教科文組織最近把石滬列為重要的水下文化資產。研究石滬的人都瞭解，建造石滬常常是家族或村民合夥一起闢建，石滬也有合約書，例如規範捕撈方式是由滬主先撈、合夥人第二批撈，以及捕撈後魚種的分配方法等，都有一定的社會契約或慣例，極為有趣，這些都是重要的文化資產。

無形的文化資產，包括口語的傳統，例如蘭嶼達悟族的吟唱，亟須好好保存，否則到年輕一代可能就會失傳了。許多表演的藝術、社會的習俗、宗教儀式，都跟自然、時令、宇宙的知識有關，因而被認為是無形文化的組成部分，也是在地認同或文化認同（Cultural Identity）的重要動力。

日本兵庫縣的「山陰海岸地質公園」，從京都到鳥取、兵庫，範圍分布甚廣，已取得日本地質公園及世界地質公園的認定，其解說網頁有好幾種不同語言，簡明易懂。[6] 該地質公園的網頁，提到日本陸塊的遷移、變動的情況，包括自然環境、生態環境等，非常精彩。此外，也強調文化與生活，例如香美町有一個海洋文化館，將當地文化納入這個地質公園解說，補強了地質公園的豐富度。顯然，地質公園的推動發展，不宜只聚焦在地質形成、地殼變動等有形的科學面向，文化和生活面向的內涵也不容忽視。

6. Japan National Tourism Organization (n.d.)。山陰海岸地質公園。檢自：https://www.japan.travel/national-parks/zh-hant/parks/saninkaigan/（下載日期：2024/3/31）。

► 石滬是永續漁法，也是重要的水下文化資產。目前澎湖吉貝保滬隊是正式列入《文化資產保存法》的保存技術及保存者。（攝影：許震唐）

援上國際經驗與案例，回顧臺灣，以首屈一指、且具標竿性的野柳地質公園為例，其文化或永續發展，自應納入新北市政府、交通部觀光署或北海岸及觀音山國家風景區管理處的相關政策或文化路徑圖中。然而，這處海邊小村，如何建立地方的驕傲？如何讓住在野柳的人認同這是我們共同的資產，並以這種理念，讓地方產生信心與自豪？這是「野柳學」發展的核心思考與挑戰。

▲｜日本山陰地質公園美香町海洋文化館的簡介。
（資料來源：https://sanin-geo.jp/images/1903pamht.pdf。
下載日期：2024/5/31。）

二、流動的歷史——多元海洋文化下的臺灣特色

1、從生活到政策

學者對於「海洋文化」提出許多定義。[7] 例如，莊萬壽指出，「海洋文化基本是隨人類海洋活動的能力，如利用船舶航海、探險、捕魚、戰爭……諸質量的提升而形成。從歷史觀點探討臺灣海洋文化，指出臺灣在荷據、明鄭時期海洋文化已然發軔，而各式各樣與海洋有關的神話與信仰的建構，不斷地豐富了臺灣海洋文化的內容。」李亦園認為，海洋文化是「海洋的子民為了適應海洋環境所發展出來的生活方式，海洋文化的特色就像海洋一樣是流動性、多元性、深具包涵性」。

陳國棟由「文化」的角度提出「海洋文化」的定義：「乃人類與海洋互動所產生的生活內容，包含心靈對海洋的想望、記憶與描述。」戴寶村將海洋文化定義為「人類與海洋互動所形成的生活方式」，認為「長期的生活方式建構了族群所具有的海洋文化特質」。黃麗生採廣義看法，認為「海洋文化」係指「與海洋此一地表空間有關之所有文化的現象與內涵，它至少包含了與海洋有關之日常生活、科學技術、產業經貿、社群組織、治理系統、文教活動、價值信念的各個層面及其源流、演變、發展，乃至於相互關聯的歷史脈絡與樣態」。因此，前述石滬的社群組織，還有海洋治理方式（如海洋委員會及海域管理相關法制），都是非常重要的海洋治理體系，也是海洋文化的具體表徵。

再從人海互動的生活方式而言，日本重視「食魚文化」是眾所皆知的。但對於傳統文化和

7. 國家海洋研究院（2019）。海洋文化政策概念形成研究。檢自：https://www.namr.gov.tw/filedownload?file=research/201912191024100.pdf&filedisplay=%28%E6%AD%A3%E5%BC%8F%E6%B5%AE%E6%B0%B4%29+%E6%B5%B7%E6%B4%8B%E6%96%87%E5%8C%96%E6%94%BF%E7%AD%96%E6%A6%82%E5%BF%B5%E5%BD%A2%E6%88%90%E7%A0%94%E7%A9%B6++%282019.12.02%29%E4%BF%AE1.pdf&flag=doc（下載日期：2024/3/30）。

民眾參與，甚至政策形成，亦有可觀之處。例如，長良川的鵜飼，以飼養鸕鶿捕魚，是傳統漁法，為保存這項傳統而申請了世界遺產。另外，日本為推動海洋政策及提升民眾親水親海的意識，採用競艇（賽船）的方式，吸引民眾，從而累積資金，類似購買「運動彩」的方式，把所得經費挹注到「海洋政策財團」，用來推動海洋教育及海洋政策。這項做法，甚至被河合克敏改繪為知名的「馳風！競艇王」系列漫畫。目前日本海洋政策財團和其他財團整合成「笹川平和財團」，定期出版海洋白皮書，十分具有影響力。

2、從文學作品到國家權益

文學作品和海洋有很深的關係。以美國文學為例，海明威的《老人與海》眾所皆知。《寂靜的春天》（*Silent Spring*, 1962）作者瑞秋卡森是一位科學家，寫了非常多跟海有關的書，例如《海風下》（*Under the Sea Wind*, 1941）、《周遭之海》（*The sea Around Us*, 1951），讓人們在潛移默化中慢慢注入人與海應

◄ 日本長良川鵜飼傳統。
（資料來源：https://visitgifu.com/tw/see-do/cormorant-fishing-on-the-nagara-river/）

▼ 鼓勵賽船親水的漫畫。
（資料來源：https://www.ruten.com.tw/item/show?21931246729242 下載日期：2024/5/30）

◄ 日本的「食魚文化」。
（攝影：邱文彥）

▲｜臺灣八景（部分）木刻圖。（翻攝：邱文彥）

有的關係與倫理，也具體影響了美國的環境政策。[8]

臺灣的海洋文學也十分出色。譬如〈臺灣賦〉的「一時琥珀，萬頃琉璃」，描寫海面上亮晶晶，像玻璃一樣壯闊的景象，是典型的海洋文學。「臺灣八景」如鹿耳春潮、安平晚渡、基隆積雪、西嶼落霞等，展現出與海洋相關的地景之美，都是我們「閱讀地景」的重要文化資產。[9]

荷蘭的航海文化很重要。自一六二四年荷人到臺南啟建熱蘭遮城，至二〇二四年建城已經四百年。格老秀斯（Hugo Grotius；荷蘭文為 Hugo de Groot）是荷蘭一位非常重要的思想家，在十六至十七世紀全球海洋為西班牙、葡萄牙兩大海洋強權所壟斷時，他即寫了一本《海洋自由

8、9　參考資料同註 7。〈臺灣賦〉出自高拱乾之筆，述及渡海時的景象，高拱乾 1694 年（康熙 33 年）編纂之《臺灣府志》，是臺灣史重要文獻之一。1747 年（乾隆 12 年）的《重修臺灣府志》，卷首附有「臺灣八景」木刻版畫。

論》（全名《論海洋自由或荷蘭參與東印度貿易的權利》〔拉丁文：*Mare Liberum, sive de jure quod Batavis competit ad Indicana commercia dissertatio*〕），主張海洋不得為任何國家所占有，而是開放的，應為各國自由利用，使荷蘭有法理依據進入海洋。由此可見，一個創新的思想、概念，或是著作，

▲｜荷蘭重要思想家格老秀斯（1583-1645）曾寫作《海洋自由論》。（資料來源：©By Workshop of Michiel Jansz. van Mierevelt , Commons Wikimedia Public Domain）

10. 同註 7。

足以關係國家權益、改變世界。此外，他也寫了《戰爭與和平法》（*The Rights of War and Peace*）一書。[10]格老秀斯的理論思想開創了世界海洋新秩序，也幫助他的國家爭取很大的權益，足見文化或著作的力量不容小覷。

3、水下文化資產的魅力

聯合國教科文組織制定的《保護水下文化遺產公約》（Convention on the Protection of Underwater Cultural Heritage）在二〇〇九年生效，代表另一項海洋文化資產受到重視。所謂「水下文化資產」包括沉船、飛機、人為結構物和具有史前意義的文物。韓國「新安沉船」和中國的「南海一號」發現數萬件文物，其探勘、打撈、研究、保存和展示，都是探索海洋文化著名的案例。[11]中國廣東省陽江縣的海上絲綢之路博物館所展示的「南海一號」沉船，除發現數量驚人的陶瓷品和文物外，亦發掘出

▲｜中國南海一號沉船發掘陶瓷與金飾。（資料來源：南海一號海上絲綢之路博物館；攝影：邱文彥）

11. 維基百科（2023）。新安沉船。檢自：https://zh.wikipedia.org/zh-tw/%E6%96%B0%E5%AE%89%E6%B2%89%E8%88%B9（下載日期：2024/3/31）。維基百科（2023）。南海一號。自：https://zh.wikipedia.org/zh-tw/%E5%8D%97%E6%B5%B7%E4%B8%80%E8%99%9F（下載日期：2024/3/31）。

許多風格特殊、具有異域風格的金飾品。

位於韓國全羅南道木浦的「國立海洋文化財研究所」，其陳列「新安沉船」的博物館面積雖然不大，但展示手法精彩。[12] 館方針對沉船打撈出來的瓶罐與甕等物件，做了剖析與解說，配上動畫影片，告訴遊客漁獲如何入甕，如何保存，既展示了陶瓷等文物，也使這些古物透過解說而活化，使有形和無形的文化資產充分結合，讓解說更為精彩和生動。

在青磁、木簡、銅錢等文物外，韓國「新安沉船」上據稱發現了三顆檳榔。由於檳榔代表的是特定地區的特徵食物，因此專家們推斷船上有南島語族或中國南方的船員或乘客。如果一艘沉船上發現某些特定物品，如胡椒、薑黃、八角等，即可推論這艘經過了哪些地方，採買了哪些貨品，逐步推敲出該沉船的貿易性質與航路，這些研究對於全球航海貿易、貨品產運及文化交流極具參考價值。

由於沉船保存了非常多古代的科技、文史、藝術、經貿和社經制度相關的資訊，因而被稱為「時空

▲｜韓國博物館內陳列的新安沉船及文物。（攝影：邱文彥，於韓國木浦）

▲｜自由中國古帆船橫渡太平洋抵達舊金山。（繪圖：邱文彥）

膠囊」，保存此一人類共同遺產已是全球共識。臺灣周邊海域，估計有超過百艘沉船，可能蘊藏了豐富的文化資產。未來如何保存這些人類共同的資產，詮釋發揮其意義，進而推動文化認同和激發愛鄉愛土的情懷，無疑是未來「野柳學」可資參考的課題。

4、臺灣海洋文化的豐度與傳承危機

一九五五年「自由中國號」的六位船員，駕駛沒有動力的古帆船，從基隆正濱漁港出發，經過一百一十四天，橫渡太平洋到舊金山，非常了不起。目前「自由中國號」經過許多人努力搶救回臺後，安置在臺灣海洋大學校園內。文學家廖鴻基也曾順著黑潮漂流過。這些實例，表彰了無畏風浪、勇於挑戰的海洋精神。

以臺灣海洋文化的特色來看，其中一

12. Trippose（2016）。國立海洋文化財研究所。檢自：https://tw.trippose.com/culture/the-national-maritime-museum（下載日期：2024/3/31）。

項很重要的資產即是蘭嶼的達悟族文化。文學家夏曼・藍波安指出，達悟族人從小就要捕魚、拼板舟，海洋的知識完全是從大自然和生活當中去學習的。猶如日本、美國的海巡人員是使用帆船訓練，因此必須要瞭解風、浪、流一樣，要從海洋環境和大自然裡學習。

達悟族的傳統海洋智慧和用海倫理十分精彩。比如說，四月到六月為飛魚季，只捕飛魚，讓其他魚種休養生息。捕獲的魚處理方法並不一樣，立即要吃的和掛起來晾乾後用的，有不同的處理方式。他們傳統上沒有金錢的觀念，不會為了賺錢多抓一點，可說是一種「資源共享」的社會。

海洋文化內容廣泛，宗教活動是重要的無形文化資產。中國的媽祖、海神的信仰，都屬於海洋文化。中國南方、臺灣或東南亞，常見媽祖廟，所以媽祖信仰傳布跟海有密切關係。此外東港的迎王船、基隆中元祭放水燈，都是非常珍貴的傳統習俗和文化資產。

較特別的例子，是澎湖無人島姑婆嶼的採紫菜活動。該活動是由澎湖白沙「龍德宮」維繫百年的傳統，採用「丁錢」方式管理，亦即男丁繳錢始有採收資格，後改為採收證，開放含女性的一般人參與。在過年前後紫菜長出時，廟方即宣布上島採收的時間和方法，是一種永續的經營方式。因此，宗教的力量在海岸資源管理可以發揮相當有分量的角色。野柳是否有類似的宮廟力量可以協助海洋資源管理？值得探討和促成。因為宮廟通常有足夠財力，廟內人力資源也較為充裕，可以扮演很重要的角色。[13]

很多海洋產業，像雲嘉南的鹽田、養殖、捕撈等，都是海洋文化的一部分，金山蹦火仔即為一例。然而，目前金山蹦火仔遇到諸多挑戰，專業的漁民越來越老、漁船和船員越來越少，將來要如何維繫？臺灣東北角有採集石花菜的活動，也碰到一樣的問題，採集人數越來越少，海女年齡也越來越

▲｜金山傳統青鱗魚捕撈方法「蹦火仔」。
（資料來源：©By 中岑 范姜 , Commons Wikimedia Public Domain）

13. 國家海洋研究院（2019）。海洋文化政策概念形成研究。檢自：https://www.namr.gov.tw/filedownload?file=research/201912191024100.pdf&filedisplay=%28%E6%AD%A3%E5%BC%8F%E6%B5%AE%E6%B0%B4%29+%E6%B5%B7%E6%B4%8B%E6%96%87%E5%8C%96%E6%94%BF%E7%AD%96%E6%A6%82%E5%BF%B5%E5%BD%A2%E6%88%90%E7%A0%94%E7%A9%B6++%282019.12.02%29%E4%BF%AE1.pdf&flag=doc（下載日期：2024/3/30）。

大，同樣面臨維繫的問題。韓國濟州島的海女文化申請了世界遺產，我們的政策或作為呢？

綜言之，文化資產的維繫應該有長程的公共政策，包括經費籌措編列、在地團體或機構是否參與等，這些都是維繫海洋文化的關鍵。

5、永續治理：以紐西蘭與美國為借鏡

永續治理，需要穩健的政策和有效的機制。紐西蘭在推動文化政策的過程中，「創意紐西蘭」（Creative New Zealand）實扮演最重要的角色。創意紐西蘭是根據《紐西蘭毛利族藝術理事會法》於一九九四年成立的官方機構，為一多元組織架構，包含理事機構的理事會（Arts Council），或稱藝術評議會，以及三個資助的主體。

「創意紐西蘭」是紐國藝術發展代理機構、藝術文化的最高指導單位，領導國家藝術發展並提供促進藝術發展的資訊，以幫助藝術組織瞭解和適應紐西蘭正在改變的藝術市場。其中重要的方法，包含對紐西蘭國內外的藝術場域進行研究。此外，創意紐西蘭也扮演著瞭解紐西蘭毛利文化藝術的角色，負責管理與監督毛利藝術基金會（Te WakaToi），該基金會是由毛利藝術家所組成的全國網絡。

創意紐西蘭理事會運作的資金，來自紐西蘭彩券補助理事會（New Zealand Lottery Grants Board），透過紐西蘭文化資產部（Ministry for Culture and Heritage），每年撥款一千一百五十萬美金的政府資金，且資金額度可因需求而增列，以發展紐西蘭的藝術相關活動；但紐西蘭文化資產部也必須監督「創意紐西蘭」的工作。這種夥伴關係，是長期性、有規劃性的機制，不會因個人、黨派而有所變動，將治理回歸到合理的制度面，很值得參考。換言之，國家的文化政策、經費來源、優先次序，都應該

14. 同註 13。

透過良好機制，形塑與推動可長可久、永續的文化政策。[14]

為良善海洋治理，美國海洋政策發展歷程亦值得參考。一九六七年元月間，美國總統任命「福特基金會」（The Ford Foundation）的朱利亞斯・史翠頓（Julius A. Stratton）為主席，組成了「海洋科學、工程與資源委員會」（Commission on Marine Science, Engineering and Resources），或稱「史翠頓委員會」（Stratton Commission），邀集的成員包括海洋學者、經濟學家、法律人士、工程顧問、漁業官員、環保官員、石油企業和參眾兩院議員。該委員會成立後，對於海洋相關問題進行長達二年的研究，始於一九六九年一月間提出最終報告：《我們的國家與海洋：國家行動計畫》（*Our Nation and Sea: A Plan for National Action*）。該報告一項最重要的建議，認為國家應整合

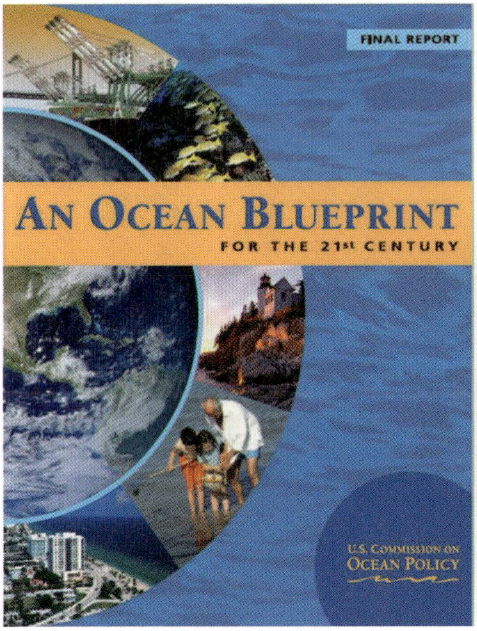

U.S. COMMISSION ON OCEAN POLICY

▲｜美國的海洋政策與委員會成員。
（資料來源：©By Commons Wikimedia Public Domain; https://oceanconservancy.org/wp-content/uploads/2015/11/000_ocean_full_report-1.pdf.）

海洋事務相關的組織，亦即成立「國家海洋及大氣署」（National Oceanic and Atmospheric Administration, NOAA）為專責機關。一九七〇年十月三日，尼克森總統終於明令設置「國家海洋及大氣署」。此一作為，對於美國海洋的研究、發展與管理，無疑發揮了重要催生作用。[15]

隨著海岸快速發展、陸地與水汙染、非永續的漁撈和無效的管理，使美國海洋與海岸資源普遍被認為充滿了危機。為在保護海洋與推動多目標使用之間取得平衡，美國政府於二〇〇〇年制訂《海洋法》（*Oceans Act of 2000*）；其目的在藉由「美國海洋政策委員會」（U.S. Commission on Ocean Policy）的設置和運作，研擬新一代的海洋政策，做為國家發展海洋的依據。經過十六位委員四年的努力，該委員會完成了《二十一世紀海洋的藍圖》（*An Ocean Blueprint for the 21st Century*）最終報告，厚達六七六頁，內容包括擬訂政策指導原則、強化管理機制、推動海洋教育、加強海洋科學研究與資訊系統等，每章並附詳細的預算經費，堪稱最為厚實詳細的海洋政策案例。

三、海洋面臨的問題，正是全人類共通的課題

1、海洋環境保護

全世界都面臨過度捕撈的問題，積極劃設海洋保護區已成為國際共同趨勢。例如，二〇二三年八月三十一日剛果共和國規劃了該國第一個保護區[16]；多明尼加對於抹香鯨和大型海

15. 同註 13。
16. WCSNewroom（2022）. The Republic of the Congo Announces the Creation of the Country's First Marine Protected Areas. Retrieved from https://newsroom.wcs.org/News-Releases/articleType/ArticleView/articleId/17981/The-Republic-of-the-Congo-Announces-the-Creation-of-the-Countrys-First-Marine-Protected-Areas.aspx（Accessed: 2024/3/31）.

洋生物也開始劃設保護區等。[17]然而，全球海洋保護區的面積，尚不及全球海洋總面積的百分之十，亟待加速劃設保護區。

聯合國尤其重視公海的保育，二〇二三年三月通過《聯合國海洋法公約下國家管轄範圍以外區域海洋生物多樣性保育及永續利用協定》（Agreement under the United Nations Convention on the Law of the Sea on the conservation and sustainable use of marine biological diversity of areas beyond national jurisdiction），簡稱 BBNJ 協定，媒體常稱為《公海條約》。該協定涉及四大議題包括：1、包含惠益分享在內之「海洋基因資源」養護及永續利用；2、「海洋保護區」（Marine Protected Areas, MPAs）等以區域為基礎之管理工具；3、海洋環境影響評估；4、能力建構及海洋技術移轉。依據該協定，聯合國秘書長希望二〇三〇年前，全世界有三〇%海洋列入保護區，故有所謂30×30目標的提出。[18]由此觀之，全球海洋是不能分割的，是一體的，要關注的問題不能僅限於地域性的議題，海洋教育應該是世界觀或全球觀的。

海洋汙染是一個重大問題。科學家估計每年都有八百萬噸塑膠廢棄物流入海中，而這些塑膠會逐漸碎裂為微粒。以臺灣北海岸、東北角、外傘頂洲的八掌溪口為例，可能是海流的關係，這些海域皆發現數量龐大的塑膠微粒。塑膠微粒透過生物累積，對人體的生理健康會造成影響；此外，海洋廢棄物漂流在風景區海面也會影響觀光收入。因此，聯合國正在討論這些海洋塑膠微粒的問題，是否違反《聯合國海洋法公約》（United Nations Convention on the Law of the Sea，簡稱 UNCLOS），或須另行制定新的公約，這些都值得後續關注。

17. The Guardian（2024）. Dominica creates world's first marine protected area for sperm whales. Retrieved from https://www.theguardian.com/environment/2023/nov/13/caribbean-dominica-whale-reserve（Accessed: 2024/3/31）.

18. United Nations Treaty Collection（2023）. Agreement under the United Nations Convention on the Law of the Sea on the Conservation and Sustainable Use of Marine Biological Diversity of Areas beyond National Jurisdiction. Retrieved from https://treaties.un.org/doc/Treaties/2023/06/20230620%2004-28%20PM/Ch_XXI_10.pdf（Accessed: 2024/3/31）.

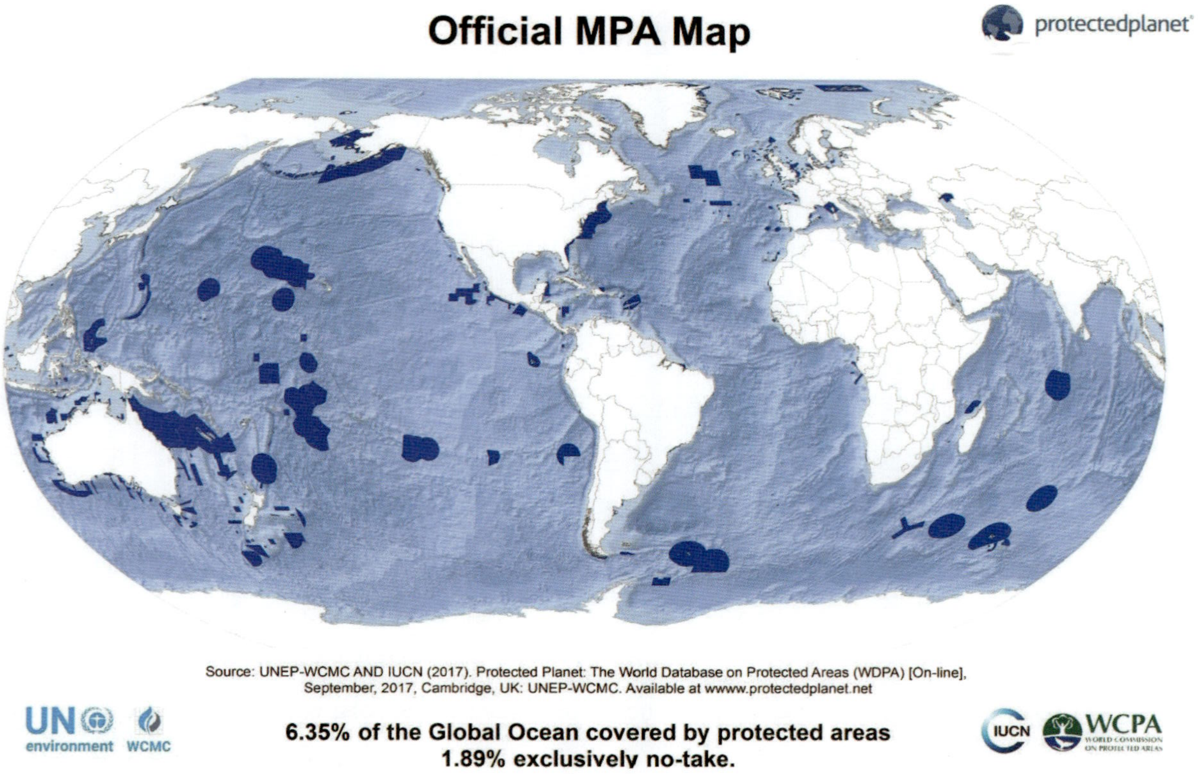

全球海洋保護區 1

2017 年，全球海洋僅 6.35% 的區域受到保護，更只有 1.89% 的區域是完全禁止捕撈的。
（資料來源：https://www.iucn.org/resources/issues-brief/marine-protected-areas-and-climate-change。下載日期：2024/05/31）

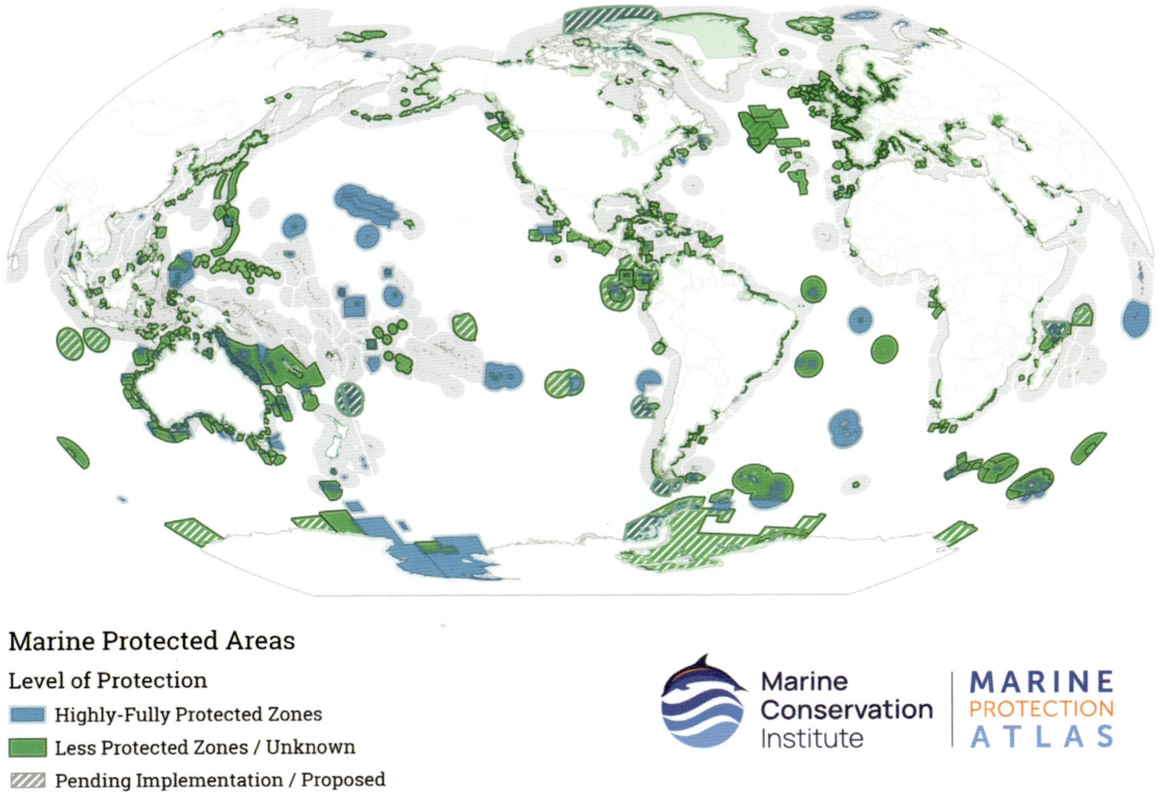

全球海洋保護區 2

截至 2022 年 11 月的全球海洋保護區，重點關注於完全或高度保護生物多樣性的區域。此圖由海洋保護研究所（Marine Conservation Institute）使用 MPA 指南框架和其他評估方法對保護等級進行評估。藍色區域表示高度完善的保護區，綠色區域表示較少或未知的保護區，斜線區域表示待實施或擬實施的保護區。

（資料來源：© Map created by Russell Moffitt for the Marine Protection Atlas at Marine Conservation Institute, by Yo.russmo, via Commons Wikipedia, https://commons.wikimedia.org/wiki/File:Global_Marine_Protected_Areas_as_of_Nov_2022.png）。

海洋汙染對於臺灣是重要的議題與挑戰。臺灣東北角、北海岸的海流是太平洋、東海和臺灣海峽三方交會，海象較惡劣，是危險海域，曾發生多起擱淺事件。例如，一九七七年二月七日上午，科威特籍油輪「布拉格」（Borag）從波斯灣滿載三萬兩千零六十八公噸燃料油，在前往深澳港卸油的途中，不幸在基隆與野柳間，位於基隆港正北方約兩公里的新瀨礁海域觸礁沉沒；基隆港務局與海軍救難船曾趁高潮期間施救，皆未能如願；至少有一萬五千餘公噸燃料油洩漏，造成整個北部海域從頭城到淡水約七十多公里海岸不同程度的汙染，這是臺灣自光復（一九四五年）以來，國內首宗最嚴重的油輪漏油汙染事件。[19]

二〇〇八年十一月十日晚間，巴拿馬籍貨輪「晨曦號」（Morning Sun）在石門海岸擱淺漏油，附近海岸受到汙染。[20] 二〇一六年三月十日，同一海域再度發生「德翔臺北」輪（T.S. LINES）擱淺斷裂事件。[21] 其中，「德翔臺北」擱淺時間在三月，接近東北季風結束之時，因此油汙一下漂西、一下漂東，難以控制和清理，造成漁業重大損失。事後，金山、萬里的漁民提出抗議，但索賠困難。顯見海洋環境的保護將是「野柳學」非常重要的一環。

當我們探討野柳的海洋油汙等環境事件時，必須清楚海洋的運動模式，以及一年四季海洋洋流是怎麼流的，有了這樣的瞭解，面對油汙事件才能正確應變處理。此外，也應該讓地方民眾瞭解此地海域的特性和風險，積極加強環境教育、安全管制和預防作為等適當之配套。過去臺灣的油汙染官司中，常因資料不足，無法取得更合理的賠償；因此，基礎研究非常重要。

以往我們不甚重視海洋的調查研究，所以筆者在立法院時，極力主張成立「國家海洋研究院」，由國家進行長期、穩定的海洋調研，累積建立國家海洋資料庫。野柳當地海洋環境的基礎資料，也須

19. 經濟部能源署（2005）。「布拉格油輪」事件——談臺灣首宗巨大油輪汙染。能源報導。檢自：https://magazine.twenergy.org.tw/Cont.aspx?CatID=&ContID=882（下載日期：2024/3/31）。

「晨曦號」（下）及「德翔臺北」（上）兩貨輪均在石門海域擱淺。（攝影：邱文彥）

20. 于立平、陳慶鍾（2008）。又見油汙—晨曦號擱淺石門海岸。「我們的島」。檢自：https://ourisland.pts.org.tw/content/1045（下載日期：2024/3/31）。
21. 林倩如（2016）。北海岸生態浩劫再起・直擊「德翔臺北」擱淺油汙事件。環境資訊中心，3 月 28 日。檢自：https://e-info.org.tw/node/114146（下載日期：2024/3/31）。

持續調查完善。綜言之，如何讓一個地區海洋環境保護做得更好，是持續性、全面性和全民參與的重要課題。

2、海洋空間規劃

全世界都在關注能源問題，尤其是二〇五〇年要達到「淨零碳排」目標，已是全球共識。為了「非核家園」與「淨零碳排」，政府大力推動離岸風電，也有初步成果。但回顧整個歷程，仍有不足之處。例如，經濟部能源署已於一〇四年七月二日公告《離岸風力發電規劃場址申請作業要點》，公開三十六處潛力場址基本資料與既有海域資料，總開發潛能概估約可達二十三GW，有意投入離岸風力之業者得自行開發。後來發現該場址資料遺漏既有航道的考慮，經排除航道部分後，剩二十餘處風場。德國公司提出的桃園風場，在評審最後階段，因影響飛安而被駁回。新竹、苗栗等風場，海底斷層的疑慮尚未釐清，就通過環評。這種規劃和審議程序，顯示思慮不足。離岸風場倉促推動之後，漁民抗爭不斷，也顯示溝通不足。

以德國為例，德國會把航道、保護區保留下來，以保障既有使用者權益，剩下較不敏感的地方再行招商；臺灣則是由業者先行圈海，自行解決環評或漁會溝通等問題。例如，北方三島有業者圈海發展風電，以及於最重要的烏魚產地彰化劃設離岸風場等，顯示我們對於海洋生態系統及風場對其衝擊尚未清楚之前，即通過風場劃設。另外一個例子是龍洞灣，漁船和遊客在此爭道，東北角立刻召開會議協商，進行海域空間的分派，因此解決了問題。這說明我們其實可以做得很好。未來，臺灣應參考聯合國和歐盟公布的《海洋空間規劃國際指南》（MSPglobal: International Guide on Marine/

maritime Spatial Planning），逐步推動海洋空間規劃，讓臺灣海域多元發展更有秩序。[22]

海洋不是只有能源或單一使用功能，也包括觀光、遊憩、研究、教育、航運、漁業等需求。未來如能推動「野柳海域海洋空間計畫」，其多目標使用的整合協調規劃，必然是野柳後續發展的重要參據。

四、野柳之為野柳——未來的多重可能

1、自然地景與土地倫理的思考

二〇二三年十二月十六日，東北角知名景點「象鼻岩」斷裂，令人震驚。筆者曾在內政部海岸管理審議會時，建議要把它劃設為海岸保護區。此事件讓我們省思應該如何對待這些景點，特別是野柳「女王頭」。

交通部觀光局（現改制為觀光署）曾徵集野柳的老照片。有遊客站在「女王頭」上，相當程度呈現一種「擁有欲」或「占有感」，而不是靜靜地、遠遠地去欣賞。野柳是我們恆久永續的資產，歷經時代遷流，我們是否應重新思考，應該用什麼樣的角度去看待野柳？只能聚焦在女王頭嗎？而若女王頭不在了，野柳還有什麼？

一個地方的生活和當地的生態環境息息相關，亦和漁業經濟、社會制度有密切的關係。野柳地質公園成立後，應該要考慮整體的地景，或是單單只有生活的聚落？是以「生態為基礎」（ecosystem-based）去思考，還是「以人為中心」（anthropocentric）來看待地質公園？

22. UNESCO/IOC（2021）. MSPglobal: international guide on marine/maritime spatial planning. Retrieved from https://unesdoc.unesco.org/ark:/48223/pf0000379196（Accessed: 2024/3/31）.

長久以來，人們仍秉持以人為中心的「主宰」觀點，就像溼地常被認為是無用和蚊蠅叢生之地，必須開發利用，這觀念需要被翻轉，因為每個地方都有其存在的價值。若為發展再生能源擬大量利用「低地力」的農地時，該如何認定低地力土地？例如，雲林海邊鄉鎮許多民眾栽種花生或地瓜，年年盛產，為何認定是「低地力」？又如，漁電共生、山林或農地種電，如純以金錢利益思考，原來種田或養魚的村民不用勞動就有收入，很可能離開農村，將來鄉野極可能更形凋敝，農作或養殖技術也無人傳承和精進，光電發展豈非造成毀農、毀林、毀漁的後果？這其實是一個「環境教育」（Environmental Education）及「土地倫理」（Land Ethics）的問題。

2、文化認同與深入研究

野柳擁有豐富的文化資產，例如「神明淨港」的活動在野柳已延續一百多年。每年農曆正月十五，為酬謝神恩，由野柳保安宮主辦「神明淨港」儀式，該活動為野柳地區三大民俗宗教活動之一，不僅是新北市萬里區每年元宵節的盛事，也是臺灣唯一的淨海儀式，獲得指定公告為重要的「民俗資產」。然而，和金山「蹦火仔」傳統漁法一樣，神明淨港亦面臨將來如何傳承延續的問題。除了宗教表演式的祭典外，是否還有可以深入探討、申論的地方特色和文化資產？「野柳學」應該納入這項議題。

二〇一九年，美國關島大學人類學教授、也是著名水下考古專家比爾・傑佛瑞（Bill Jeffery）曾來信詢問，究竟什麼能代表臺灣？臺灣的重要文化（海洋意象）為何？石滬？廟會？還是漁業文化？什麼是大家都認同的？

這樣的叩問回到野柳，我們即須思考：什麼是大家公認「野柳最重要的東西」？未來「野柳學」勢必要在海洋文化的內涵與傳承方面，持續地研究、調查、訪查。海洋文化的探討與強化，也應該納入公共政策及相關施政中；納入公共政策，才能建立長期推動的機制、穩健的財務和必要的能量，野柳的永續發展才能寄予厚望。

地質公園的發展，必須重視「研究」。以英國西北高地的國際級地質公園（North West Highlands UNESCO Global Geopark）為例，其經營團隊在徵求海洋文化的人才時，會重視其進行口述歷史、檔案歷史、民間傳說、考古生態學、地質的和當地文化的研究能力。[23]這代表海洋文化不但值得研究，而且範疇甚廣，臺灣對此應該要重視。

3、地景整合與國土留白

臺灣地質公園學會舉辦的「讀景比賽」，是一個很好的契機，讓高中生書寫、記錄臺灣獨特的地形風貌，不僅針對地質地形，也包括經濟、社會、氣候、水文、文化聚落、人文活動等，長期累積，可以做為「野柳學」在地質研究、海洋文化等方向發展的基礎，使野柳學成為臺灣海洋地方學的典範。

為推動風景區的整體規劃和發展生態旅遊，景觀品質和景區周邊視覺協調性是重要議題。我國《海岸管理法》是很先進的法律，其第十一條第一項規定：「依整體海岸管理計畫劃定之重要海岸景觀區，應訂定都市設計準則，以規範其土地使用配置、建築物及設施高度與其他景觀要素。」亦即，重要的景觀地區要有都市設計的規範，考慮建築物使用配置、高度、景觀要素等。公民對話亦十分必要，以基隆正濱漁港小鎮彩繪為例，文化大學郭瓊瑩教授拿著色卡找漁家一戶戶討論，最後才決定重

23. North West Highlands Geopark Ltd.（2022）. Call for Marine Heritage Researchers. Retrieved from https://www.nwhgeopark.com/call-for-marine-heritage-researchers/（Accessed: 2024/3/31）.

繪的色彩，順利推動地景改造，使該一美麗獨特的村落景觀，吸引無數遊客，成為當地永續的觀光資產，非常值得參考。

近年來，聯合國有關海洋空間規劃，非常強調以「說故事」（Storytelling）方式和民眾溝通，甚至可製作遊戲（Game）；未來野柳的解說系統，如果能和數位科技AI（人工智慧）、VR（虛擬實境）、AR（擴增實境）、IW（智能穿戴，Intelligent Wearable）結合說出故事，將讓地景與民眾更易親近，讓野柳更具魅力。

美國國家公園之父約翰・摩爾（John Muir）曾說，人人都需要自然之美，猶如麵包和活動空間，可以修復我們的身心。加強鼓勵親近自然，培養融入與鑑賞自然的素養，會是「野柳學」必要的功課。

綜言之，未來的野柳，如能以全盤視野將「有形」與「無形」的資產整合，展開「由陸看海」以及「由海看陸」的全觀視角，且不局限「單一目標」或「特定標的物」（如女王頭），而是對整體地景和環境寄予關注，才能打造全觀、深度、永續和全新視野的「野柳學」。我們也須超越女王頭的「野柳學」，邁向探索、詮釋、保護和傳承屬於所有國民的野柳，使之成為世世代代共享的珍貴資產。

▲｜「由陸看海」、「由海看陸」，關注野柳整體環境，才能打造未來的「野柳學」。（攝影：黃世澤）

Chapter 06

土地、生態、文化與人——

來自惡魔岬（Punto Diablos）的故事：野柳學新境

黃光瀛

野柳學是跨域的、是生活的、是貼近土地的；是天、人、海、風、土及自然的連結，而且是美學的。在野柳學中，地質環境是「骨架」；動植物生態是「血肉」；而人及活動則是「靈魂」。

野柳學是一個地方學，一個關於山、海以及人的故事；有機且具有豐富多元的生活性；另外，它是貼近土地的，也就是跟整體地景與地質景觀有所連結，必須包括大地。臺語有一詞叫「土肉」（臺語：塗肉 thôo-bah），即大地上的生物及非生物，甚至包含海洋、水、風，以及整個居住在此生活圈、祭祀圈內的住民文化底蘊，是土地上人與自然生態的連結。再則，「野柳學」還包括美學。當美學元素加入野柳學中，能同時提升居民認同，以及遊憩境界。

地形上筆者認為東側的瑪鋉溪流域與西側的員潭溪（萬里加投川）流域之間的北海岸地帶，以及位居中間伸入海中的岬角，皆是野柳學的「有形」範圍。

▲｜海望中央山脈。臺灣是結合天、人、海、風、土及自然美學連結的寶島。此圖由海上望向中央山脈日出，這大概也是 400 年前西方水手看到的福爾摩沙吧。（攝影：黃光瀛）

一、西班牙人把野柳帶入世界

我們所稱的「野柳」是西班牙文「Diablo」轉音而來，西班牙文的「Diablo」就是惡魔的意思；換言之，野柳岬（Punto Diablos）就是惡魔岬。野柳岬附近的海域，因為惡劣複雜的海象及眾多暗礁，故有「惡魔岬」之稱。正如非洲大陸南端附近的「好望角」，因為周遭海域海象非常惡劣，時常造成來往船隻發生海難，但有一艘船幸運地挺過了風暴，水手存活，因此該船長命名好望角為「Cape Hope」（有希望的岬角）。事實上，好望角跟惡魔岬雖然文字意義看似相反，卻都是在提示人們這裡是危險的海域，野柳岬就好比臺灣北海的好望角。此外，岬上為數眾多的蕈狀岩羅列，由遠觀之好似人頭；加上當地的原住民馬賽人也會趁著船難群起打劫，更凸顯惡魔岬的命名由來。

▲｜西班牙人所稱的惡魔岬（Punto Diablos）就是野柳岬，岬上蕈狀岩羅列。（攝影：洪耀東）

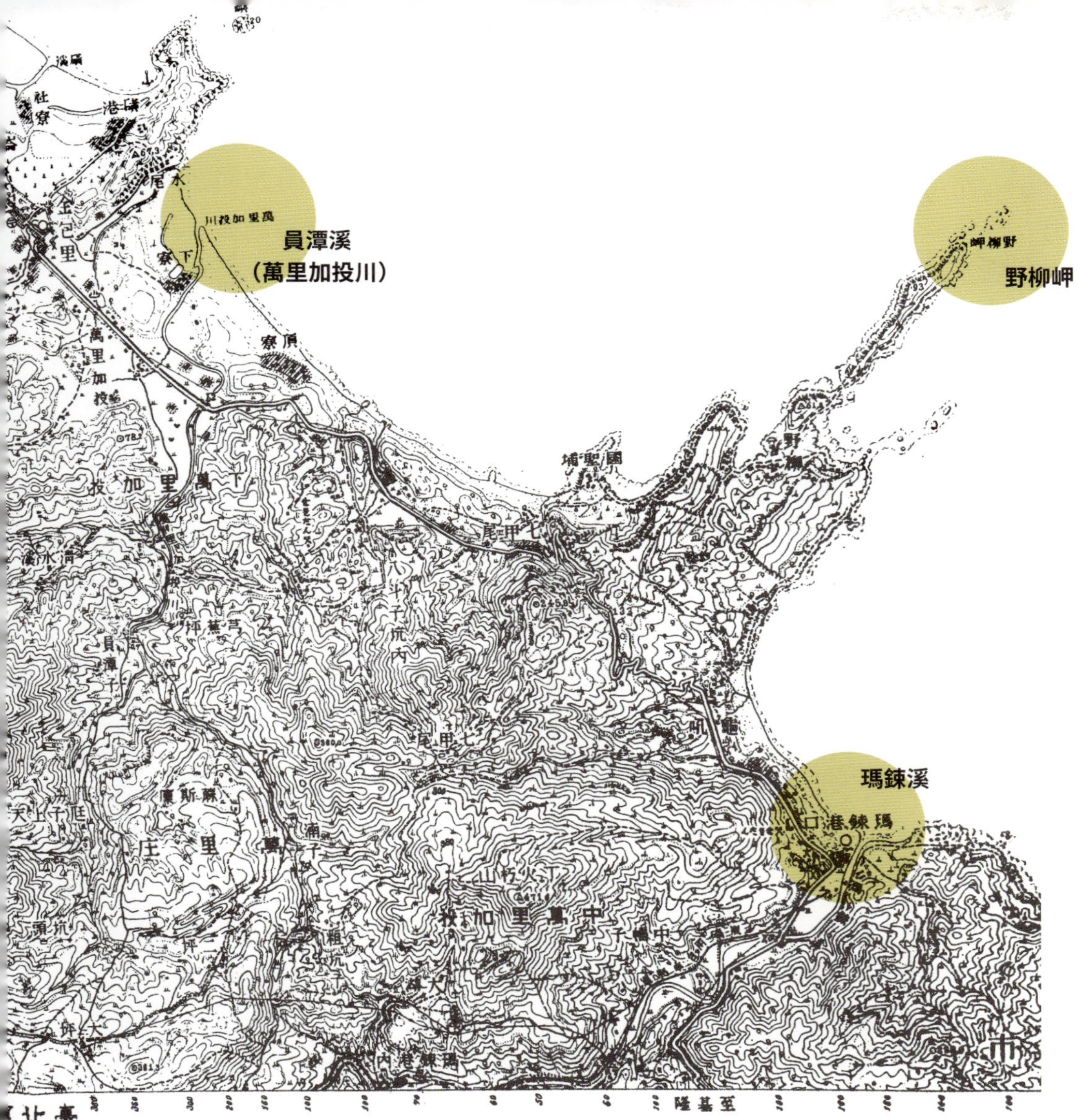

▲｜伸入海中的野柳岬，東側為瑪鋉溪流域，西側為員潭溪流域（地圖上古地名為萬里加投川），兩條溪之間的北海岸地帶，係野柳學大致上的「有形」範圍。
（資料來源：日治時期大正 15 年五萬分之一〈金包里地形圖〉，南天書局提供）

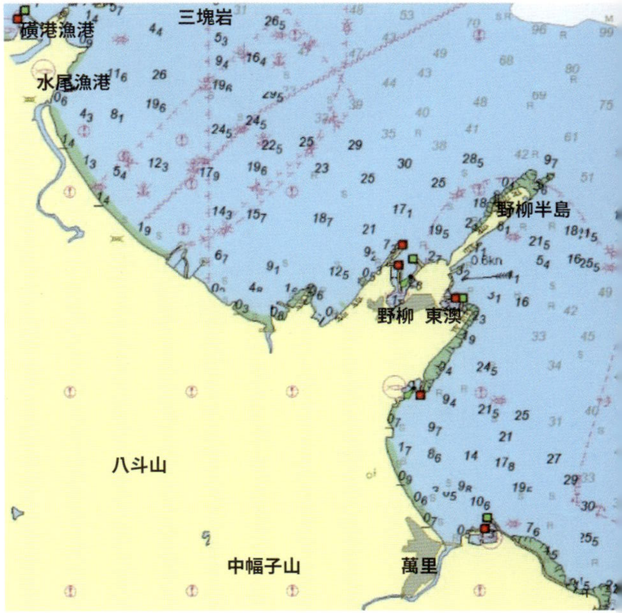

▲｜野柳學範圍及海域水深海況圖。
（資料來源：©Argos Services. Powered by CLS。檢自：https://uda-argos.cls.fr/umv/index.html?token=zZxsRasEiB5AwBzpMeip#!&page=mapPage）

一六二六年，西班牙人占領北臺灣，在臺灣北部建立了即將滿四百年的「聖薩爾瓦多城」（Fort San Salvador，位於社寮和平島上）及「聖多明哥城」（Fort San Domingo，即現在的淡水紅毛城）；當時與一六二四年在南臺灣占領「大員」（臺南安平）建立熱蘭遮城（Fort Zeelandia）的荷蘭人對峙。北臺灣兩城之間雖有陸上聯繫（淡基古道前身，沿著海濱走），但海上交通運輸更顯重要。一六五四年荷蘭人所繪製的詳細「大臺北古地圖」，清楚標示野柳岬直伸海中，凸顯其居於北海岸輻輳指標位置的重要性。（參考本書第八章）

從十七世紀一直到十九世紀，隨著大航海時代來臨，東西世界往來貿易興盛，西班牙銀幣披索（peso，單位里爾〔real〕，含十字銀、銀角）也流通全世界，後來有一種被稱為「番銀」（亦稱佛銀或佛面銀），並未隨著西班牙人政治勢力離開臺灣而消失；反而大量在臺灣民間用來交易，頗受信賴，是當時的「美金」，就是我們俗稱的「地球雙柱幣」。這個「番銀」的表面圖案，呈現東、西兩半球，上有掛著捲帶的雙立柱，也就是現在「$」符號的起源。同樣的，在北臺灣土地交易的買賣契約書當中，亦時有所見。

西班牙人不但命名這個海岬，把野柳帶入世界地圖中，也以商業等方式持續影響臺灣。西方人在北海岸建立據點從事貿易，同時與當時擅於航海貿易的臺灣北部原住民（稱馬賽人或者巴賽人）交易，包括採硫礦，他們的互動以及後來與漢人演進的關係，都是「野柳學」的歷史內涵。四百年來，這些西班牙銀幣或許仍沈埋在臺灣北部海域為數眾多的海難船體中。

◄ 西班牙銀幣地球雙柱幣是 17 到 19 世紀曾於臺灣民間流通的西班牙銀幣披索（peso），上面可看到「$」符號的起源。（攝影：黃光瀛）

二、季風、洋流、颱風和潮汐——塑造野柳的自然營力

從地景生態學的觀點來看，地景是由多個生態系構成的區域，這些區域各自描繪的「地景」要素往往是相互鑲嵌的。地景結構包括其中不同的生態系、面積形狀、組成數量及地理位置，這些都會影響生態系內諸多過程，如能量流、物質循環及物種的移動；而這些過程也會反映回地景的變遷上。

▲｜除了女王頭、蜂巢岩等奇岩怪石，野柳還擁有豐富的環境脈絡，深受季風、洋流、颱風、潮汐等四種自然營力影響。（攝影：洪耀東）

地質公園及週邊特色與環境的關係，不是僅限於地質公園，還包括許許多多的資源，我們應該深究為什麼會形成這些特色，其與週遭海洋、陸域生態環境的關係又是如何？這樣才能從地質公園出發，開展出更豐富的脈絡、屬於野柳學的紋理風景；而不僅止於如女王頭、蜂巢岩等奇岩怪石。

在野柳的自然營力（driving force）當中有四個要素，第一個是季風，第二個是海（洋）流，第三個是颱風，第四個是潮汐，這四個自然營力刻劃出整個地質公園的景觀，同時也對在其上的生物及人類活動造成很大的影響。

- **季風：**季風是這裡很重要的自然現象，包括東北季風，也就是冬天以及初春主要吹襲的風，以及夏天的西南季風。這些風周而復始地在固定的季節時令吹拂，讓環境適應了這種自然現象。風，它帶來了季節性的候鳥，南來北往於繁殖地及度冬地之間；風，也帶來了動力，讓早期航海者及居民得以利用它進行貿易及出海捕魚。
- **海（洋）流：**這裡的洋流有三種，一是黑潮，二是臺灣的沿岸流，三是大陸沿岸流。大陸沿岸流於不同的季節，跨過臺灣海峽流經北部臺灣；而臺灣的沿岸流會在不同的季節經過野柳岬；黑潮則以順時針方向流經臺灣東北海域，遇到海底地形會有分支流經臺灣北海岸。這三股洋流經過衝撞、混合、交會而對此地海象造成影響，自古至今往來的商貨船、漁船，往往也因此造成嚴重的危險。
- **颱風：**颱風在夏天對這個區域有很大的影響。西太平洋沿海地帶的颱風，有時會帶來毀滅性的災害，對地質公園的地景也造成相當影響。根據百年來的統計，影響北臺灣野柳附近的颱風，大概占全臺灣颱風的百分之三十以上，尤其是以北臺灣外海掠過的颱風類型對本區造成的影響最大。

▲｜砂石船沉船原因多為洋流及海象因素。圖中紅點標示為2000年至2012年發生砂石船海難的地點，多處位於野柳岬附近海域。2007年11月27日的巴拿馬籍美沙寧輪號事件造成29人失蹤。（資料來源：海洋保育署。109年年報。重製：黃光瀛）

►｜漏油船難。此圖為臺灣重大海汙案件於東北角的分布，野柳附近貨輪漏油事故亦多與惡劣海象有關。圖中所示包括布拉格號（1977年）、東方佳人號（1990年）、晨曦號（2008年）、巴拿馬瑞興號（2011年）、德翔臺北號（2016年）等事件發生地。褐色圈圈為油汙汙染範圍。（資料來源：海洋保育署。109年年報。重製：吳貞儒）

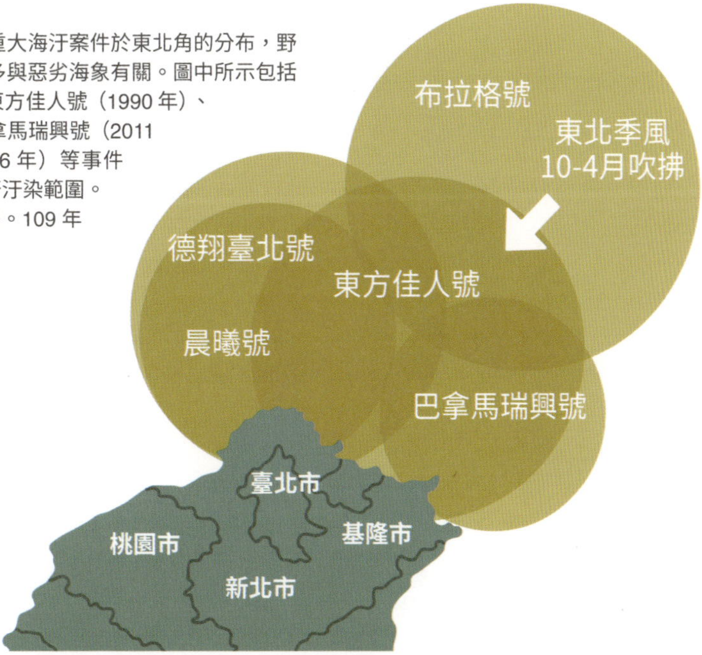

‧**潮汐**：潮汐受月球陰晴圓缺引力影響。野柳岬位處北臺灣，剛好是東海、臺灣海峽及太平洋的交界，海水的漲退相當複雜；不同的地點，海水的漲退也有不同的方向，這會造成往來海上船隻擱淺與觸礁的風險。很多海濱生物生活史也與潮汐息息相關。

三、生物多樣性與在地生活

伴隨著野柳岬的地質構造，周邊還有很多附隨的生物，包括動物、植物、海洋生物、陸域的鳥類動物及其他脊椎動物等，構成了整體自然地質公園的生物多樣性。

此海域的洋流及沿岸流帶來豐

◄▲｜野柳岬的地質構造與環境形成整體生物多樣性，岩生灌叢植被豐富，例如臺灣野百合（上圖）。（攝影：洪耀東）

沛的海洋生物及營養鹽，豐富了野柳附近海域的面貌。海平面下是一個非常美麗的世界，有各種魚類、軟體動物及蝦蟹等；當然也有很多的沉船，這些沉船帶來了人工魚礁的效應，又吸引魚類聚集，成為潛水者的天堂。這裡至少有三百多種海洋魚類、數十種軟體動物及蝦蟹，以及各種藻類在此繁衍。根據學者陳義雄教授研判，周邊海域的生物多樣性很高，是野柳岬兩側緊鄰三個漁港的原因（東側兩個，西側一個）。豐富的海洋生物形成漁場，使得這些漁港的漁船出海有好的漁獲，其中包括近年頗負盛名的「萬里蟹」。

支撐這整個海洋生態系的，就是前段提及的黑潮洋流分支、沿岸流以及潮汐運作所帶來的豐沛能量及生物資源。筆者有一次從馬祖坐船回程，經過北海岸野柳岬附近，發現數以百計的海豚，在大屯山背景的夕陽晚風中跳躍逐浪，至今難以忘懷。

拜大海之賜，這裡享有豐富的海洋生態以及重要航路，歷來皆是各種貨船、漁船往來繁忙的航道。從史前時代的臺灣、四百多年前的大航海時代乃至今日，野柳

岬始終延續豐沛的海洋風貌。如此重要的海洋地理位置，過去是聖薩爾瓦多城和聖多明哥城之間海上的聯繫，現在則是基隆港向西經臺灣海峽往南海的航道。根據潮汐測站的資料，野柳岬周邊不同海域漲潮的方向及流速，差異極大。想像這是在海裡面的一個攪拌器，有各種方向、各樣的攪拌方式，使此處營養鹽和食物鏈的關係，發揮得更加緊湊、密切。

野柳岬的潮間帶及岬上的灌叢植被帶也是生物多樣性非常高的區域，提供遷移的候鳥短暫駐足停棲，此處可以看到很多岸鳥及陸鳥，無論是春天北返或是秋天南遷，這裡是候鳥們最後離開臺灣北返、或是飛抵臺灣第一站的地方。

秋天時節，從北方南遷來的候鳥，有些著陸在野柳岬短暫停留，如紅尾伯勞、藍磯鶇等。夏秋的颱風季節中，野柳岬周邊受到擾動，造成直接或間接的影響，然而颱風也帶來很多海鳥以及迷鳥，牠們是這裡的短暫過客。南來北往的鳥類

隨著東北季風和西南季風的吹拂，豐富了這裡的陸域生態。

對這些隨著季節到訪的鳥類而言，野柳可說是「南來北往的 7-Eleven」，牠們來此盡情的補充食物，豐富牠們的體力以完成接下來的遷徙旅程。尤其是每年的四、五月春過境期，各種遷移性陸鳥聚集野柳岬，吸引很多賞鳥人士以及攝影愛好者來此追逐鳥類身影。

這些鳥類最喜歡棲息在野柳岬的灌木野地，如燕雀目，以及各種各樣經常可見或者是稀有的

▲ 野柳岬是各種候鳥及留鳥的交會之所。圖為虎鶇（左上）、小彎嘴畫眉（左下）、黑鳶（中上）、臺灣畫眉（中下）、金斑鴴（右上）、岩鷺（右下）。（攝影：范兆維、黃光瀛）

鳥類，因為「漏斗效應」，牠們齊聚於此。漏斗效應意為陸地從臺灣中部最寬的一百六十公里往北收縮至不到四十公里的北海岸，再收縮到野柳岬角上，因而使得此處成為臺灣南北遷徙的各種鳥類殊途同歸之所，鳥群隨之逐漸「濃縮」集中於野柳岬，創造賞鳥界的盛事，也帶來了在地的經濟效益。

野柳岬及周邊大海受到自然營力的影響，經過了季風、洋流、颱風、潮水的洗禮，不但提升周邊生物多樣性，也讓當地居民以此為生，影響生計產業（生業 Livelihood）。不論是出海捕魚或者在周邊海岸採集，都順應大自然節奏時令運行。有了如此豐富多元的生態環境，便得以發展與大自然永續共處的里海生活樣貌。

四、海洋文化與漁村民俗交融出的信仰——神明淨港、二媽回野柳、褒歌

過去四百年，甚至在四百年以前的臺灣史前時代，在地有什麼特殊的文化以及有哪些人曾在這邊生活、構成當地文化？圍繞在野柳岬附近的漁港漁村，又有什麼樣的民俗風土？民俗是構成文化的一個重要環節，包括民間的習俗、信仰、風俗習慣等，文化與民俗實無上下高低之分，而是相輔相成，互為表裡。有了豐富多元的生態環境及自然資源，野柳岬周邊海洋文化多元性與漁村民俗孕育而生。

環顧野柳岬周邊，東側緊鄰兩個漁港，西側有一個，坐落在聚落中。最重要的地方宮廟是主祀開漳聖王的保安宮，每年正月十五的「淨海祭」是臺灣唯一一個神明淨港活動，在野柳已經延續了百餘

▲｜神明淨港由年輕壯丁合力扛神轎，一起跳入漁港中，再游泳至對岸登陸。（攝影：許明輝）

◄▲｜每年正月十五保安宮的神明淨港活動是野柳地區最重要的民俗宗教活動之一。（攝影：湯錦惠）

年。這一天為了酬謝神恩，保安宮會舉辦神明淨港的儀式，是野柳地區最重要的民俗宗教活動之一。

神明淨港由年輕壯丁合力扛神轎，一起跳入野柳漁港，並游泳到海港對岸登陸，藉此行動驅逐孤魂野鬼，象徵神明淨港保平安，並祈求風調雨順、國泰民安。延續百年來「水裡去火裡來」的傳統，祈求年年漁獲豐收、出航平安。其儀式包括：淨海、巡洋、魚貨滿倉、神明淨港及神明過火等四項活動，已被新北市政府登錄為「國家無形文化資產民俗類」，與「北天燈」、「南蜂炮」齊名。

神明淨港反映出海洋文化中人與海洋資源的平衡和諧，以及人類在面對大海的自然力量挑戰時，祈求平安滿載返港、消災解厄、風調雨順的心理需求。此風俗相傳源自於清末，當時萬里附近常有各式船隻觸礁沉沒，因此人們藉由祈福淨港以求平安，慰藉水中鬼怪。

野柳另一項重大的民俗活動為「金包里慈護宮二媽回野柳媽祖洞」。相傳嘉慶年間，有一個八吋大小的媽祖在野柳海岸海蝕岩洞（又稱媽祖洞）中，由林姓漁民發現。這尊金面小型媽祖神像，當地尊稱為「金面二媽」，現在奉祀於金包里慈護宮內。每年農曆四月十六日，當地舉辦「金包里慈護宮二媽回野柳媽祖洞」祭典活動，信眾全程從金包里慈護宮步行至野柳媽祖洞，設案參拜，上千信眾及各民間團體、友宮陣頭共襄盛舉，已持續百餘年而不墜，為金山野柳地區特有的信仰體現，更是漁村生活文化綜合力量的展現。

北海岸包括野柳地區，也是傳統褒歌盛行的區域，當地耆老蕭童吻阿嬤曾經針對野柳地質環境及海洋意象吟唱一段褒歌：

「我是住在野柳內，野柳風景區嘛大家知，名聲轟動是全世界，日本美國的人嘛攏會來，

►「金包里慈護宮二媽回野柳媽祖洞」活動，持續百年不墜。信眾全程從金包里慈護宮步行至野柳媽祖洞，設案參拜，是金山野柳地區特有的信仰。（攝影：湯錦惠）

頭先買票啊入內做喔，內底嘛有石椅伊嘟通好坐哦，佮恁講正經哦，這是石頭公自然生成啊，嘛有仙桃佮石乳哦。」

充分展現在地民情與歌謠文化的結合。

褒歌源自閩南，隨著移民來到臺灣，流傳於新北、宜蘭、臺灣南部、澎湖等地，因為內容都是吟唱常民生活，文字質樸無華，充滿在地人文風土情懷，被稱為「臺灣國風」。從閩南的山景採茶生活，轉化到海島，逐漸發展成充滿海洋文化的民間歌謠。

以民俗學的觀點來看，如果我們對野柳地區上述信仰行為及歌謠文化、民俗進行研究，並欲闡明這些現象在時空中流變的意義，褒歌恰能傳達出重要人文訊息、傳統文化及在地思考模式的藝術價值。

海洋文化反映出漁村的信仰與海洋無法分割。漁民一方面向大海討生活，一方面面對資源豐富的大海時又感到畏懼危險，因此對神祇的信仰愈發虔誠與依靠，無論是開漳聖王的淨港儀式抑或金面二媽回野柳媽祖洞，都反映出民眾對海洋的敬畏以及虔誠；同時演化出多樣豐富的在地信仰，與西方水手對

◄ 相較海平面以上的迤邐地形景觀，野柳海面下是另一個生物多樣性很高的婆娑世界。（攝影：陳信男攝）

Diablo 的敬畏之情是一樣的。

將時間尺度拉長，歷史的洪河在野柳岬周邊的「有形」範圍內留下不少考古遺址，文化層從大坌坑文化、訊塘埔文化，植物園文化至十三行文化均有，年代溯至六千年至四百年前的新石器早期至金石並用時代，連接臺灣原漢文化時期。依劉益昌教授〈臺北縣北海岸地區考古遺址調查報告〉中描述，計有金山（鹿野忠雄發現）、海尾、郭厝、龜子山、龜吼、國聖埔、萬里、萬里獅子頭、萬里加投等遺址。這些遺址所代表的年代、出土文物及文化意涵，反映不同的人群在不同年代生態環境背景下如何生活，是野柳學重要的元素。

五、從在地歷史走向充滿活力的永續化

在聯合國揭櫫的 SDGs 指引下，未來提升地質公園的遊憩境界，是野柳致力於永續發展的目標，同時也需要增加美學涵養。

如前所述，野柳岬及周邊地區的「土肉」包括鳥類至少三百種，其中保育類六十種以上；魚類及水產動物至少四百

種；各種的藻類；以及陸域植物至少五百種。若理解到如何提升公園的遊憩境界跟永續發展，除了岩石地景外，期許來此的遊客們逐步進入當地文化自然脈絡，至少認識二十種鳥類、二十種魚類、二十種昆蟲、二十種植物，以豐富遊憩活動，同時提升自然知性美學涵養。

聯合國永續發展目標中，「健康生活與福祉」、「永續經濟成長及確保就業機會」、「保育海洋生態」、「保育陸域生態」以及「多元夥伴關係」是野柳最相關的課題，野柳可就這幾點思考如何與世界接軌且與海洋生態連結？如何發展生態旅遊？如何提倡與增進文化的意涵與故事？

提升經營管理與社會參與，使野柳成為亮點，是未來必須面對的。再則，野柳需思考如何迎接全球化2.0。自一六二六年西班牙登陸北臺灣、並在距離野柳岬十公里處建立城堡為貿易據點，至今已經四百年，亦即野柳早在四百年前就開始全球化了。這讓我們更有理由去省思過去歷史上來

來往往的人群所經歷的故事，包括馬賽人、漢人、西方人、日本人等。從土地脈絡出發，由文獻到田野，將這些深耕的故事與省思加以挖掘爬梳，例如與最瞭解「在地」的野柳耆老、老漁人、海女、廟口的廟公等進行田野訪查，貼近土地與民眾，才能夠體會野柳學的意涵及其對於在地居民的意義。

二〇二三年年底北海岸的象鼻岩發生崩塌，筆者想到法國布列塔尼海岸也有埃特雷塔（Étretat）象鼻岩，經過大畫家莫內（Claude Monet）的名畫發表後，全世界都看到布列塔尼埃特雷塔海岸象鼻岩之美。如果野柳及周邊的地形景觀、地質美學也能夠透過國際化加以行銷，例如與藝術界的藝術家合作，把野柳的美透過國際鏈結，與世界接軌；將地質旅遊、生態旅遊、文化旅遊融合為複合式的遊憩活動，行銷全球，是可以嘗試的策略。另外，跨界行銷亦有可行方式，例如知名義大利車廠藍寶堅尼（Lamborghini）有

►｜莫內的名畫讓全世界看到布列塔尼埃特雷塔象鼻岩之美，我國藝術家也可把野柳的美進行國際行銷。（資料來源：©by Claude Monet,1885-86, Pushkin Museum, via Commons Wikimedia Public Domain.）
▲｜法國布列塔尼埃特雷塔巨大海蝕洞如立在海岸的大象，贏得象鼻海岸的美名。（攝影：Gauthier Puime）

▲｜砌石牆海洋文化。居民就地取材，以石材砌牆，發展出海岸漁村地景及砌牆文化。（攝影：黃光瀛）
▼｜傳統漁法里海漁獲。海岸漁家以傳統漁法捕撈少量漁獲，從事簡單交易，展現資源永續利用、傳統漁村文化，以落實里海精神。（攝影：黃光瀛）

一款超跑叫做 Diablo，如果能在改款時聯合車廠母公司在臺灣野柳發表，讓野柳共同行銷於國際，造就雙贏，不失為一良策，就像莫內的布列塔尼象鼻岩畫作一樣。

在提升海洋生態保育以及陸域生態保育上，可多與學者專家合作，進行資源調查以及監測，將在地志工解說員訓練成為公民科學家，在地企業則發揮企業社會責任提供資源，例如遷移鳥類的調查、植物相調查等，即時在網路公布訊息，讓民眾瞭解周邊共有的珍貴資源，發酵成保育共識並提升經營管理與社會參與的動能，建立多元的夥伴關係，使成為野柳地區的良性經濟成長模式，並增加更多的工作機會。

如何能夠在「乘載量」容許下做海陸資源永續利用，提高「非消耗性」資源利用方式占比（如健行、單車、賞鳥、攝影、地質、宗教之旅、觀星、潛水、遊船），並漸進降低「消耗性」資源利用活動的占比（如吃海鮮、釣魚等），是重要課題。例如多在當地消費、購買當地農特產品、建立認證標章、接受在地解說員的導覽與環境解說服務、傳承在地文化、提升當地居民經濟收益等，致使達到「保育海洋生態」、「保育陸域生態」以及「多元夥伴關係」的永續目標及實踐里海精神。

野柳學視野由海岸地形推至生態環境、生活民情、物產生業、歷史考古，乃至生物多樣性保育。野柳岬既是惡魔岬，也是被打開的一扇門，是通往世界的海岬——Cape to the world！

◀ 野柳岬既是惡魔岬，也是通往世界的海岬。（攝影：洪耀東）

Chapter 07

海不是阻隔，而是道路——
海岸型風景區的文化意涵及野柳學的探討

劉益昌

海岸是陸地和海洋交界的區域，通常也是生產力和自然資源最為豐富的區域，人類自古以來就利用海岸的自然資源，也利用岸邊做為移動的路徑，因此港域成為陸海進出路徑最重要的出入地。海岸造就了不少不同的文化形態，也留下許多文化遺產。直至今日，仍然不斷有各種豐富的遺產詮釋人和海岸之間的關聯。我們可以從人類留下來的長時間尺度文化遺產，反思當代人和海岸之間的關聯，以此做為未來的發展走向。

「海不是阻隔，而是道路」，海岸是人們和海洋之間最重要的仲介區域，留下大量人類活動的遺留，從史前時代到當代，不曾間斷。很多重要的文化發展，都和海岸有密切的關聯。我們可以從幾個不同時間階段來看文化發展和遺留，也可以說明不同階段的意義，思考今日我們對於海岸文化與文化遺產的看法。

臺灣本島和綠島、蘭嶼等附屬島嶼受到板塊運動的影響，土地的變異相當大，連帶也影響了海岸變遷。不過臺灣各個區域的海岸大不相同，因此往往需要考慮細部的差異。例如臺北盆地在更新世結束、全新世初期時，由於海水上漲灌入盆地，因此形成廣大的海灣或者湖面；後來因為三大河系的沖積，臺北盆地逐漸堆滿了沙泥。這個過程是一個逐漸演變的狀態，同時也可以看到內灣海岸或者湖岸的變遷狀態，基本上

是向盆地的西北方逐漸推移退卻，盆地內的考古遺址分布，和盆地邊緣原來的海灣或湖岸邊以及盆底內的露出土地相關。

臺北盆地鄰近的蘭陽平原受到蘭陽溪堆積強烈影響，同時也受到沖繩海槽的影響，海岸沙丘堆積，不同時期的考古遺址順著海岸沙丘分布，人類所居住的聚落和沙丘分布彼此呈現密切相關。同樣的，西南部海岸平原地帶，從距今六千年前開始，海岸逐漸向西延伸擴展，考古遺址分布所得到的結果，清楚說明海岸的變遷狀態。而在東部，海岸山脈東側的海岸延伸到臺東平原南側的海岸地帶，則有相當大的不同，不同年代的考古遺址，受到不同程度海岸變

▲｜臺東縣長濱鄉八仙洞遺址為舊石器時代長濱文化的代表，已被指定為國定遺址。
（資料來源：©By Bernard Gagnon , Commons Wikimedia Public Domain）

遷的影響，有些顯然已經受到海水侵蝕而逐漸消失。

就算在當代，臺灣的海岸變遷仍然無時無刻影響著我們。民國五〇年代初期，抱著人定勝天的概念，西海岸進行了不少海岸新生地開發，不過如今鰲鼓農場幾乎已經被大自然收回。對於臺灣這塊土地的變遷，需要採取動態的觀念加以理解，尤其是和人類活動相關的海岸地帶。再者，從長時間的觀點來看，臺灣的海岸變遷幅度就更大，尤其是西南海岸地帶。

臺灣是兩個大的文化體系所構成的國家，我們現在所關注的幾乎都是近代四百年以來漢人移民臺灣的歷史發展，很少注意到距今五、六千年以前臺灣原住民族祖先的南島文化發展過程，及其留下的各類型文化遺留；更沒有考慮到直立人以及現代智人從更新世冰河時代進入臺灣以來，所留下的各項遺留。事實上這些文化遺留，目前仍有相當大的部分，存在於海岸地帶，例如臺東縣長濱鄉八仙洞遺址，就存在於海岸邊緣的海蝕洞穴。

一、長時間尺度的海岸變遷與南島人群

史前的海域互動和南島民族的形成與擴散息息相關。臺灣原住民族所屬南島民族演化形成前的

祖先來自於海上，這些人群是更新世末期冰河結束，海水上漲形成臺灣海峽以後，存在於亞洲大陸東南沿海的人類，他們善於海上航行以及利用水域自然資源生活，分布範圍從今日中國杭州灣以南到越南的北部灣之間的沿海地帶。他們主要的生活形態是狩獵、漁撈、採集以及簡單的農業，小規模種植根莖類作物。由於經常在海岸活動，熟悉航海技術，除了沿著亞洲大陸東南沿海擴散之外，小部分人群也來到臺灣西海岸南北各地。最早的登陸地點，根據目前的研究，北部地區主要在淡水河口到北海岸一帶，南部地區則在古高雄灣內側的鳳山臺地邊緣，而新化丘陵邊緣也可能是登陸地點，目前看到的是零星點狀分布的小型聚落。

文化逐步發展以後，他們沿著海岸

▲｜淡水河口是史前重要的人群與文化入口。（攝影：劉益昌）

向臺灣本島四周擴展到整體的海岸地帶。當時人們的生活形態主要是利用海岸資源，農業只是生活的一小部分。這種生活形態的人群，沿著亞洲大陸東南沿海分布，時間大致從舊石器時代晚期開始，直到新石器時代初期，增加了製造陶器和少量的根莖類作物種植，較之前略有改變。

從文化狀態而言，這應該是一連串不間斷的發展結果，年代至少從距今一萬兩千年前到六千年前，甚至可以晚到五千年前才結束。這一群人在六千年前或稍早從臺灣海峽西岸擴散到臺灣本島西岸，就是臺灣新石器時代最早的「大坌坑文化」。[1] 從出土文化遺物和遺跡，說明這群人的生活形態還不能說是南島民族的生活形態，而是一種以狩獵採集為主的海岸適應人群。當然從發展過程而言，應該是南島語言文化形成前的文化和人群，也就是前南島（Pre-Austronesian）的文化和人群。

語言學者研究南島語族起源的方式，對於考古學者最有啟發性的部分在於根據現在南島語言詞彙的狀態，比較之後將南島語系的祖語擬測出來，這個祖語可以稱為原南島語（Proto Austronesian），以此理解最早的南島語反映怎樣的文化內容與環境內容，再和個別符合擬測環境所在區域的古代史前文化印證，以得到南島語言和文化發展初期階段。例如美國夏威夷大學的南島語言學家白樂思（Robert Blust）教授擬測的古南島文化，說明當時的南島語族應該已經有相當發達的航海技術，並且培植了很多種的根莖類作物、食物用樹、稻米和小米。看來最早的南島語族的老家，應該是在熱帶、亞熱帶的海濱地帶，當時的住民已經有農業，但是也狩獵並重漁撈。物質文化中有陶器、石器、木器和竹器，並且有紡織和樹皮布，建立干闌式的房屋（張光直一九九五：一七一–一八八）。

這些條件看來，大坌坑文化似乎還沒有完全到達南島民族的祖先語言所反映的生活形態，雖然有些特徵已經出現，但並未完全出現，而且可能只是初期的狀態。因此可以說臺灣的大坌坑文化和亞洲大陸東南沿海同一個時間的文化體系，都還不是南島文化的人群，當然也還未能說是南島語言，而是南島語的形成前的過程階段。

距今五二〇〇至四八〇〇年前，另外一批海外移民帶來了稻米、小米跟穀類作物的種植，分別進入臺灣西海岸南北，結合原來住在海岸的住民，使得臺灣南島民族的文化演化形成，因此可以說臺灣原住民族的祖先形成過程和海岸具有密切的關聯。這時候的人群並不是單一入口進入臺灣，似乎是從西海岸的南北不同方向進入臺灣。目前在淡水河口以及臺北盆地的植物園遺址，可以看到文化上的轉變；相同的在西南平原古代的台江內海海岸地帶，也就是今日南部科學園區臺南園區南關里、南關里東遺址，以及堯港內海邊緣的一些遺址，發現了同樣文化上的轉變。近年來在臺中盆地西側筏子溪旁的安和遺址，同樣也發現這個時間段落的文化。這些不同區域的文化都有一個共同的特徵，就是帶來了稻米、小米的種植，而且帶著新形態的石製工具、貝製工具以及動物骨所製造的工具，日常生活的陶器也帶來新的器型，同時遺址內出土豐富而多樣的海洋生物遺留。

總體而言，這些帶來新文化的人群，顯然和海洋具有密切的關聯，當然也是由海岸進入了臺灣本土。這些文化的新內涵所反映的生活形態和前面所述南島語言學家所擬測的古代南島人的文化特徵完全符合，因此可以說從新石器時代早期大坌坑文化和外來人群接觸的開始，二者結合形成了南島語言以及文化的最初階段。這種發展狀態，是目前大東南亞地區發現最早的南島文化形態，也和語言學家所說南島人群的發展應該在熱帶或亞熱帶的海邊相符，與海洋具有密切關聯。

從此臺灣的南島民族在臺灣這塊大地漫長的時間演化過程當中，透過海上交通，不但遍布於臺灣全島各地，同時也透過島嶼之間的移動，遷移到東南亞各地。此外，不少人群沿著溪流向上游尋找

1. 本文所稱的大坌坑文化，係採用張光直先生的定義（Chang & Collaborators 1969；張光直 1995：163-166）。目前有不少學者把南部科學園區的南關里，以及南關里東遺址為代表的文化也稱為大坌坑文化，實際上文化內涵並不相同，應該區分為兩個不同的文化體系，而且時間也不完全重疊。相關討論可參看筆者於 2019 年所著作之《史前文化與人群》的討論。

不同的生態區位，因而進入臺灣的中低海拔丘陵山地區域。這些證據都留在當年的海岸。

什麼是當年的海岸，就牽涉到臺灣的土地變遷，尤其是土地上升與海岸線後退。六千年以來海岸的變化，可以從地質、地形學者對於臺灣海岸的研究得到廣大範圍內海岸線變化的答案[2]；但是細節部分，仍需要透過考古遺址的分布，給予更精確的修正。

▼｜濁水沖積扇的溪流是重要航道和港口。（攝影：劉益昌）

二、海域互動帶來的影響與南島世界的形成

1、史前南島世界的形成

當代我們很難想像臺灣的南島民族沿著海岸移動的狀況，不過古代人群留下的史前遺址和豐富的文化遺物，卻可以提供我們充分的證據。就遺址位置而言，蘇花海岸是連當代陸路都很難到達的區域，不過古代卻留下不同階段的史前考古遺址，至少從距今四千年前的新石器時代中期開始，就已經有人群在蘇花海岸地區形成聚落，例如蘇澳鎮海岸遺址、南澳鄉

2. 例如，陳文山主編（2016）。臺灣地質概論。臺北市：中華民國地質學會。

漢本遺址。人群往來最可能是沿著海岸地帶，而且必須使用海上航行的工具，也就是竹筏或船舶。而其他區域的海岸地帶，同樣可以看到許多史前時代的考古遺址，大部分都和聚落存在之時的海岸線具有密切的關聯。

從出土的文化遺物或自然遺物，同樣可以看到人類透過海域互動所產生的交流，不論是物品或者是人群的往來，可能性都相當高。例如澎湖七美島出產的橄欖石玄武岩製造的各類型石器，包括石斧、石錛、石刀等工具，大量出現在以臺灣本島西南平原為中心的區域，最北可以到達大肚臺地以及臺中盆地，最南可以延伸到恆春半島。這些石製工具，當然需要依賴海域交通，透過海岸地區進入本島不同區域的陸地聚落內。又如臺灣閃玉只生產於花蓮，新石器時代製造玉器的工坊也在花蓮，透過交通體系，玉器製品遍布於全臺灣和離島，甚至到達東南亞，當然都是依賴海域交通

▲｜秀姑巒溪口是東部海岸區域重要人群與文化入口。
交通互動與文化交流，使得臺灣的史前文化人群之間，雖然有文化上的差別，但是演進的趨勢大體相同。（攝影：劉益昌）

才有可能。

目前資料顯示，大致在四千年前或稍晚，人群除了沿著本島海岸移動之外，也會到達澎湖、綠島、蘭嶼或小琉球等離島，並且進一步向南方的巴丹群島和呂宋島北部遷移，當然也是順著海岸以及海域移動。這是目前已知南島民族形成以後第一次跨越巴士海峽到達東南亞群島區域。

從南島文化形成以來，長時間的海域交通以及文化交流，致使距今二五○○到二四○○年前，長期向南海地區遷移或是交流、貿易的人們，終於帶著半島東南亞（中南半島）一帶的特有產品，回來臺灣本島，例如黃金、玻璃、瑪瑙以及青銅，鐵器逐漸取代了玉器，成為臺灣人的裝飾與儀式用品，鐵器也成為臺灣人的工具。

（資料來源：Elizabeth Matisoo-Smith.（2015）. Ancient DNA and the human settlement of the Pacific: A review. *Journal of Human Evolution*, 79, 93-104. 圖片重製：吳貞儒）

順著東部海岸逐漸向北推進，最後在距今一八〇〇到一六〇〇年前終於在淡水河口南側的八里平原找到豐富的鐵砂礦，開始自行煉製鐵、鍛鐵以及製造鐵器，充分改變了臺灣原住民原有的生活形態以及裝飾儀式用品。目前我們看到的臺灣原住民流傳下來的傳家寶，不論是玻璃珠、瑪瑙珠、青銅環、青銅鈴鐺、青銅鐵刃的小刀等，都是來自於東南亞，透過玉器交換而來的物品。

這種海域交流的情形不只有文化、物品，也包含著人類基因的交流，可以說是形成今日臺灣原住民形態的重要階段。再一次顯示透過海域的交通以及文化的交流，是形成今日臺灣原住民族多元複雜的基本原因。

從南島民族的祖先語言與文化形成來看，有一大部分是依賴在海岸地帶的環境與生活資源，而且也依賴海岸和鄰接的平原做為生活的場域，接收外來的文化影響，傳遞外來的文化訊息。也因為透過海岸地帶的聯繫以及海岸和後方平原、丘陵淺山，甚至是中海拔山地地區之間彼此的交通互動與文化交流，使得臺灣的史前文化人群之間，雖然有文化上的差別，但是演進的趨勢大體相同。

◀ 12 到 14 世紀澎湖海岸漁民聚落，留下來的房屋基礎，受到海水侵蝕而出露。（攝影：劉益昌）

2、臺灣原住民族的海洋思維與生活形態

關於臺灣原住民族的文字紀錄，依據歷史學者曹永和先生的考證，比較可信的年代是三國時代《臨海水土志》關於夷州的紀錄，以及《隋書》〈琉球國傳〉；之後則有宋代趙汝适的《諸蕃志》、馬端臨的《文獻通考》〈四裔考〉，以及其後元順帝時期修纂《宋史》〈外國傳〉。這些文獻中關於琉球國的紀錄，經過比對與考證，內容有一定的連續性。根據地理方位的考證，大部分學者都接受當時的琉球是指涉臺灣。

這些文獻關於船舶的紀錄，寫到海上航行的工具，「不駕舟楫，惟以竹筏從事」（曹永和一九七九：七一－九〇），也和後來荷蘭統治時期所記錄的西部沿海地帶的原住民族使用竹筏的情形相同。這些中華帝國歷朝歷代的紀錄，部分似乎是來過臺灣西海岸的閩粵漁民所提供的消息。歷年來臺灣考古學界在臺灣西、北部海岸地帶，都發現不少十到十六世紀中華帝國不同朝代

在東南沿海區域所製造的陶瓷器；甚至連臺灣東部海岸地區和蘭嶼也有少量發現。這些資料同樣可以印證早期歷史文獻不甚明確的記載，說明亞洲大陸東南沿海中華帝國不同朝代的沿海居民，都曾因捕魚或其他原因來到臺灣沿海地帶，和原住民族產生不同程度的往來。這也說明了當時的海岸地帶居住著許多原住民族，不但利用海岸的資源，也透過海域和外界交往。

經歷史前時代以來長時期的演變，臺灣的原住民族分布在不同的生態區位，因此有著不同的生活形態適應，居住在沿海一帶的原住民人群，可以從以下幾點說明和海岸之間的關係。

・聚落分布

從荷蘭時代到大清帝國時代的地圖顯示，海岸地帶存有一連串的聚落，這些人群部分在清帝國中葉以後，被漢人逼迫和政治因素遷往丘陵淺山，或者移民到了臺東、花蓮以及宜蘭等東部地區。部分未遷移的原住民，則被後來遷入的漢人

◀︎｜小琉球珊瑚礁海岸很難進入，只能從小溪口的沙灘進入。（攝影：劉益昌）
▲｜小琉球具有沙灘的小型港口。（攝影：劉益昌）

逐漸同化，而喪失了自我的文化與意識，成為漢人群的一部分。

• 生活形態

雖然西部平原平埔族群的日常生活文獻紀錄不多，但至少可以知道北海岸的巴賽人、宜蘭的噶瑪蘭族都有清楚的海岸生活形態的紀錄。花東地區的阿美族，以及從宜蘭移民到花蓮的噶瑪蘭族同樣也有豐富的海岸資源利用以及生活形態。至於蘭嶼的雅美族（達悟人）不論聚落分布、生活形態、文化內涵以及思維體系，都呈現一個海洋民族的風貌。

• 從口述傳統推測

原住民族本身的口述傳統，應該最能反映其生活形態和海洋之間的關係，很可惜平埔族群已經很少有口述傳統的紀錄。山區原住民族很難直接和海洋連上關係。不過位在宜蘭和東海岸的花東一帶原住民族噶瑪蘭族、阿美族以及蘭嶼島上的雅美族（達悟人），則都有豐富的口述傳統可以連結到海洋，甚至說明祖先來源和海洋之間的關聯。有關臺灣原住民族祖先來自東南邊海上長有

▲ | 麻豆水堀頭在 17 世紀末到 19 世紀中葉曾經是倒風內海的港口。（攝影：劉益昌）

◄ | 1630 到 1640 年代荷蘭人攻擊小琉球拉美人（Lamey）聚落的視角。（攝影：劉益昌）

椰子樹島嶼的 Sanasai 傳說，經過歷史學者和考古學者的研究，可以充分說明從史前一直到當代原住民所具有的海洋思維。

關於 Sanasai 傳說圈

傳說有一群人從東部海岸進入臺灣，擁有一種特殊的黑色陶器，而且帶來新的材質所製造的裝飾品以及高溫技術，極有可能和擁有 Sanasai 傳說的原住民民族有關，這群人沿著海岸來到淡水河口，也沿著海岸返還到整個東海岸，甚至到東南亞地區。

Sanasai 是二十世紀初流傳於臺灣北部、東北部、東部幾個原住民族社會指稱祖先來源的傳說島嶼，延伸並串聯阿美、噶瑪蘭及凱達格蘭諸族間的類緣關係。

▼｜1630 到 1640 年代小琉球拉美人（Lamey）看見荷蘭人的視角。（攝影：劉益昌）

◄｜都蘭灣可能是臺灣南島人群向南移出的區域。（攝影：劉益昌）

三、從海上來的「漢人」

住在亞洲大陸東南沿海的早期人群是一群善於海、精於冶鑄的人們，後來被稱為越族，由於種系複雜，因此共同稱為百越，當代分類屬於南亞語族。從大唐帝國以來，這些文化複雜的人群逐漸受到帝國統治與漢化，例如臺灣有大量廟宇祭祀的開漳聖王陳元光，就是漳州漢化影響明顯的例子。唐代以來閩南泉州、漳州一帶興起，人們開始向海外捕魚或者貿易，不但來到澎湖，也來到臺灣的西南沿海，和在地居民互動、交換，也許更有通婚行為。從福州一帶向外的人群同樣也來到臺灣的北海岸和原住民族進行交換或是貿易。這可以說是越族的人群歷經長時間隔離以後再度和南島民族相遇。這一次的相遇，帶來了不同的文化衝擊，同時也帶來了基因的混同。

陳耀昌醫師研究鼻咽癌和百越族的關係，顯示在沿岸一帶的平埔族群有相當的比例，和現在越族地區的人群是相同的（陳耀昌 二〇一五：七〇－七三）。這種透過擅長利用海域資源以及活動能力的人群，形成彼此之間的互動與交流，可說是從九世紀末、十世紀初以來，臺灣海峽兩岸的互動形態。這些互動交流的證據，都在海岸地帶以及聚落所遺留的舊址，也就是考古遺址之中留下明顯的證據。透過科學的研究分析，得知出土的各類型陶瓷器的產地與來源，充分說明兩地之間的關聯。這種互動形態直到大明帝國建立以後產生改變。

西元一三六八年開始實施海禁，使得人民無法向海外發展，也逐漸斬斷了文化以及人種之間的交流。一五五〇年代，大明帝國對於海岸管理逐漸鬆弛，加上一五六七年開始開放海禁，臺灣的雞籠（基隆）和淡水成為兩個可以通商的港口，位在南部的「北港」則是多國商人互相交換的港域，帝國東南沿海的居民再一次可以公開向外。在此同時，日本的南方居民，也已經跟臺灣有所接觸。一六二〇年代以後的歐洲海權國家對於臺灣的接觸，同樣也是來自海上，帶來的影響持續深遠，可說是現在臺灣形成的關鍵。

十六世紀中後葉，大明帝國開放海禁，開啟了中國東南沿海的漢人移民到臺灣的第一步。首先接觸的人群就是生活在西海岸地帶的原住民人群，也就是後來被稱為平埔族群的各個沿海地帶不同原住民族群。這個時間點可能

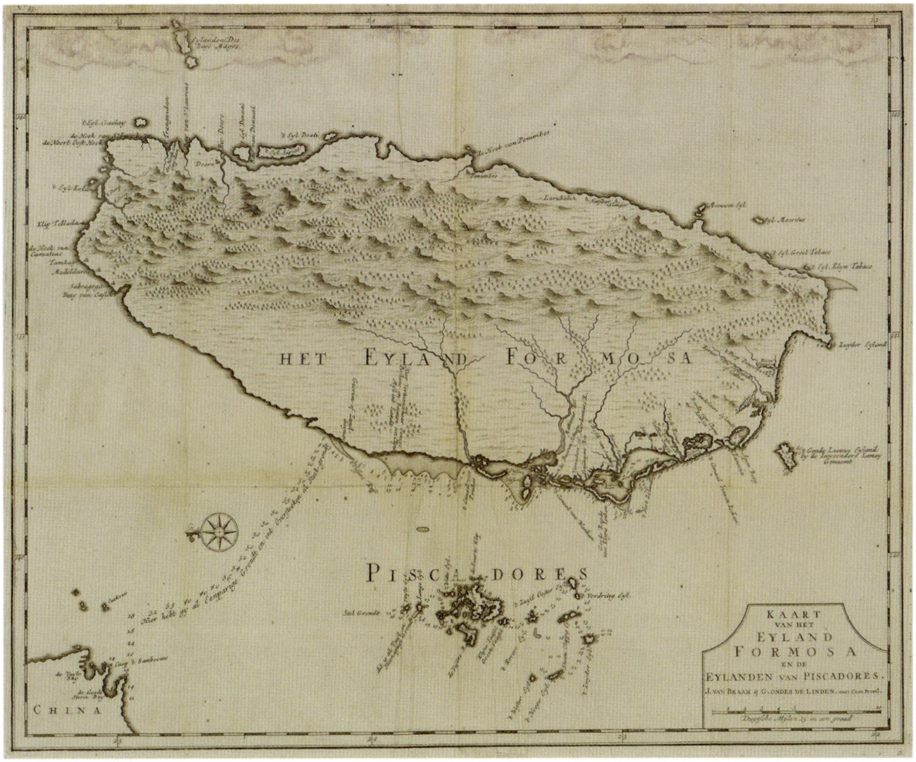

福爾摩沙島與漁翁群島圖

1630 年代開始，荷蘭人已經對臺灣本島沿岸地帶相當瞭解，尤其是西南沿海，可以看到當時地形和現在有很大差別，沿岸潟湖多處，潟湖內部平原則是人類生活的重要場域。這張大約繪製於 1640 年，並且在 1726 年正式出版的地圖，除了呈現臺灣地理，還詳細記錄臺灣西南沿海與泉州之間的航路、海岸線、沙汕、暗礁、經常往來地點的位置，對於當時的航海者來說，深具實用價值。

資料來源：國立臺灣歷史博物館。凡．布拉姆（J.van Braam，荷蘭人）1726 年重新繪製福爾摩沙島及澎湖群島圖，地圖刊印在國家圖書館所藏 Valentijn 的《新舊東印度公司誌》（Oud en Nieuw Oost-Indien, 1724-1726）中。本圖採航海者自海上望向臺灣島的視角，為西方現存最早的臺灣全島地圖之一。

比大明帝國開放海禁的一五六七到一五七四年還要早一些，從考古出土陶瓷器定年的觀點而言，大致在十六世紀中葉西元一五五〇年左右，就開始有漢人移民進入臺灣西海岸。這個時間點接近距今五百年前的十六世紀中葉，當時臺灣西南海岸地形仍與當代有很大的差距，其他的區域則差別比較小。

十七世紀三〇年代荷蘭人的測量已經相當進步，開始有很好的地圖，尤其是在以臺南為中心的區域，例如一六三〇年代的測量圖，可以看到西南海岸區域擁有眾多的潟湖，由北而南包括倒風內海、台江內海、堯港內海、萬丹內海、打狗內海、大鵬灣等。這些內海的廣大水域除了擁有豐富的自然資源之外，由於風平浪靜，成為漁民避風的重要場所，後來更是其他海外貿易國家進入臺灣的重要港域，成為會船點貿易的重要據點。當然也就是外來文化進入臺灣本島，影響臺灣原住民文化與人群的重要入口。

荷蘭人、西班牙人除了各據港口進行貿易與統治之外，並沿著海岸平原和原住民聚落，尋找傳說中的黃金河，最後終於到達了今日稱為立霧溪的黃金河，和當地居民互動並留下許多重要的文化遺物。

荷蘭人在統治期間從現在的閩南一帶引入大量的中國人從事熱帶農業勞工的工作，也就是第一批外來移工。荷蘭人被鄭成功趕走以後，這些漢人順利的土著化，成為臺灣的第一代漢人。隨後大清帝國時期陸陸續續從閩南和粵東移來不少漢人，逐漸成為臺灣這塊土地的優勢人群，甚且自稱為臺灣人，而將原本荷蘭人所稱的福爾摩沙人，也就是原來的住民，稱為山胞或原住民。

四、怎麼看待人和海岸的關係

每一個不同的「當代」，串聯著長時限的發展過程，這是理解臺灣這片大地的重要方法，也是我們看待人和海岸關係的重要關鍵。如前面幾個段落所述，從新石器時代初期以來，臺灣的人群在不同階段和海岸之間始終存在密切關聯。

回過頭來重新審視建立在海岸地區的國家公園、國家地質公園、海岸保護區等透過公權力行使而保護的海岸區域，可以從長時間演化的過程，針對文化發展以及保留的文化遺產提出進一步思考。

從長遠的時間點和發生的過程，我們可以知道臺灣的人群和文化發展過程和海洋的密切關聯，更可以清楚知道，海不是阻隔，而是道路。我們沒有理由自外於海岸地帶，更沒有理由不保護這些僅存的臺灣天然海岸。從人和海岸的歷史關係我們清楚知道，沒有海洋、沒有海岸，就沒有今日的臺灣。

野柳地區的北海岸同樣是古代人群重要的生活領域，當然也是當代人群的生活領域。從地景的角度而言，對於當前的科學所建構的學理，有其一定的意義，可以談到地層形成的原因，談到地景形成的原因，更可以談到文化景觀，提供外地遊客充分的知識饗宴。但是對於現在居住在當地的居民，則有另外和生活有關的意義。這樣不同的意義互相重疊所造成的共同主體，值得我們認真思考。

再者，從長時限的觀點記錄海岸變遷的自然與人文印記，採用文化資產的角度理解，將進入更深層的境界。試想我們從全新世以來的海岸變遷，加上人類活動的過程，可以在野柳鄰近的區域發現因為海岸上升而如今位置較高的新石器時代早期、中期到晚期，甚至是金屬器時代十三行文化時期的

臺灣北海岸地區新石器時代重要遺址分布

① 早期大坌坑文化
② 中期訊塘埔文化
③ 晚期芝山岩及圓山文化
④ 晚期植物園文化
⑤ 金石並用時代十三行文化

芝山岩及圓山文化
3

植物園文化
4

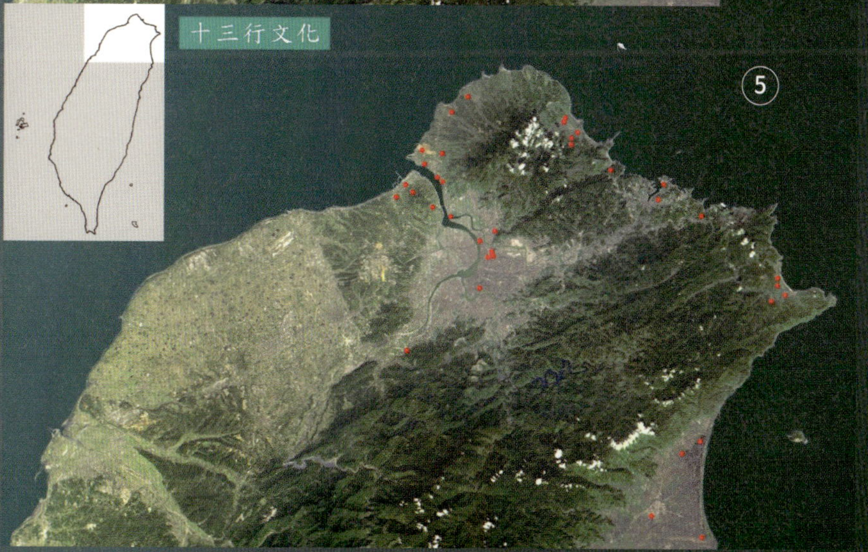
十三行文化
5

考古遺址。當然在鄰近的萬里加投、龜吼還可以發現年代晚到距今四、五百年前以來的考古遺址。這些最晚期的考古遺址，無疑可以和歷史時代初期文獻紀錄的巴賽人連結在一起，屬於金包里或大雞籠社群的一部分，這樣就可以將野柳地區的人類活動史放在國際貿易時期來思考。

由此，野柳岬做為西班牙、荷蘭人紀錄的魔鬼岬，有了清楚的世界歷史的意涵，也豐厚了野柳這塊突出的土地的歷史成分。再從文化遺產的角度而言，許多聚落所留下來的民俗和生活形態，都是地方文化的重要因素。我們這一代人能夠清楚看到的自然因素，除了女王頭或其他海岸地形之外，其實還有更多文化的因素存在其中。

長時間人類發展所留下來的考古遺址顯示了人和自然互動的過程，充分說明人和海岸之間的關係。因此，野柳這個區域從文化資產的角度而言，是一個多面向、多元的集合區域，不但具有自然，同時具有文化，而且是自然與文化互動所產生的結果。就世界文化遺產而言，這個區域就是一個重要的文化景觀區域。

目前野柳是一個自然形態的地質公園，但是因為特殊的地質構造和所處的地理位置，因此有了國際貿易過程當中形塑出的重要人文景觀；當代的女王頭更是人類的思維體系加諸自然地景的結果，若再加上其他類型的文化資產，野柳無庸置疑是一個蘊含了自然與文化互動的特殊景觀地帶。再就《文化資產保存法》的規範而言，當然符合人文景觀或者文化景觀。

以此對應到世界文化遺產當中的一類，也就是人類和自然互動所產生的結果，其中人類的解釋在於思維體系，例如為什麼被稱為魔鬼岬，為什麼被稱為女王頭，就是帶了濃厚人類文化思維的產出。再如，從文化大學望見對岸的觀音山，之所以稱為觀音，是漢人邏輯思維下的產物，放在其他文

▲｜野柳的未來，應思考如何成為一個具有多樣文化遺產和時間尺度的地質公園。（攝影：黃世澤）

化體系之下，就不能稱為觀音。

回顧野柳，若非雪山山脈的地質構造剛好和北海岸直交形成突出的岬角，若非岩石經過自然的風化形成奇特的狀態，我們沒有機會稱其為魔鬼岬和女王頭。以上給我們重新思考野柳這個區域的未來，該如何成為一個具有多樣文化遺產和時間尺度的地質公園。

Chapter 08

凍結在地名中的歷史——
野柳海岸歷史與人文資源解讀

詹素娟

野柳地質公園，是一個邊界清楚的具體空間，獨特的地形、鬼斧神工的地景、豐富的動植物，以及環繞岬角、無比遼闊的海洋世界，享有極為優異的自然條件。因此，自一九五〇年代臺灣發展觀光事業以來，野柳風景區一直遊客如織、吸引無數人前來遊玩賞景；與女王頭合影的歡悅，更幾乎是大部分臺灣人的共同經驗，家裡的相簿都可以找出幾張類似的照片。面對未來，如何持續發展野柳的觀光旅遊，以及主管單位、學術社團等如何進一步思考經營管理的問題，不但是地質公園的挑戰，也是「野柳學」發軔的關鍵原點。

從自然科學的角度，或以觀光發展的觀點切入，自然現象的調查紀錄與公園如何經營管理，是臺灣現有十座地質公園的共通課題；歷史人文的脈絡，則每個公園各有不同。野柳，是一個合適的切入點，一者藉由「共通性」，與臺灣的其他地質公園對比、連結，甚至與其他國家的地質公園對話、交流。其次，從人文歷史的面向來看，野柳這塊土地發生的歷史，具有無法替代的主體性，在科學追尋的規則與共通性外，彰顯出獨有的特性。

不過，要談野柳地質公園的人文性，必須注意到若純粹以「野柳岬」為空間範圍，就會排除周邊的漁港生活圈，而成為一個自然性場所，顯得過於明確與狹小。現實上，野柳地質公園無法與周邊的漁村脫鉤，而是共構成一個關係緊密的生活圈，如郭城孟所指出：「野柳岬」與「漁港」其實是一個「生活地景單元」。[1]因此，所謂「野柳人文歷史的獨特性」，起碼有兩個層次：一是將野柳地質公園視為地方社會的一部分，進而將時間軸往前延伸到原住民時代，關注西荷時期、清代、日治，再聚焦到戰後的歷史連續性。其次，歷史如此多元與複雜，應選擇可以和野柳地質公園直接連結的主題，在建構與描述之餘，落實到園區具有可視性的景物或元素，才能轉化為解說資源。就野柳而言，足以滿足兩個層次的歷史要素，大概就是「封鎖的海岸」、「冷戰格局下的觀光旅遊」了；而此一選擇策略與由此凸顯的歷史脈絡，或許可以成為建構「野柳學」的路徑。

一、北海地標・馬賽先民

野柳岬，從海上看的鮮明地標，一六五四年就出現在荷蘭人繪製的「淡水與其附近村社暨雞籠島略圖」。根據圖示，編號四十九的地點，係沿用西班牙人的他稱——Punto Diablos，中文譯為「魔鬼岬」；臺灣早期歷史學者曹永和，經過比對，將魔鬼岬考訂為野柳岬，並得到學界的認同與共識。而西方人會以「魔鬼」形容野柳一帶，除了海象險惡、船隻容易翻覆，也與當地的原住民有關。

1. 長期關心臺灣生態環境變遷的學者郭城孟，認為「生活地景單元」才是國土經營管理的基本單位；其有關野柳「生活地景單元」的看法，發表於 2023 年 12 月 15 日個人臉書。

3
4
5
6
7
8
9
10
11
12
13
14
15
16
17
18
19
20
21
22
23
24
25
26
28
29
31
32
33
34
35
36
37
38
39
40
41
42
43
44
45
46
47
48

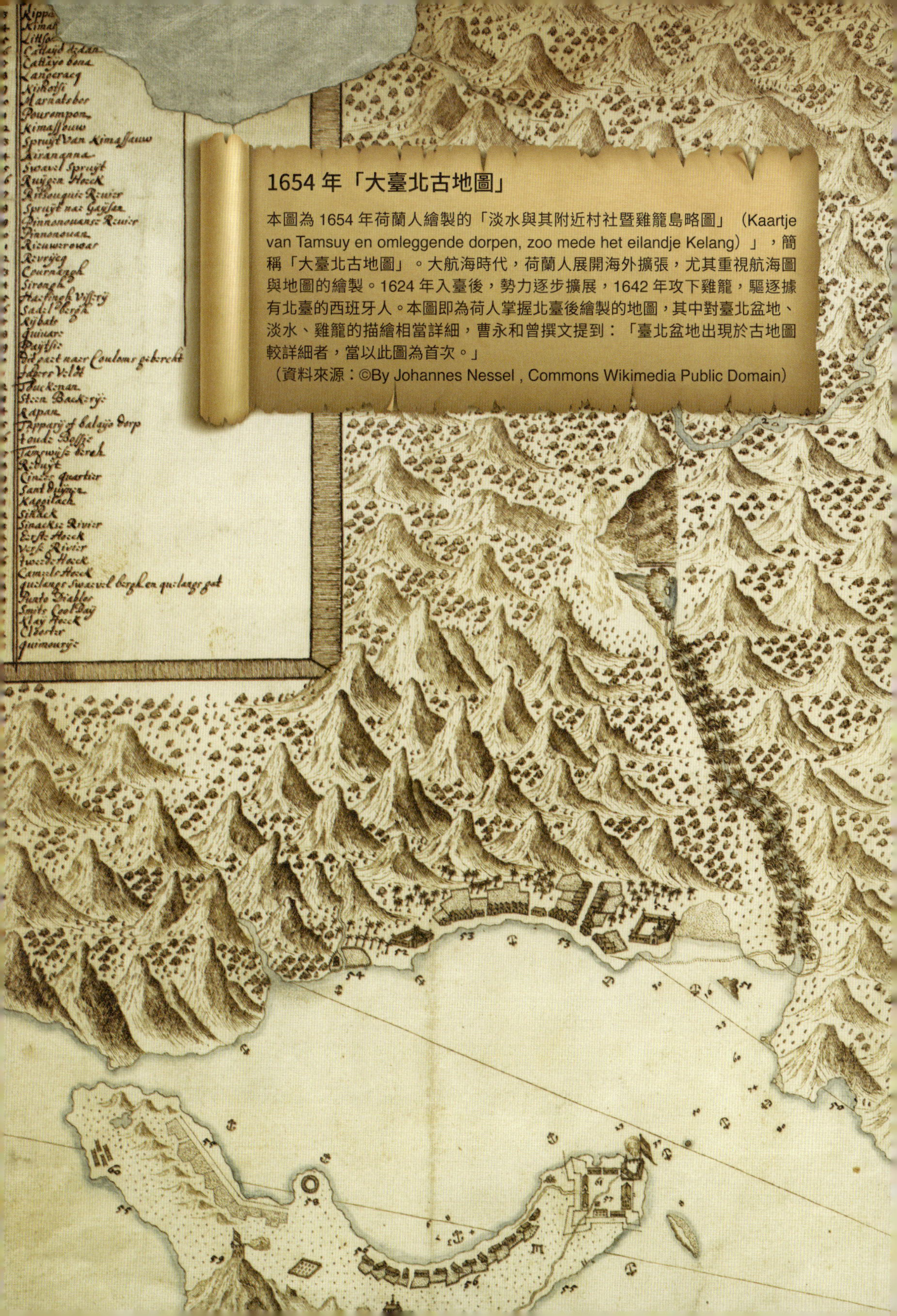

1654 年「大臺北古地圖」

本圖為 1654 年荷蘭人繪製的「淡水與其附近村社暨雞籠島略圖」（Kaartje van Tamsuy en omleggende dorpen, zoo mede het eilandje Kelang）」，簡稱「大臺北古地圖」。大航海時代，荷蘭人展開海外擴張，尤其重視航海圖與地圖的繪製。1624 年入臺後，勢力逐步擴展，1642 年攻下雞籠，驅逐據有北臺的西班牙人。本圖即為荷人掌握北臺後繪製的地圖，其中對臺北盆地、淡水、雞籠的描繪相當詳細，曹永和曾撰文提到：「臺北盆地出現於古地圖較詳細者，當以此圖為首次。」

（資料來源：©By Johannes Nessel , Commons Wikimedia Public Domain）

西班牙神父哈辛托・艾斯奇維（Jacinto Esquivel）一六三二年的報告指出，當時金山、萬里之間的原住民稱作 Taparri，大致分布在四到五個村落，往往像海盜一般對付因船難漂流的人。而根據一六五四年荷蘭戶口表的紀錄，當時的 Taparri 村落群約有七十二戶、二百五十人；以地緣的連續性推斷，Taparri 可以對應清代的「金包里社」，日後更從社名衍生為地名、行政區名，直到日治時代改稱「金山」。今天的野柳，雖然劃歸新北市萬里區，但日常生活、宗教信仰，卻與毗連的金山頗為緊密，或許也是歷史脈絡使然。

回到十七世紀，艾斯奇維神父曾特別強調，Taparri 與 Quimaurri 的生活方式類似，關係也相當接近；荷蘭戶口表甚至將 Taparri、Quimaurri 與遠在東北角的 St. Jago，合稱 Bassajos（或 Basay、Basai，漢譯馬賽、巴賽），人數約為一千人上下。Quimaurri，即漢語文獻的大雞籠社（今基隆市和平島與海岸等地），有四到五村，一六五四年為一三四戶、五〇六人；文獻描述他們與 Taparri 都不務農，而是以捕魚、打獵、製鹽維生，或幫其他村落蓋房子、造箭、製作刀具，藉以換取糧食。St. Jago 是西班牙語的他稱，漢語寫成三貂社，自稱是 Caquiuanuan，一六五四年有九十二

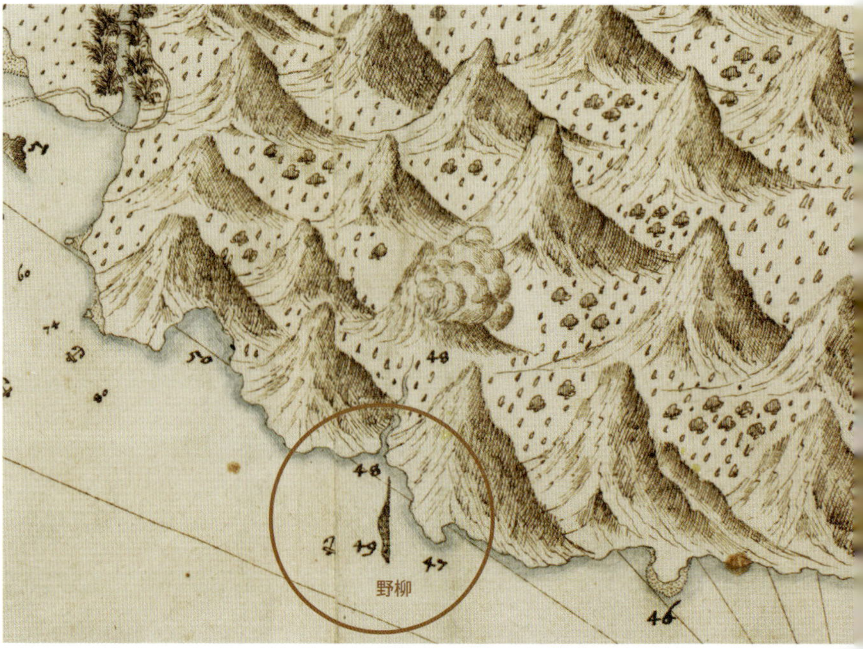

「大臺北古地圖」中編號 49 的 Punto Diablos。

戶、三六〇人，村落群分布在雙溪下游到河口的海岸上。

這群以北海岸、東北角為生活空間的馬賽人，走村串戶，交易有無，以海為路，是臺灣原住民族中相當特別的一群。二十世紀初的語言學家，則將 Basay（馬賽）、

▲｜金包里社與大雞籠社的所在。（繪製：詹素娟）

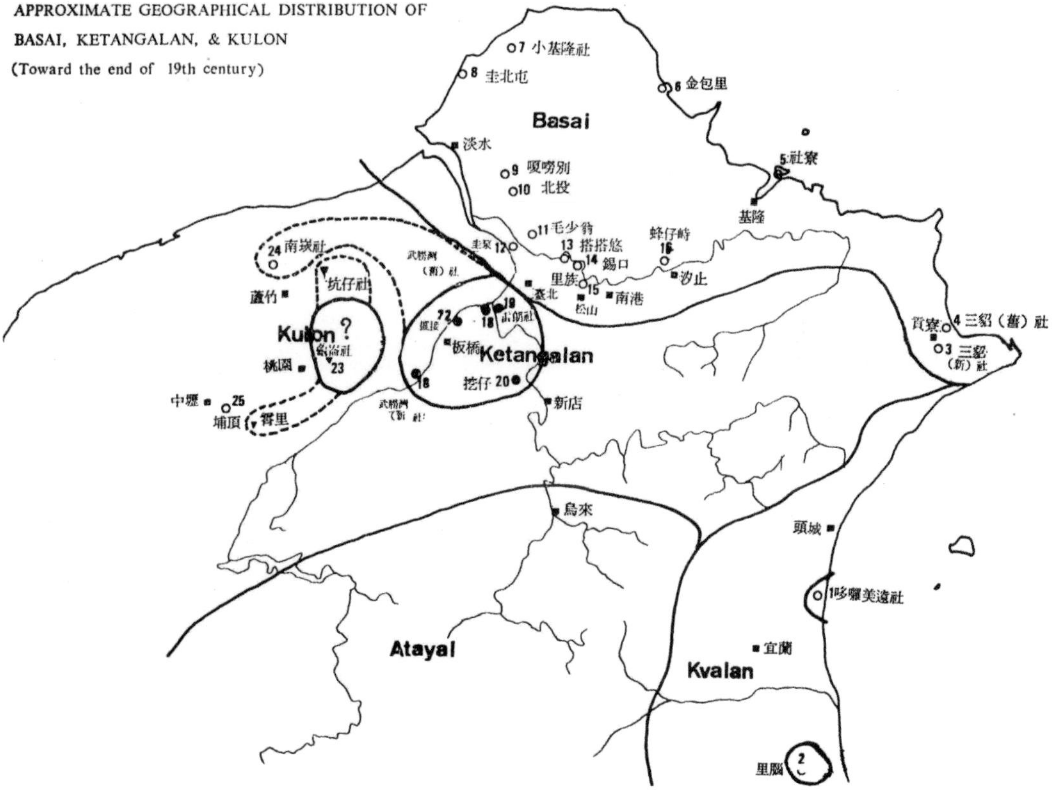

20 世紀初北臺灣語族分布圖

17 世紀的馬賽人局限在海岸地帶，20 世紀初的分布則反映馬賽語的擴散結果。不過，Basai 的界線，仍有爭議。（資料整理：土田滋，1985）

Ketangalan（或稱 Luilang〔雷朗〕）、Kulon（龜崙）合稱為 Ketagalan（凱達格蘭族）。

二、灣澳聚落・漁業生計

雞籠、淡水，做為北臺灣開向世界的窗口，十七世紀前就有中國沿海一帶的漁民渡海登島，停留或暫居；不但是臺灣早期歷史中非常重要的活動地點，也因此留下豐富的歷史紀錄。兩地之間的北海岸，位於中段的金山平原，既是金包里社的傳統領域，早在十八世紀初已有漢民入墾、農耕設莊，海岸線上也形成大小聚落。基於武備的需要，清廷曾先後設置了石門汛、金包里汛、馬鍊汛、大雞籠汛，以及小雞籠塘等軍事據點，派兵駐紮，串聯成守備線。

灣澳深藏、岬角直入洋面的野柳，雖然鄰近金包里，卻由於地處邊陲，文獻幾乎未有記錄；相對於早在十七世紀西方文獻現身的「魔鬼岬」，漢語史料「野柳」二字的出現，已經晚到十九世紀中葉了。中英爆發鴉片戰爭，臺灣的艋舺營水師曾駕巡船在「野柳鼻頭洋面」擊沉英國船隻，截殺落水兵士[2]；陳培桂《淡水廳志》「論沿海礁砂」的「沿海礁砂形勢圖」，一方面在馬鍊、金包里之間描

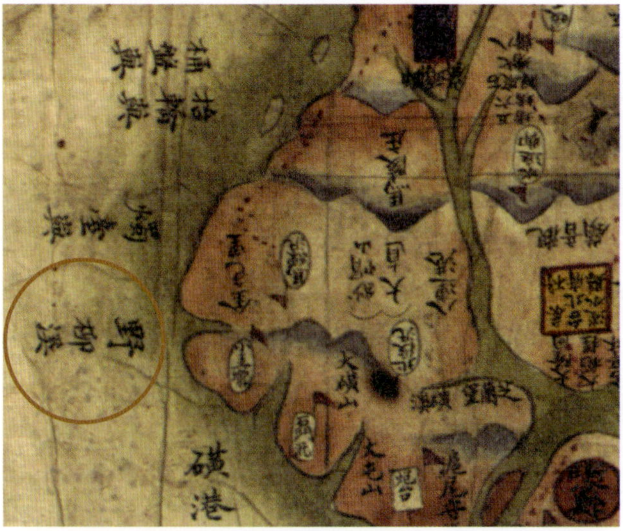

▲ 1880 年〈臺灣前後山全圖〉。（資料來源：本圖現存於 Library of Congress, Geography and Map Division.）

繪「野柳溪」，也指出雞籠口以西的「野柳、金包里」，因為水深，船隻可以靠近停泊，而成為福建詔安艇匪偷渡的目標。

儘管資訊稀少，但野柳溪做為標誌式地名，除了指涉流出野柳溪的灣澳，也可能已有「野柳」漁村的存在。野柳岬既是足以抵擋東北季風的天然屏障，人們聚居岬角西側的灣澳，形成以捕魚、採集為生計的聚落，也是理所當然。根據最早記錄基層街庄人口的《臺灣事情》一書，[3] 一八九八年的野柳庄約有八十戶、三五四人，由此可以推估清末的村落規模。

▲｜《淡水廳志》中沿海礁砂形勢圖。
（資料來源：陳培桂（1871）。《淡水廳志》山川．圖說三「論沿海礁砂」）

2. 姚瑩（1842）。東溟奏稿「雞籠破獲夷舟奏」。
3. 臺灣事務局編纂（1898）。臺灣事情。東京：臺灣事務局，頁 201。

跨入日治時代，向來重視漁業、嗜食海鮮的日本人，對北濱地區的沿岸地形、沿海漁場，及各漁港的漁業情形，作了詳盡的調查。殖產部門發現，北部從淡水到宜蘭的蘇澳，分布著各種良好漁場，沿海住民也形成規模不等的漁村。根據一九二七年的調查，當時北海岸與東北角約有一千多人從事漁業，主要分布在金山庄的磺港、水尾，萬里庄的野柳，瑞芳庄的鼻頭，貢寮庄的澳底、卯澳等；而相較於半農半漁的磺港、水尾，野柳是完全以漁業為主的村落。

百餘年後的今天，野柳住民已成長到十八鄰、六百多戶、三千餘人，由港東、港西、東澳、國聖埔等聚落構成，行政上屬於新北市萬里區。居民以漳州人為主，當地的保安宮供奉開漳聖王，配祀媽祖、三太子、土地公。經過日治到當代的長期建設，目前有野柳漁港、東澳漁港，與萬里漁港、龜吼漁港齊名。

近年，保安宮在元宵舉行的「神明淨港儀式」、金山區慈護宮農曆四月十六日舉行的「金包里二媽回野柳媽祖洞祭典」，均登錄為新北市「民俗類」無形文化資產，成為吸引眾多信徒與觀光客的亮點。

三、軍管餘緒・轉型觀光

大自然營力雕琢而成的岬角地形與海岸地景，在交通不便、資訊傳布不易的時代，只能是野柳在地人生活空間的一部分；直到日治時期北海岸交通條件改善，才逐漸為外人所知、進而成為景點，吸引遊客前來觀賞。

1、交通改善・野柳名所

日治以前的北海岸，如以金山為中心，無論是前往淡水或基隆，道路都極為險惡，寬不過兩、三尺，路況或砂礫、石塊，多橋梁、渡口，車馬無法相通，步行也相當困難，甚至必須在礫石灘上跳石而過。[4]

北海岸聯外道路的開通設施，始於日治初期。先是一八九八到一九〇一年間，軍憲及地方警察動員歸降的抗日民眾，修築草山到金山之間的道路，後來則由官府接辦。由於工程困難，金山翻越草山前往臺北士林的路徑大部分還是徒步，要到日治後期，才能通行巴士。其次，則是開鑿淡水到金山的聯通道路，起點在淡水，經小基隆，終點在金山街；道路經過逐段改善後，成為當時臺北與北海岸之間主要的交通路線。至於金山與基隆的交通，由於地形崎嶇、道路險阻，長期以海路為主，且僅能以石油發動機船或小帆船做為交通工具；一旦天氣變化，船舶即不能航行，貨物運搬停止，造成很大的障礙。儘管地方人士一直倡議打通基隆金山道，卻因工程艱難，經費龐大，毫無進展。

一九二四年五月，一艘從基隆駛往金山的二五馬力小型交通船──金山號，在野柳外海遭難沉沒，死亡慘重，促成陸地交通的強力訴求。在地方人士殷切期盼下，基隆輕鐵株式會社籌劃鋪設基隆來往金山的輕軌鐵道，並終於在一九三〇年三月完工使用，大幅改善金山與基隆的交通問題。位於金山、基隆之間的野柳，除了自有漁港的海路之便，也共享了陸路改善後的地方發展。一九三七年原幹洲在《臺灣史蹟》一書對全臺灣古蹟、名勝的介紹，即將野柳岬與金山溫泉、燭臺嶼，澳底海水浴場、草嶺、三貂嶺等視為基隆郡的名勝，並列介紹。

4. 今新北市金山區中角到石門、大約 10 公里長的路段。在淡金公路開通前，因大屯山壁直逼海岸，無路可走，來往行人需等到海潮消退，灘石露出，才能在礫石間跳踏而過，故有「跳石海岸」之稱。

▲ 基隆要塞陣地編成圖。
（資料來源：「國防部史政編譯局檔案」。臺北：國家發展委員會檔案管理局藏 B5018230601/0034/511.1/6010，「日軍在臺灣兵力佈署圖」。）

2、基隆要塞．火網籠罩

相對於交通改善帶來的易達性，猶如平行時空，野柳的所在，同時存在基於軍事需要的封鎖性。做為鄰近於基隆要塞區的海岸村落，日治末期的野柳，也納入臺灣軍基隆要塞司令部與基隆重砲兵連隊的空間管制，裝設水中聽音機，構築野戰工事，以防備美機轟炸或反登陸。

野柳的岬灣地景與漁村聚落，從清代的僻在一隅，原本遺世獨立，到日治時期因交通改善、較易抵達，而得以視為海岸名勝、對外介紹，與早期的隔絕已大為不同。又因基隆要塞對周邊海岸的陣地編整，野柳也納入國家軍事控管的一環，歷經空間特性的階段轉變。儘管如此，野柳住民的生活空間、漁業生計與自然地景仍是合一的共同體，人們進出海岸，只須關注天候、風浪、魚汛，尚無政治性的警惕。

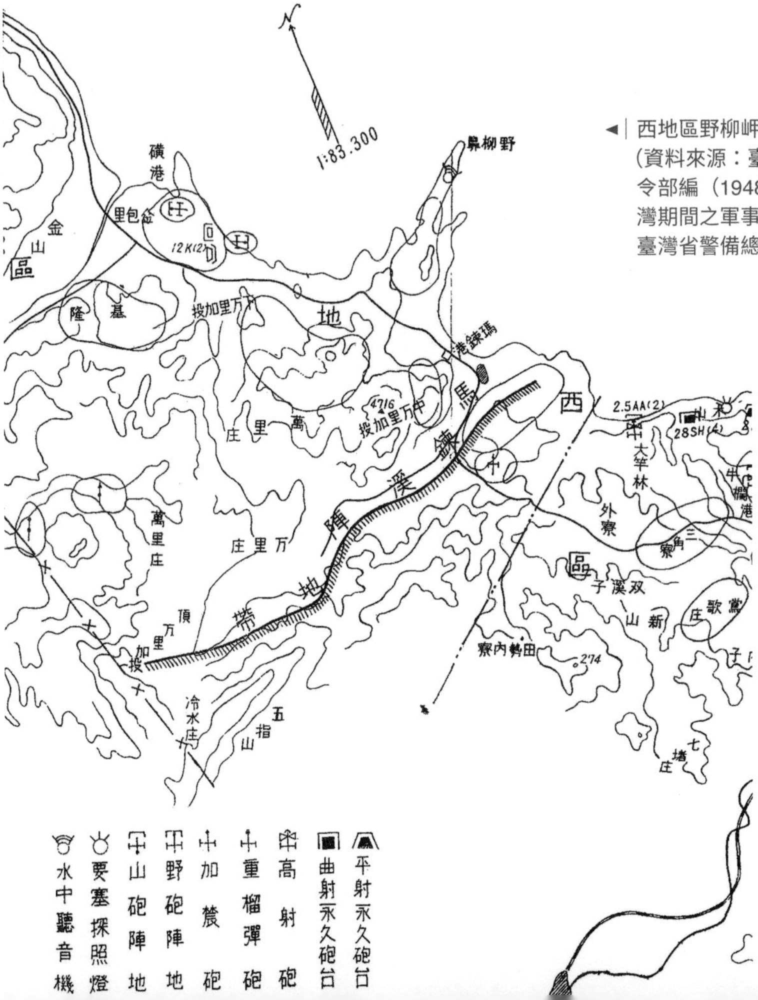

◄ 西地區野柳岬的陣地編成。（資料來源：臺灣省警備總部司令部編（1948）。日軍占領臺灣期間之軍事設施史實。臺北：臺灣省警備總部司令部。）

時間來到戰後，中華民國政府繼承了日軍基隆要塞的軍事布局與控管，野柳地區依舊處於海岸兵力配備、火網構成的體系內。我們由當年《公論報》的兩則新聞可知，一九四八年十月二十二日的報導指出，「基隆要塞司令部為檢查該部各砲臺火砲機能和彈藥的效力」，定十月二十三至二十九日每天上午九點到下午四點，舉行檢查射擊，提醒警戒區「野柳鼻到番仔澳沿海岸直前兩萬公尺以內海面，在射擊時間內，都暫禁船舶通行」；一九四九年十一月十五日也報導「基隆要塞部定十六日在金包里（野柳鼻和跳石之間）試砲，時間是上午九點到十一點。到時，該地一萬五千公尺附近海面範圍內，希望船舶不要走近」。這類新聞，說明野柳、金山到石門，海域相連，互為依傍，依然受到基隆要塞的軍事束縛。但真正的結構性轉變，則是海岸線的全面封鎖。

基隆要塞明起試砲

到廿九日止九時至午後四時警戒區居民均應趨避

【本報基隆訊】基隆要塞司令部為檢查該部各砲臺火砲機能和彈藥的效力。定明日（廿三）起至廿九日止，每日上午九點到下午四點，由該部各砲組舉行檢查射擊，警戒區區民均應趨避，野柳鼻到番仔澳沿海岸直前兩萬公尺以內海面，在射擊時間內都暫禁船舶通行。

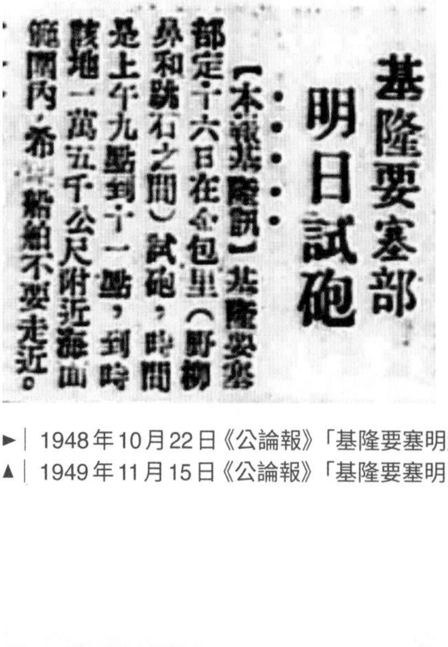

基隆要塞部明日試砲

【本報基隆訊】基隆要塞部定十六日在金包里（野柳鼻和跳石之間）試砲，時間是上午九點到十一點，到時該地一萬五千公尺附近海面範圍內，希望船舶不要走近。

►｜1948年10月22日《公論報》「基隆要塞明起試砲」。
▲｜1949年11月15日《公論報》「基隆要塞明日試砲」。

3、戒嚴管制．海岸封鎖

兩岸變局下中華民國政府的遷臺，為臺灣帶來翻天覆地的劇變。一九四九年六月，臺灣警備總司令部奉「戒嚴令」頒布了「戒嚴期間臺灣省港口船舶管理辦法」，對各種等級港口（如國際港、省際港、省內港、遠洋及近海漁業港、沿岸漁業港等）管制，以及船隻的進出許可等提出詳盡的規定，以強化守備安全。從此，臺灣的海岸線等於全面封鎖，野柳這種小型漁港自不例外；更重要的是，住民與海洋的關係遭到嚴厲的無形箝制，島民不能親近海洋，在海邊隨意取景照相，甚至賈禍上身。如野柳這種岬角直探水域、地景特殊，卻無人居的獨立空間，更是海防固守的軍事管制區，除了在地漁民可以入內採集水生資源，一般民眾已經無緣接近了。

島嶼臺灣如何管理海岸線，我們可以藉由政府檔案中的「臺北縣海岸管制：野柳海洋世界執行案」，一窺究竟。

一九八二至八四年間，中規開發公司為申請野柳海豚表演館的營業登記，向臺灣警備總司令部陳情。警總

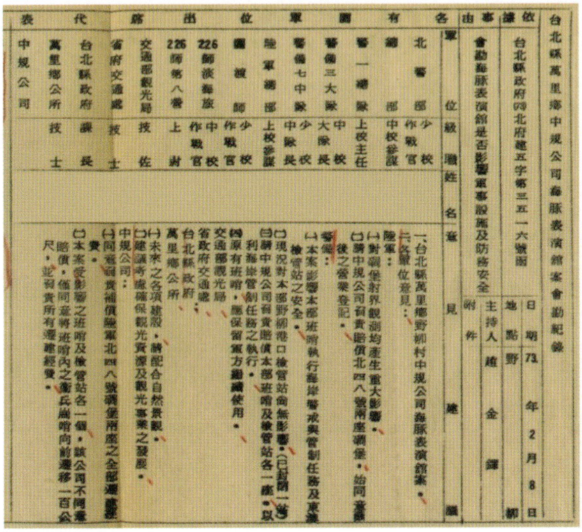
台北縣萬里鄉中規公司海豚表演館案會勘紀錄

依據：台北縣政府(73)北府建五字第三五一一六號函
事由：會勘海豚表演館是否影響軍事設施及防務安全
日期：73年2月8日
地點：野柳
主持人：趙金鐘
附件：

出席單位	級職
北警部	少校作戰官
鄉部	中校參謀
警一總隊	上校主任
警備三大隊	中校大隊長
警備七中隊	少校中隊長
陸軍總部	上校參謀
國護師	少校作戰官
226師淡海旅	中校作戰官
226師第八營	上尉
交通部觀光局	技佐
省府交通處	技士
台北縣政府	課長
萬里鄉公所	技士
中規公司	

會勘意見：
一、台北縣萬里鄉野柳村中規公司海豚表演館案。
二、各單位意見：
陸軍：
(一)對砲堡射界觀測均產生重大影響。
(二)請中規公司負責賠償北四八號兩座碉堡，始同意[illegible]後之營業登記。
警備：
(一)本案影響本部班哨執行海岸警戒與管制任務及東[illegible]檢管站之安全。
(二)現況對本部野柳港口檢管站無影響。(已表明[illegible])
(三)請中規公司負責賠償本部班哨及檢管站各一座，以利海岸管制任務之執行。
(四)原有班哨，應保留軍方繼續使用。
交通部觀光局：
省府交通處：
台北縣政府：
萬里鄉公所：
(一)未來之各項建設，請配合自然景觀。
(二)建議考慮確保觀光資源及觀光事業之發展。
中規公司：
(一)同意負責補償陸軍北四八號碉堡所產之全部遷建[illegible]費。
(二)本案受影響之班哨及檢管站各一個，該公司不同意賠償，但同意將班哨內之衛兵崗哨向前遷移一百公尺，並負責所有遷建經費。

▲｜1984年2月8日臺北縣萬里鄉中規公司海豚表演館案會勘紀錄。（資料來源：「臺灣警備總司令部國防部後備指揮部檔案」。臺北：國家發展委員會檔案管理局藏 AA05140000C/0072/0553.4/3/0003，「臺北縣海岸管制」。）

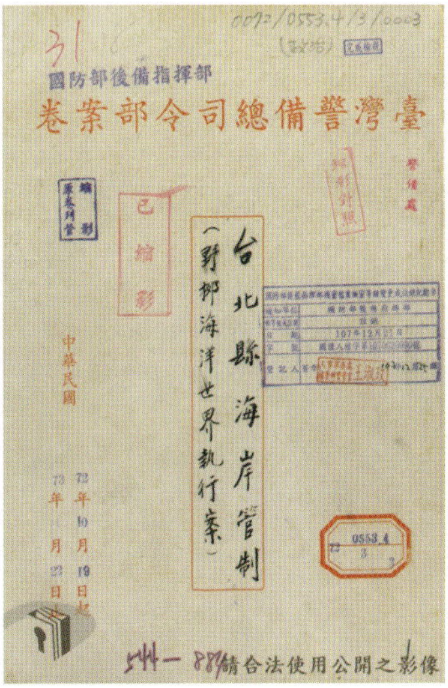

▲｜野柳海洋世界執行案。（資料來源：「臺灣警備總司令部國防部後備指揮部檔案」。臺北：國家發展委員會檔案管理局藏 AA05140000C/0072/0553.4/3/0003，「臺北縣海岸管制」。）

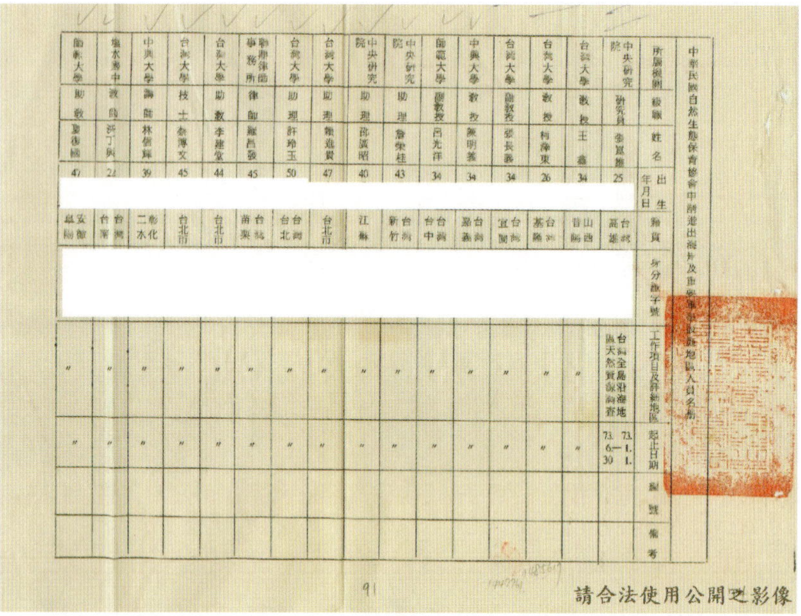
中華民國自然生態保育協會申請進出海岸及重要軍事設施地區人員名冊

所屬機關	級職	姓名	出生年月日	籍貫	身分證字號	工作項目及許可地區	起止日期	編號	備考
中央研究院	研究員	張崑雄	25 [redacted]	台灣高雄	[redacted]	台灣全島沿海地區天然資源調查	73.1.1.—73.6.30		
台灣大學	教授	王鑫	34	山西晉陽		〃	〃		
台灣大學	教授	柯澤東	26	台灣基隆		〃	〃		
台灣大學	副教授	張長義	34	台灣宜蘭		〃	〃		
中興大學	教授	陳明義	34	台灣嘉義		〃	〃		
師範大學	副教授	呂光洋	34	台灣台中		〃	〃		
中央研究院	助理	詹榮桂	43	台灣新竹		〃	〃		
中央研究院	助理	邵廣昭	40	江蘇		〃	〃		
台灣大學	助理	賴進貴	47	台北市		〃	〃		
台灣大學	助理	許玲玉	50	台灣台北		〃	〃		
聯鼎律師事務所	律師	羅昌發	45	台灣苗栗		〃	〃		
台灣大學	助教	李建堂	44	台北市		〃	〃		
台灣大學	技士	蔡博文	45	台北市		〃	〃		
中興大學	講師	林信輝	39	彰化二水		〃	〃		
塩水國中	教師	洪丁興	24	台灣台南		〃	〃		
師範大學	助教	夏復國	47	安徽巢縣		〃	〃		

請合法使用公開之影像

▲｜1984 年 2 月自然生態保育協會提出的人員名冊。（資料來源：「臺灣警備總司令部國防部後備指揮部檔案」。臺北：國家發展委員會檔案管理局藏 AA05140000C/0073/0553.4/32/0003，「海岸線安全狀況調查資料」。）

函轉北區警備司令部，協調有關單位一起會勘，研擬「海豚表演館是否影響軍事設施及防務安全」，再與國防部作戰參謀次長室等單位開會研商。由會勘紀錄可知，除中規公司本身，還涉及觀光行政部門、地方政府，警備總司令部總部、北區警部，警備一總隊、三大隊、七中隊，以及陸軍總部、關渡師、二二六師淡海旅與第八營等保安與軍方部門；單位之多，讓人咋舌。

再舉一例，一九八四年二月，自然生態協會為了對全島海岸從事天然資源現況調查，具文向警備總部提出申請，同時提交「進出海岸及重要軍事設施地區人員名冊」。細看名冊，今日所知生態保育界的重要學者幾乎盡在其中；[5]可見即使確認是學術調查，也必須自證清白。

5. 即中央研究院張崑雄、詹榮桂、邵廣昭，臺灣大學王鑫、柯澤東、張長義、李建堂、蔡博文、賴進貴、許玲玉，中興大學陳明義、林信輝，臺灣師範大學呂光洋、夏復國，以及律師羅昌發、國中教師洪丁興。

長期的戒嚴，封鎖的海岸，正是臺灣人的共同經驗，這是當我們在思考海岸型地質公園——如野柳這種場域的人文性時，絕對不能忽略的歷史脈絡。

4、冷戰格局．觀光轉型

一九五〇年代，全球以美國、蘇俄為首的兩大國家陣營，進入冷戰對立的局勢。韓戰期間，因為美軍第七艦隊協防而在臺灣立穩腳步的中華民國政府，無論外交、軍事或經濟發展，都深度倚賴與美國的關係。當此之時，政府一方面更加鞏固威權體制，如基於治安整備的角度，於三十個山地鄉所在的中央山地設立哨站，強化山地界線，施行山地管制，以阻隔反政府分子滲入山林。前述的海岸線封鎖，也是類似的思維與做法。換句話說，冷戰格局，強化了封山禁海的正當性。

但另一方面，一九五五年爆發的越戰，卻促使臺灣政府不得不調整封鎖政策，朝開放觀光的方向發展；以壯麗的山海美景，吸引西方人士來臺，既吸收外匯，也凸顯臺灣是自由民主國家或中國文化象徵的特性，以改善被西方國家視為軍事基地或戰區，以致裹足不前的危險形象。

配合政策的轉向，先由政商人士於一九五六年十一月籌組「臺灣省觀光事業協會」，臺灣省政府繼於十二月二十八日設立「觀光事業委員會」，擬訂計畫綱要，發布「臺灣旅行觀光事業實施辦法要點」、「風景區及旅社整理方案」等，由民間與官方共同提倡臺灣旅行觀光事業的發展，以加強經濟建設，促進國際友

台灣被外人誤爲戰區
觀光客多裹足
浦立科攷察後建議
盼我能夠保存國粹

基高碼頭工人工資
省府核准調整
十日開始實施

► 1960年11月5日《公論報》報導「臺灣被外人誤為戰區，觀光客多裹足。」

誼。當時，連行政院美援運用委員會在檢討業務時，也以「促進觀光事業」為項目，編列經費，交由民間的觀光協會、官方的觀光事業委員會，聯合辦理。長期來說，政府認為入境手續的簡化、旅遊景點的建設，促進駐越美軍來臺渡假，吸引一般觀光客，都有助於中美關係的強化。

在這種時代背景下，鐵桶似的管制，終於有限度的開放了。一九五八年，政府取消烏來、太魯閣、天祥、瑞穗溫泉、鯉魚潭、牡丹鄉、三地門、霧社、廬山、知本等地的管制，東埔溫泉、阿里山、紅葉溫泉、蘭嶼等處，也可以憑身分證申請進入。海岸地帶如金山野柳地區，在蔣介石總統親往視察下，也指出當地倚山面海、風景清幽，應該整理環境衛生，規劃為理想觀光地區；所以，相關單位針對道路鋪設、廁所衛生、垃圾清運、休憩場所等開始積極處理，還打算闢建海濱公園，吸引遊客觀覽。

首批渡假美軍

今自越來台

觀協呼籲・熱切接待

以廣招徠・勿抓大頭

【中央社臺北二十四日電】駐越南美軍從明天起將陸續來臺灣渡假。

據負責接待這些渡假美軍的單位透露：第一批來臺灣渡假的美軍六十人將於明天下午二時左右乘專機從越南直接飛來臺北，他們將在臺灣停留五天，以後每天有六十人來臺灣，因此來自越南的渡假美軍每天保持三百人左右。

有關單位表示：今後來臺渡假的美軍人數的增減，將看臺灣的渡假環境而定，如果他們認為在臺灣過的很舒服，來臺灣渡假的人數將會更多。

又據美軍協防臺灣司令部說：美軍來臺渡假的事，早已在進行，並不值得過份重視與宣揚，因為駐越美軍現在去菲律賓、韓國、日本、琉球等地渡假的也很多。

省警務處今天呼籲全省各遊樂場所，要注重衛生，公道與禮貌，使來臺渡假的外國友人獲得良好印象，維持中國傳統的美德。

【本報訊】台灣觀光協會對於駐越美軍來台灣渡假昨（廿四

▲｜1965 年 11 月 25 日《公論報》「首批渡假美軍今自越來臺」。

美報報導

我國觀光事業發達

【中央社紐約十九日專電】「星期紐約時報」昨天出現一篇介紹臺灣的圖文併茂的文章，將臺灣形容為「對美國觀光遊客具有無比吸引力的美麗海島」。

紐約時報駐香港記者杜平的夫人的這篇介紹臺灣風光的文章，整整佔去紐約時報「遊樂」版的半幅版面。文章的題目是：「臺灣的中國風光」

中華民國的堅強據點——臺灣——在繁之榮餘正在向遊客招手」。

這位曾於上月初借同她的外子訪問臺灣的作者說：「為了配合預期中遊客的大量增加，臺灣觀光協會以及其他政府與私人觀光事業促進機構，已經擬訂各種詳細的發展觀光事業計劃。」她舉例說：「石門水庫附近一帶，已經[illegible][illegible]與建新型旅館、電纜車、公園，以便招攬更多的遊客。」

◀｜1965 年 7 月 22 日《公論報》「美報報導我國觀光事業發達」。

一位伴隨蔣介石總統視察野柳軍事管制區的攝影師黃則修（一九三〇—二〇一四），驚豔於野柳地景的千奇百姿，自此利用與在地守軍的熟稔關係，偕同另一位大學生吳東興（一九三九—二〇二〇），多次前往野柳拍照。一九六二年十二月二十日，兩人在臺北市博愛路美而廉西餐廳舉辦攝影展「被遺忘的樂園」，引起轟動，也意外促成大眾親往野柳觀光的熱潮。[6]

絡繹於途的遊客，恐怕引起軍事單位的戒心了。一九六三年二月，臺北縣政府即以「興工整建野柳風景區」為名義，宣布「暫時禁止」遊客前來遊覽，以免發生危險。不僅如此，縣政府還強調「野柳風景區位於海岸地帶，為一海防禁區，尚未奉有關當局准予開放」；縣府只好一面整建，一面持續向有關當局申請開放。儘管有這般曲折，在發展觀光的國策下，得天獨厚的野柳，最後還是順利成為北海岸旅遊的重要景點。藝術家賞析野柳獨特的地景，紛紛前來攝影、寫生，甚至在漁村拍電影；只要是當年的學生，應該都參加過學校舉辦的北海一周，野柳也成為好幾代人難以忘懷的旅遊勝地。

▲｜黃則修以野柳燭臺石為封面的攝影專輯。

6. 多年後，吳東興如此自述：「當年與黃則修先生共同發表展出作品後，經媒體的報導，所造成轟動，讓隔天臺灣北海岸『野柳』即湧入二十多輛遊覽車，上千人前往這個臺灣默默無聞小漁村朝聖」。參見：吳東興・攝影・經典回顧 https://culture.skm.com.tw/ActEvent/Cweb/ActiveContent?MenuUUID=e4815d17-4d72-43cf-9f1a-a25376524cdc&ActUUID=c9a242f5-aada-4504-8959-7dac79dfde0a，2024/6/5 12:18PM 瀏覽。

四、解說資源・人文盤點

野柳住民與歷史演變的簡要回顧，如何落實到野柳地質公園的知識體系，甚或做為觀光景點的解說資源，是所謂「野柳學」能否成立的門檻之一。進入公園，觸眼所及，盡是地形、地質、植物與動物等自然要素；環繞公園的漁村港灣，在地社會的複雜人際網絡、寺廟祭儀、經濟活動等，似乎無法反映在認識公園的相關資料中。兩者如何結合？前文已試以一九五〇至一九六〇年代「封鎖的海岸」、「冷戰格局下的觀光旅遊」兩項要素，往前回溯；此段則落實到三種景物，做為向後連結的接點，進一步討論如何發展解說文本。

・崗哨堡壘背後的故事

園區仍保留海岸部隊的崗哨堡壘，但它的存在，卻似沒有故事的殘跡，遊客不曾為它停留駐足。然而，我們由戰後的「戒嚴管制」回溯日治時期「基隆要塞」的脈絡，腦海就會快速跳出「封鎖海岸」或「軍事地景」等關鍵字，而足以講述、體會野柳曾經做為軍事管制區的歷史。這樣的封鎖隔絕，又不只是野柳一地的特殊現象，而是戒嚴時代「山禁・海也禁」許多場所的共通經驗。

因此，野柳的崗哨堡壘，既有專屬於自己的故事，也能納入整體的北海岸封鎖線、甚至人稱「監獄島」[7]的大歷史敘說。當我們在燦爛陽光下摩娑觀覽陰暗的崗哨堡壘，必然更能感知解嚴後的開放自由，猶如眼前的海景一般壯闊，延伸向無盡的未來。

7. 白色恐怖受難者柯旗化曾在綠島坐監十餘年，「監獄島」是他對戒嚴時期臺灣的感受。參見：柯旗化（2002）。臺灣監獄島——柯旗化回憶錄。高雄：第一出版社。

野柳地質公園的崗哨堡壘。（攝影：詹素娟）

• 如何解讀林添禎紀念像？

林添禎（一九二六—一九六四），當年的臺北縣萬里鄉野柳在地人，平日是出海漁夫，假日則在遊客群聚的野柳景點販售飲食。一九六四年三月十八日，林添禎為救援失足落海的臺大學生，兩人皆不幸身亡。這個義勇救人的事蹟，曾經寫入國民小學教科書，一九六四年也改編成臺語電影《野柳義魂情難忘》，將故事搬上銀幕；當時的救國團總部，則籌資塑造鋼筋水泥紀念像，後來才改為今天所見的銅像，長久以來是園區一景。

一九六六年，吳鳳鄉長前往野柳考察，認為吳鳳鄉與萬里鄉有類似之處：前者有阿里山，後者有野柳，「聞名中外，一在山上、一在海濱，都是遊山玩水的樂土」；而阿里山有通事吳鳳殺身成仁，野柳則有漁民林添禎捨身取義，更是相互輝映，因此擬促成姊妹鄉的締結。此事似乎沒有下文，在山地與海岸同時開放觀光的一九六〇年代，卻是值得深思的時代註腳。時隔事變，曾被國家大力塑造為「仁愛」象徵的吳鳳，如今回歸清代的歷史煙塵；義人林添禎，則仍然矗立海岸，警醒世人注意腳下的安全。

▲｜林添禎紀念像。（攝影：詹素娟）

◀｜電塔影業公司 1964 年出品的《野柳義魂情難忘》海報。（資料來源：1964 年 10 月 27 日，《聯合報》。）

・請勿越線！

類似林添禎的故事，在海岸風景區屢屢發生，說明欣賞地景與人身安全必須兼顧的恆久議題。

一九六四年三月二十一日《徵信新聞報》報導：「人謀不臧出悲劇．安全管理需重視」，觀光協會也趕緊強調「應設立指標及救生設備」。野柳風景區管理單位更是分期施工，豎立標誌或設欄杆。然而，安全雖然很重要，有人則認為：「風景區是由石嶼構成，以天然的怪石景物取勝，不宜加添人工設備。石嶼三面臨海，如果全部建設欄杆，天然景物將悉被破壞，經費與技術亦有困難」。最後，主管機關決定在不破壞天然風景下，在危險地帶設置欄杆，警告遊客勿越界線。

如果注意園區目前標誌的紅線，即可看到「禁止越線」（No Crossing）的兩種考量：一是人身安全，警惕遊客不要為了貪看美景，跨越危險界線；另一則是地景保育的必要，千萬不要將歷經千年造就的地景，輕易踩在腳下。或許，就是一九六〇年代人士的美學，為後人保護了珍貴的地景吧！

▲｜保育，請勿越線！（攝影：詹素娟）

▲｜危險，請勿越線！（攝影：詹素娟）

五、凍結在地名中的歷史

野柳地質公園的成立與營運，必須立足在嚴謹的學術知識體系上，並自有一套地景命名與詮釋變化的學術語言。然而，對一般人來說，尤其是數代以來生活於野柳地區的在地人，也會自行發展出一套來自生活經驗的地景認知與命名，如地理學稱呼「野柳岬」，在地人則以擬態的語言習慣稱為

▲｜在地人林武雄的海域生活記憶（2019）。（資料來源：林武雄（2019）。野柳：阮ㄝ故鄉魔鬼岬。臺北：博客思。）

「野柳龜」。其他如象石、仙女鞋、龜頭小坪仔、海翁礁、豆腐角等，以及著名的女王頭，早就與學術語言混合為一，成為野柳地名不可分割的一部分了。

不僅如此，只有野柳人才知道、取材生活記憶與資源採集的地名，還有待調查記錄，讓地名系統更為豐富與在地化。在地人林武雄二〇一九年出版的《野柳：阮せ故鄉魔鬼岬》一書，除了描繪記憶中的海域場景，更臚列出各式各樣的地名；這些地名若能整併進入野柳地名系統，猶如原住民族以族語復振山川場所的傳統名稱，一定會更豐富我們對野柳人文意涵的瞭解。

•「野柳」如何成「學」？

本文以「野柳」為中心，從西荷、清代、日治到戰後的區域歷史連續性中，選擇北海岸廣域歷史中的兩項要素——「封鎖的海岸」、「冷戰格局下的觀光旅遊」，與進入野柳地質公園就能目視的「崗哨堡壘」、「林添禎紀念像」、「禁止越線」（No Crossing）等標誌，以及人們口中都能說上幾句的地景認知與命名——如女王頭、仙女鞋、豆腐石等耳熟能詳的名稱，逐一梳理、連結與轉化，做為人文解說的具象憑據，這也是導覽解說的基本要求。至於從眼見為憑的景物出發，回溯與想像未必遙遠的歷史異時空，則需要進階版的解說設計了。

透過具象，解說「看得見的歷史」，是「野柳」成「學」的第一步；超越具象，從岬灣地形下的聚落發展、海路顛簸下的陸路串聯、北海一日遊的景點連結等面向切入，探索「看不見的歷史」，則是「野柳學」概念化的開始。換句話說，將人文的時間視角帶入大自然的山川地景，讓觀光旅遊與在地歷史接榫，則「特殊地景」做為珍貴自然物的文化資產，[8] 也能彰顯鐫刻在地景紋理上的人文意涵。

野柳岬前段

1 大彎
2 山頂鄉丫
3 輕便車砰空
4 坑丫內
5 野柳爿坑丫
6 車頭（站）
7 車頭崎
8 土地廟丫
9 砰空口
10 平餅丫尾
11 碼頭丫
12 漁會
13 碼頭丫埕
14 村長（林）
15 車頭骹
16 坑丫口
17 坑丫口橋
18 日婆洞丫
19 野柳爿海砂埔
20 大楕骹
21 野柳爿坑丫頂
22 中坑啊
23 過嶺丫
24 嶺丫頂
25 嶺丫骹
26 崁頂山骹
27 春發丫叔（林）
28 過溝丫
29 大水窟
30 內坑丫
31 大石公
32 石啊尾
33 內澳丫
34 放屎石丫
35 電池間丫
36 檢查哨
37 頂頭尾
38 灰糟丫
39 新厝口
40 番丫園
41 野柳崎
42 井丫頭
43 阿川丫叔菸酒店
44 朝宗丫叔牆丫頭
45 內澳啊
46 港底硓砧花
47 硓砧尾
48 金亭
49 廟口埕
50 聖王公廟
51 廟墘
52 廟後
53 硓砧蔥
55 大石餅
56 土地公前
57 茭白條啊石
58 土地公廟
59 臭油棧
60 有應公廟丫
61 樹林丫
62 煙啊寮
63 大石骹
64 石梯丫骹
65 新澳啊
66 小餅丫頭
67 小餅丫尾
68 大樑山
69 石梯丫頂
70 後澳丫崎
71 後澳丫港
72 後澳丫社
73 龜屭骹
74 石炮台
75 戰車岩
76 龜屭尾
77 外礁啊
78 土地公後

野柳岬中段

1 小餅丫頂
2 山啊尾
3 離啊棧
4 王爺宮頂
5 王爺宮
6 冰淇淋石
7 石乳
8 番丫石角
9 王爺宮口
10 大餅頭
11 離啊棧窟啊
12 小餅丫底
13 籬丫棧底
14 女王頭
15 仙女鞋
16 地球石
17 大餅窟啊
18 瑪靈鳥石
19 大餅尾
20 龜頭崎
21 過龜印丫
22 籬丫棧口

野柳岬第三段

1 龜印丫骹
2 豆干丫尾
3 溜籠骹
4 腹堵崁
5 豆干石丫頭
6 大尻嚨空
7 騎石骹
8 紅魚丫空口
9 懸石骹
10 大骷骹
11 石牛
12 三塊石丫
13 戲籠石
14 死人空丫
15 龜頭小餅丫
16 白米甕
17 二十四孝山
18 龜娓丫尾
19 龜頭尾礁丫
20 龜頭溝
21 龜頭餅、跋死牛餅
22 海龜上岸
23 龜尻扉
24 瑪靈港丫口
25 瑪靈港丫
26 瑪靈港丫底
27 龜印丫石
28 溜籠崎頂
29 風剪
30 仙骹蹄
31 龜頭尾頂
32 煙啊罛

▲｜在地人林武雄對 1950 年代野柳岬地名的紀錄（2019）。（資料來源：林武雄〈2019〉。野柳：阮せ故鄉魔鬼岬。臺北：博客思。）

8. 依據《文化資產保存法》第 3 條對「有形文化資產的定義」，具保育自然價值之自然區域、特殊地形、地質現象、珍貴稀有植物及礦物等，只要經過指定或登錄，即屬「自然地景、自然紀念物」類的文化資產。

野柳的地景，刻寫著自然力量與人文痕跡的相互影響；奔放的海洋與閉鎖的海岸，充滿矛盾的張力，卻又涵融共構了野柳的全貌，這是建立島嶼臺灣環境觀的路徑嗎？我們如此期待。

▲｜奔放與閉鎖的海岸，充滿矛盾張力的野柳，期待是建立島嶼臺灣環境觀的路徑。（攝影：湯錦惠）

PART III
潮向世界
——永續的 觀光的 數位的

此處是陸地的終點，更是海洋的起點。
以「野柳學」開展景區生態保育，落實永續旅遊與數位觀光，
女王頭將自我超越，一圓人們心中的夢想，
奉獻一座臺灣的地質公園予全世界。

Chapter

09

擦亮北海岸——以國家風景區全面永續發展與數位轉型看野柳學

周永暉

在後疫情時代，永續議題的旅遊目的地與資訊應用的數位轉型，成為當前重要課題。二〇〇七年臺灣高鐵通車，是繼西部縱貫鐵路完工及台鐵「飛快車」行駛大幅縮短臺灣南北交通時間後，臺灣鐵道空間的第三次變革。同時，智慧型手機問世，大幅改變原有旅遊型態。大家所熟悉的 ESG 永續目標的實踐，即是二〇〇五年聯合國特別呼籲倡議之課題。

隔了十年之後，二〇一五年聯合國覺得更應重視此事，以 SDGs 為基準，提出了十七項非常重要的永續發展目標（可參考本書第一章）。二〇二〇至二〇二三年，受全球疫情衝擊，促進永續發展的核心課題，成為各國建構世界綠色旅遊目的地的重要指標。為使臺灣觀光接軌國際，以更宏觀的視野做為國家風景區推動發展的綱領，本文以「野柳學」倡議地質公園，正是企盼在此宏觀思維下，開創出景區經濟學的新典範。[1]

1. 2023 年 9 月 15 日觀光署組改後，期使以更宏觀的作為綱領與努力方向推動國家風景區。

一、如大樹般的永續生態網——導入 ESG、SDGs 等價值鏈，全面衡平發展

臺灣澎湖是世界最美麗海灣組織的會員國，回顧二〇一八年，世界最美麗海灣組織年會即在澎湖舉辦。做為一個海洋國家，擁有如澎湖般的美麗群島，我們該如何因應全球趨勢，實踐二〇五〇淨零排放及強化與世界的連結？

以國家風景區的發展來看，有兩個重要元素，一個是永續，一個是數位。以小琉球為例，小琉球是一個珊瑚礁島嶼，在地青年以海灘貨幣維繫實踐了永續、環保及低碳旅遊。然而，疫情期間，由於國人無法出國旅行，小琉球成了國人的最愛，反而因此產生遊客過多、旅遊負面新聞不斷的窘境。這促使我們需要重新思考分流管理與環境承載的課題。

思考永續議題時，我們必須以身為地球村的一分子承擔重建全球願景、重啟旅遊業的責任，並將願景轉化成行動（Transforming Vision Into Action）。聯

澎湖是世界最美麗海灣。此圖為七美龍埕海岸。（攝影：許震唐）

合國世界觀光組織（簡稱UNWTO，或稱世界旅遊組織）認為，後疫情時代「恢復旅遊產業七大優先事項」中的第七項，即是「創新與永續將成為新常態」（Innovation and Sustainability as the new normal），呼籲各國重新界定旅遊承載量與進行有效的旅遊目的地管理，透過強化在地價值與旅遊監測資料，建立更永續與負責任的旅遊部門。在這一波疫情衝擊下，也加速全世界對於旅遊產業在永續方向的落實與要求。

ESG永續發展議題，包括1、環境保護（Environment）：碳排、能源與水資源、原物料、汙染防治（氣體、廢棄物）等。2、社會責任（Social）：員工健康與安全、員工福利與培訓發展、社會公益慈善等。3、公司治理（Governance）：商業透明度、企業行為（法律規章、倫理）、董監事會功能、風險管控等。

▲｜小琉球是疫情後國人最愛的旅遊景點之一。圖為著名的花瓶石。
（圖片來源：©By Koika - Own work, Commons Wikimedia Public Domain.）

前述 ESG 倡議下，考量經濟、社會與環境影響後，必須落實遊客、產業、環境與當地社區需求，衡平發展利他且利己的營運模式。若想再一次恢復疫情前經濟榮景，必須求新求變。

臺灣歷經一百年才建構完成環島鐵路，如今亦擁有環島公路，並將鐵道、步道、鐵馬道等交通網絡串聯，正是邁向淨零政策的正確方向。ESG 主要意涵與 AI 人工智慧（Artificial Intelligence）之間的互動關係，須強調以人為本，並落實安全管理，包括國家風景區、國家公園、森林遊樂區，皆是重要課題。

ESG 推動步驟有三部曲，第一是具有永續指標的觀光遊程；第二是所設計的關鍵觀光活動，包括食、宿、遊、購、行等重要的元素，必須與當地資源系統、居民、關係人連結；第三是最重要的盤點，即盤整自

永續發展脈絡

1999 年	CSR 倡議	落實全球為永續發展共同追求的理念	CSR（企業社會責任）概念普及，企業開始公開企業永續報告書。
2005 年	ESG 起源	在永續發展理念下制定的檢驗標準	聯合國（Who Cares Wins）報告，企業應將環境（Environment）、社會（Social）、公司治理（Governance）三項指標納入企業營運評量。
2015 年	SDGs 永續發展目標	聯合國為解決環境及人類發展問題提出，與 ESG 相輔相成	17 項永續發展目標，包含 169 條細項、230 個參考指標。
2018 年	IPCC (Intergovernmental Panel on Climate Change)，聯合國政府間氣候變化專門委員會建議	2050 年達成淨零碳排目標	我國於 2022 年 3 月公布「臺灣 2050 淨零排放路徑及策略總說明」。

然資產。換言之，永續發展是一個價值鏈，受到全球溫室氣體必須減量的影響，對於生態保育跟環境保護要更為重視，國家公園、地質公園，或是國家風景區等，都應該要掌握這方面的績效量度，包括自然資源、文化資源與商務旅遊。

為使環境與經濟、社會共存共榮，我們可以將永續發展的課題視為一棵樹，它擁有永續的環境、永續的產業、永續的產品、永續的經濟，並需要有觀光亮點的優質景點。如何打造更好的永續環境衡平發展，有下列三項努力課題：

- **1、重視對觀光旅遊發展需求的強烈性：**驅動全球經濟復甦、建立復原力，支持產業依存。
- **2、創造機會，突破地緣困境：**面臨地緣政治緊張、人力短缺等不斷變動的困難營運條件下，必須創造出新的機

世界永續觀光指標性量度示意

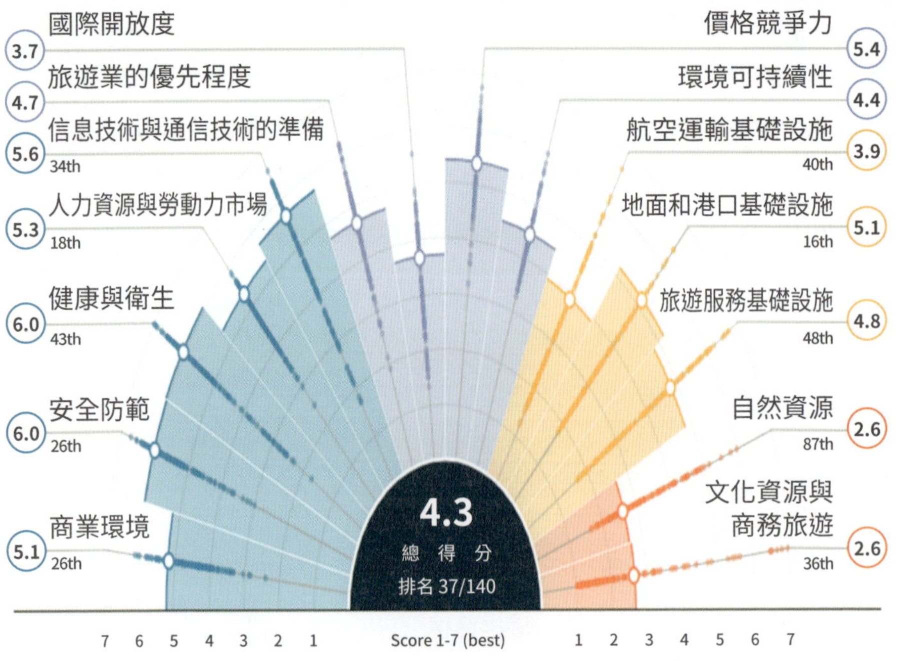

此圖可看出 14 項指標做為世界永續觀光指標量度，其中特別納入自然資源、文化資源與商務旅遊兩項。（資料來源：世界經濟論壇 WEF〈World Economic Forum〉公布 2019 年《全球旅遊及觀光競爭力報告》）

會，以因應需求，如自然環境旅遊、數位旅遊、部落旅遊、商務休閒旅遊。

- **3、恢復及加速國境的開放：**強化旅遊健康及安全的信心、數位技術投資等發展策略，建立更具包容性、韌性及彈性的產業。

二、野柳學——以地質公園建構起國家風景區海洋觀光新方向

野柳地質公園位於北海岸重要樞紐位置，因此，海洋觀光與地質公園發展息息相關。海洋觀光可概分為四大領域，第一是跳島旅遊，第二是海灣旅遊，第三是沿岸觀光，第四是郵輪旅遊。郵輪旅遊是後疫情時代一個非常重要的旅行選項。在郵輪方面，涉及四個領域，一是輪船、二是航線、三是港口（碼頭、港埠）、

▲｜野柳地質公園的在地特色成為國家入口意象。（圖片來源：觀光署）

四是遊程。輪船上各式規劃及上岸後的路上遊程，十分重要，在地體驗更是郵輪旅行中需要聚焦探討的課題。因此，以野柳為例，地質公園的在地特色就成為引領觀光體驗與吸引遊客的重要國家入口意象。

以野柳學而言，郵輪議題須考慮如何善用基隆港。基隆港是臺灣的母港，若能將地質公園以和平島為起點，串聯野柳，再延伸至白沙灣，即能將北海岸的帶狀遊程清楚勾勒。二〇一六年，基隆市政府將和平島移撥給交通部觀光署前身交通部觀光局管理。當時在思考如何將其成功轉型期間，特別注意到韓國濟州島的成功經驗。和平島轉型成一個重要的觀光旅遊島嶼，應善用郵輪旅遊引客到基隆港的優勢，並搭配和平島與北海岸串聯的旅遊廊帶，形成一套完整的脈絡。

經濟學人期刊（二〇二二年）特別指出，估計二〇二五年各國才能恢復到疫情前的旅遊情境，較樂觀則是在二〇二四年。觀光產業扮演了全球經

濟復甦非常重要的驅動力之一，想要強化經濟，觀光旅遊的復原力是重要一環。除這項復原力外，未來各相關產業的依存程度會越來越高。

在不斷變動的需求之下，需要創造更多機會，而這些機會歸納起來有四大方向，都與地質公園關係密切。一、後疫情時代自然環境的旅遊會越來越受重視，而且會變成主流；二、數位旅遊；三、部落旅遊；四、順道旅遊，也就是工作者出差後再以休假方式在當地旅行，亦即出差後的旅遊。因此，在數位技術導入之下，要建立更明確的發展策略，具有包容性、韌性及彈性。國家景區的永續發展和數位轉型理念，不僅是全球的觀光發展趨勢，更是臺灣觀光與國際接軌的重要作為。

►｜北海岸的和平島透過永續實踐，逐漸轉型，打開旅人們通往阿拉寶灣祕境的道路。（圖片來源：觀光署）

▲｜後疫情時代，自然環境的旅遊會越來越受重視。（圖片來源：觀光署）

三、風景區經營活用數位轉型是時代趨勢

倡議國家風景區的數位轉型已成為當前顯學。以AI技術促進數據活用及提升生產力，建立數位平臺與進行業務流程之改革等，對於擁有地質公園要件的國家公園或國家風景區，深具重要意義。

數位化普及的浪潮下，景區可透過高效能數位化工具，達到智慧化管理的理想。過去景區在追求智慧（smart）過程中受限軟、硬體條件無法普及，但在數位（digital）普及要件下，透過數位轉型，將可逐步帶動、成就智慧景區的理想。

1、數位交通有助於提升遊客旅遊規劃與管理

二〇二一年歐盟規定，距離在兩百五十公里以內的行旅不搭飛機、改搭鐵路。這顯示低碳旅遊的時代來臨。

臺灣持續推出Taiwan Pass，從城市觀光的角度希望能實現將食、宿、遊、購、行結合，甚至有

（資料來源：觀光署。重製：吳貞儒）

朝一日將台鐵、高鐵、林鐵、糖鐵，以及臺北捷運、新北捷運、桃園捷運、臺中捷運、高雄捷運等五個捷運結合；加上臺灣好行、幸福巴士、臺灣觀巴等，全面串接，達成交通部推動的MaaS（Mobility as a Service）。這是智慧交通運輸系統（ITS）的一部分，也是世界各國以數位平臺建立旅遊服務的重要課題。

在全球發展中，日本鐵道系統相當積極，以JR東日本公司為例，除經營鐵道運輸外，亦擴及旅行社、旅館業等。為能更智慧化的服務，以二十四小時One-stop規劃設計為例，從旅客一天的起床開始，經歷一整天活動再回到床上睡覺的sleeping to sleeping，徹底改變了我們過去開車是從家裡的門到另外一個門的door to door（及戶運輸）型態、或是鐵道車站到車站的train station to train station概念。這項二十四小時One-stop案例，說明了數位時代的來臨。

2、創新服務系統有助於數位景區發展

創新與永續是觀光旅遊的新常態，數位創新服務的建置是風景區的首要發展。數位系統除了計算基本人流、車流，也需要智慧型的示警系統，打造更好的公車環境及智慧停車管理，並提供多語言導覽。以目前熱門風景區為例，設置電子看板或是互動影音，已獲得很好的評價。野柳遊客中心已開始使用AI翻譯器，對於不同國家提供不同語言的服務，外國旅客與在地服務人員透過螢幕可彼此做即時翻譯。此外，以即時影像掌控虛實整合的互動，也就是AI及AR運用，透過大數據分析掌握需求，可打造北海岸沿線地區旅遊景點魅力和提升集客力，皆有利於線上的旅遊產品開發及銷售。

3、旅遊景區開發模式發展

PDCA（全稱為Plan，規劃；Do，執行；Check，查核；Action，處置）這套系統學，是對於旅行前、旅行中、旅行後的回饋。對一個管理者而言，顧客的回饋其實是正向思考，使此循環不斷精進。依據郭亞軍及曹卓編著的《旅遊景區運營管理》指出[2]，景區發展按資源、區位等綜合要件，可劃分出五個旅遊資源開發模式：

- **1、全方位開發模式：**景區價值高，區位優越，擁有發展旅遊業良好的觀光經濟條件，以及優勢明顯的旅遊目的地，屬於適合全方位景區開發者。豐富多元的旅遊活動，從食、宿、遊、購、行，滿足旅遊者的需求。
- **2、重點開發模式：**旅遊資源地的資源很豐富，地理區位普通，地方經濟發展有限者。由於受到地方經濟條件限制，缺乏發展旅遊業所必需的開發資金，因此，這類旅遊目的地需要積極爭取資金挹注。受市場歡迎的旅遊資源列入重點項目，包括改善交通條件，提升旅遊目的地的可及性，並搭配完善旅遊服務配套設施，來提高旅遊服務發展。
- **3、特色開發模式：**旅遊資源的條件不錯，但地理區位屬於偏鄉型態，經濟條件差及交通條件差，導致旅遊資源開發成本加大。這類旅遊資源大多處於未開發或初步開發狀態，其開發的關鍵在於改善進出交通條件，再選擇開發一些高品味、有特色的旅遊資源，並逐步提升服務接待設施，進而培育和改善旅遊發展的環境和條件。
- **4、參與性遊樂開發模式：**旅遊資源條件差，但地方旅遊經濟發展佳，具有發展旅遊業的社會經濟基礎，惟缺乏高品質的旅遊資源。此類要注重利用現有旅遊資源，研究開發娛樂型、享受型、高消費型的項目。例如，參與性較強的主題公園類等人工旅遊景區點、遊樂園區、遊樂天堂等。

- **5、稀少性開發模式：**旅遊資源價值無明顯優勢，在旅遊資源開發時，要注意對旅遊資源進行分級評價，重點開發周邊市場所缺少且可能受遊客歡迎的旅遊資源項目，創造區域內旅遊產品差異性，並進一步改善區位交通條件，提高旅遊服務及市場占有率，同時加強對外宣傳和促銷，逐步樹立鮮明的旅遊形象。

在數位技術導入之下，國家景區的永續發展要有更明確的策略，更具包容性及韌性。這不僅是全球的觀光發展趨勢，更是臺灣觀光與國際接軌的重要作為。

四、國家風景區的躍進政策

社會經濟發展中，觀光產業從地區性聯盟轉型（Alliance Transformation，簡稱 AX），到品牌轉型（Brand Transformation，簡稱 BX）的活化，再到消費者轉型（Customer Transformation，簡稱 CX），現在全球進入數位轉型（Digital Transformation，簡稱 DX）。[3] 疫後數位轉型成為當務之急，景區科技管理更需要以行政管理科技化為基礎加以建構。

觀光署所轄十三個國家風景區管理處持續精進作為，應用雙 A（AI、AR）與雙 B（Big Data 及區塊鏈 Block Chain）等科技，逐年設置即時影像，包括北海岸暨觀音山、縱谷處、東管處及參山處（梨山、獅頭山、八卦山）等皆新增建完成。觀光署在數位轉型的智慧景區將會有兩大系統，其一是大數

2. 郭亞軍、曹卓編（2017）。旅遊景區運營管理。新竹：清華大學出版社。
3. 日本觀光廳觀光白皮書（2021）。日本觀光廳。

據分析系統，其二是景區資訊管理系統，又稱為指揮系統，這兩大系統將成立專案辦公室（PMO）來推動低碳旅遊，結合綠色旅遊與智慧旅行，以永續觀光衡平發展的架構達成善用科技、貼心服務；更希望以環境保護、經濟效益、社會影響，以及國際接軌做為重要目標。

觀光景區經濟學用微觀（Micro）與宏觀（Macro）方式來行銷，透過建構影音銀行的數位分身及數位平臺品牌成就智慧景區，也是AIoT智慧物聯網的應用，其中涵蓋安全管理一環，例如：雨天路滑意外跌倒的偵測，或是公廁的衛生紙不夠的偵測等，更多、更智慧的運用還包括清掃、氣味偵測或廁所使用中等。即使是小小的公廁，也成為發展觀光的重要環節。

以花東縱谷為例，智慧景區的管理平臺將人流偵測、車流偵測以及第三方偵測電子地圖，透過資料庫（Database）與API加以應用，如今鯉魚潭、赤柯山、六十石山，大坡池及鹿野高臺等處，都導入了人流車流的管理與預警系統；手機網路信令探偵（Cellular-based Vehicle Probe，CVP）的資料介接，能夠更好的掌控旅遊過程前、中、後三面向。關於景區數位化若能有效掌控車流及人潮，以及數據的應用，才能做好最全面適當的管理。

再以和平島地質公園成果為例，透過「實踐打開通往阿拉寶灣祕境的道路」，榮獲全球百大綠色目的地的參賽故事獎，充分顯示臺灣旅遊極具潛力。此外，東海岸的景區數位轉型略有雛型。現今綠島管理站與文化部合作，定調用自然（Nature）、人文、海洋三大主題，在白色恐怖故事地點，加以活化，並展開第一人稱的旅遊模式，用三六〇度的影片、七二〇度的環景空拍方式呈現；同時盤整綠島八大景點，用雙語方式行銷，包括綠島燈塔，配合「燈塔觀光」特色，安排水下潛水活動，並以國際級VR體驗島嶼特色，使觀者得到即時感受。

回到野柳。北海岸暨觀音山國家風景區管理處以此區為核心，整備環境、輔導產業、行銷國際，希望建構出一個食、宿、遊、購、行的景區，深化在地經營，連結沿線翡翠灣、中角灣、白沙灣及淺水灣，形塑跨域共享品牌，例如舉辦 Formosa 藝術季與朱銘美術館的合作行銷推廣等。

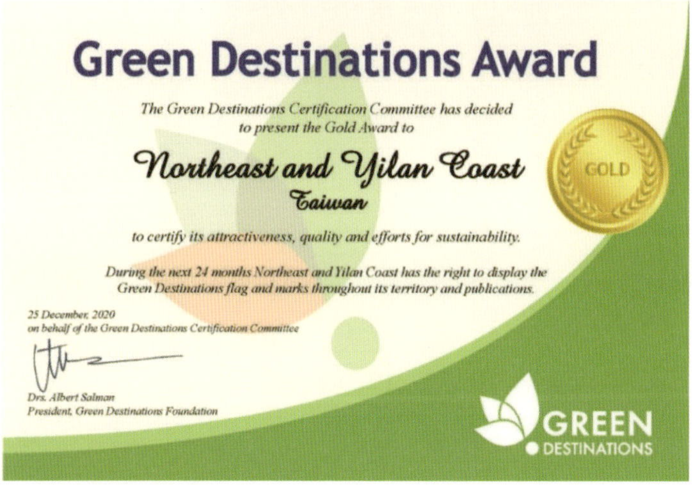

▲｜野柳永續發展精神指標：女王頭。（圖片來源：觀光署）
▼｜東北角的鼻頭角廢棄營區獲獎個案。（圖片來源：觀光署）

國家風景區管理處與國家公園管理處應有效鏈結與密切合作。二〇二三年全球百大景點旅遊目的地故事獎，臺灣榮獲六個，分別是澎湖、日月潭、東北角、東海岸、雲嘉南及北觀。以環保為故事核心，例如澎湖石滬的保存，透過傳統捕魚法變身為文化資產發展觀光；東北角的鼻頭角則是使用廢棄營區再生等。二〇二四及二〇二五年，北海岸、東海岸、日月潭、阿里山及澎湖皆列入優先執行建構智慧景區的國家風景區，其中含納了地質公園的海岸型與島嶼型。

澎湖，具備海岸型與島嶼型地質公園特色。十六世紀當葡萄牙人首見臺灣，稱 Formosa 美麗之島時，也看到了澎湖，稱它為 Pescadores 漁夫之島。它具有與美國的夏威夷、日本的沖繩（Okinawa）、韓國的濟州島，以及越南的富國島等地同等重要的價值。在數位行銷下，跨海大橋漁翁之島（西嶼）的大菓葉及鯨魚洞等地質公園，假以時日將能與北海岸的野柳同為地質公園的國際亮點。

用心在地、榮耀臺灣。若能以永續發展與數位轉型為新願景，做好品牌治理，創新培力，善用科技，相信野柳和各地地質公園、風景區，都能開創臺灣永續發展的新未來。

臺灣觀光永續發展與數位轉型願景方向

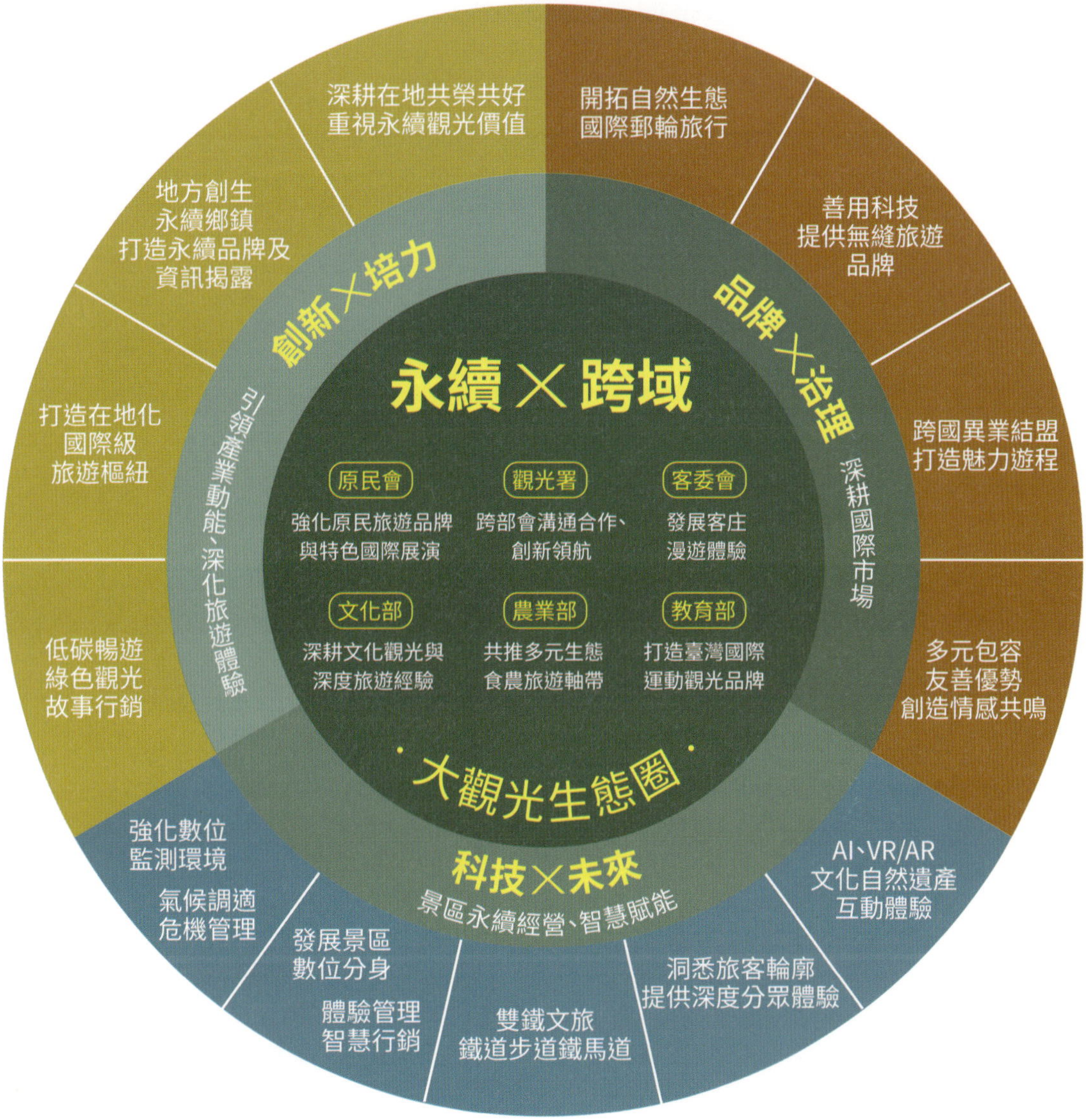

以永續、跨域為目標，深耕國際市場、引領產業動能與深化旅遊體驗、景區永續經營與智慧賦能，期可打造大觀光生態圈。（圖片來源：觀光署）

二、澎湖國家風景區管理處

#故事主題：探索澎湖納斯卡線——守護石滬
#參賽類別：文化與傳統

吉貝嶼位於澎湖本島北方約 5.5 公里，四周有石滬群和珊瑚礁地形。先民靠長期觀察潮流、魚群洄游的特性及就地汲取石材，以砌疊技術建造石滬，建構具有永續生態的捕魚方法。據調查，全澎湖縣石滬 609 座，滬堤總長約 133.1 公里，吉貝最早的石滬始建於約 1700 年，計有 101 座、長度約 22.4 公里，其數量與分布密度稱冠全縣，且其造型為澎湖石滬的樣版，因此有「石滬的故鄉」美譽。然而隨著技術變遷，石滬不再是漁民捕魚的主要方式，導致石滬逐漸沒落。

為保存吉貝石滬群的文化永續性，縣政府持續辦理修復計畫，維護石滬滬體（2016-2022 年期間已完成修復石滬 37 座，長度約 7.5 公里），而澎管處則從 2013 年起透過不同形式的石滬文化推廣教育，讓在地人、石滬與遊客產生新的連結，以達守護石滬文化之目標。除了培育石滬環境教育助理師資（2023 年已達 17 位），並以「澎湖石滬季」做為文化旅遊品牌行銷，透過在地人的石滬解說強化旅遊深度，為吉貝社區與觀光業帶來整體經濟產值（估計約新臺幣 200 萬元）。師資培訓整合文化觀光的行動，間接強化了石滬硬體的保存，而在地修滬的老匠師與社區工班人力，也因此有餘力持續每年投入修滬工作。

2023 全球百大景點旅遊目的地故事獎
(2023 Green Destinations Top 100 Stories)

百大景點旅遊目的地故事獎項是由荷蘭非營利組織「綠色目的地基金會」(Green Destinations Foundation) 自 2014 年開始舉辦，該獎項也與柏林 ITB 國際旅展合作，透過目的地永續故事的實踐經驗與成果分享，促成跨國的交流與學習。參賽者在通過第一輪的永續基礎準則評鑑後，方能進入第二輪「優良實踐故事評選」(Good Practice Stories)，而評比標準除了永續行動實際內容外，更包含完整性、永續性、有效性、創新度、可仿效性與過程中的具體數據的呈現。

2023 年全球綠色目的地年會 (Global Green Destinations Day Conference) 在歐洲綠色之都愛沙尼亞塔林 (Tallinn, Estonia) 盛大舉辦，並於晚會頒發「2023 全球百大景點旅遊目的地故事獎」，臺灣共計 6 個國家風景區管理處加入綠色目的地比賽與認證計畫，並全數獲獎。

一、東北角及宜蘭海岸國家風景區管理處

#故事主題：鼻頭角廢棄營舍改造帶來的轉變
#參賽類別：商業與行銷

鼻頭角位於臺灣東北角地區的海岬，具特殊的地質景觀、豐富的生態及漁港海鮮。有一個自 2000 年後閒置的廢棄軍營位於山腰步道旁，常有健行遊客經過。為振興地區發展，讓閒置空間發揮觀光效益，並且提供健行遊客休憩所需服務，管理處執行鼻頭角廢棄營舍改造計畫，進行低環境衝擊的工程整建為賣店空間，並承租給民間經營再利用，創造在地工作機會。

疫情期間，為避免業者裁員，減免業者租金，成功協助承租業者挺過疫情，也避免了疫後全臺大缺工的問題。而鼻頭營區改造實例，榮獲 2021 年國家卓越建設獎 – 最佳環境文化類 – 文化資產修復保存再生利用類。

四、雲嘉南濱海國家風景區管理處

＃故事主題：與水共舞——颱風過後重現的溼地與治水
＃參賽類別：自然與景觀

在雲林口湖鄉的東南方，原本有座農場，大面積種植甘蔗，是當地重要經濟來源之一。1986 年因韋恩颱風來襲，引發大量海水倒灌，又因為地層下陷數十年，嚴重積水無法消退，導致農場土地因長時淹水，鹽化嚴重而無法耕種，如今變成湖泊與溼地。居民因而喪失工作機會及經濟收入，現今多剩年長者居住。

為解決長期水患問題，雲管處透過友善工程把積水湖泊改造成生態滯洪池，保留原有大面積生態棲地，迴避高度敏感區環境，適度在週邊增設環湖親水平臺、賞鳥亭、導覽解說牌、環湖步道、自行車道及無障礙坡道等基礎設施，進行環境教育工作。而因應夜間活動需求，只設置景觀矮燈、不設高燈，降低對生物棲息的影響。此外，也在低敏感區興建口湖遊客中心，委託當地組織「金湖休閒農業發展協會」經營，提供導覽解說、主題遊程、體驗撈蝦摸蛤、在地風味餐及販售在地農漁產伴手禮，讓在地居民有更多的工作機會；利害關係人（口湖鄉公所、在地工作室）也加入宣導行列，把淨灘所撿到的廢棄物再利用，讓農場舊辦公室改裝成大型裝置藝術。

三、日月潭國家風景區管理處

＃故事主題：導引部落朝永續旅遊方向前進——林道下的新契機
＃參賽類別：文化與傳統

日管處近年來努力推動永續觀光，期許大家在旅行過程中一起做個負責任的旅人，讓日月潭的美景能夠青春永駐。為此，2023 年特別與在地業者合作，啟動了循環杯免費借用計畫，也推出減廢主題的旅遊商品，宣傳在旅遊過程中實踐減少一次性垃圾的產出，對在地邵族傳統文化有更深刻的認識。

緊臨日月潭的後方有四個布農族部落，當地稱丹大布農四部落，地理位置偏僻、交通較不便。為了協助部落文化推廣，讓遊客可進入部落走訪，增加部落的經濟收入，日管處與其他機關單位合作分工，從族人熟悉的生活場域（林道）中著手，結合大自然的產物 – 馬告，期待增加它的附加價值，例如從過往傳統料理時的香料，提升為香氛 DIY 產品。此外，配合不同季節與林道體驗串聯，推出有別以往的部落遊程，更讓遊客能體會負責任旅遊行為對日月潭的重要性。

六、北海岸及觀音山國家風景區管理處

＃故事主題：潮向祕境之路——透過永續實踐打開通往阿拉寶灣祕境的道路
＃參賽類別：目的地管理

和平島地質公園擁有海蝕平臺、豆腐岩、海蝕溝、海蝕崖、風化窗、海蝕洞、蕈狀岩等特殊地質地景，但也因緊臨砂頁岩互層陡峭海蝕崖，落石頻繁，導致曾被CNN 喻為全球 21 個最美日出景點的阿拉寶灣封閉了十多年之久。

2021 年起，北觀處與大學地質、生態學教授，以及在地經營團隊合作，結合落石監測、步道路徑計算與生態工法，針對易落石路段重新規劃路線，並以石籠工法建置生態步道。多孔隙的石籠步道建置後，持續進行生態監測，發現藻類慢慢恢復、生物多樣性也逐漸增加；另一方面，管理性的開放阿拉寶灣，設定總量，讓遊客在退潮前後時段進入，由在地志工進行導覽，或從事淨灘、觀賞日出、潮間帶觀察等體驗活動。

透過學術研究、專業科技的導入、生態工法的施作、在地經營團隊管理性的開放、地方導覽志工的參與，阿拉寶灣在安全的狀態下重新開放，潮間帶生物多樣性也逐漸提升，找回了最美的日出和遊客與在地居民臉上的笑靨。

五、東部海岸國家風景區管理處

#故事主題：臺灣東海岸「月光・海音樂會」──永續活動的實踐
#參賽類別：環境與氣候

東管處為了在東海岸推動深度藝術旅遊，並將在地文化、在地生活感和自然環境緊密連結，從 2015 年開始了東海岸大地藝術節，提出「閒暇哲學、觀光凝視、大地美學」三個核心理念，主張藝術與自然共生。第二年更融入音樂元素，在都歷遊客中心舉辦「月光・海音樂會」，從此成為東海岸的亮點活動。這個音樂會結合了東海岸獨特的月光海景、多元的音樂藝術表演、藝術市集和展覽等元素，展現東海岸文化的豐富與生活的簡單。

透過月光海做為平臺媒介，每年選擇 6 月到 9 月圓月緩緩升起的日子，舉辦月光海音樂會，以月光、天空與海洋做為舞臺背景，取代一次性舞臺輸出印製物，傳遞著月亮的祝福和珍愛大地的精神。同時，宣導環保（除自備個人用品外，市集攤商的徵選也優先考慮與友善環境之環保店家合作，不僅需要使用在地食材料理，也需採用友善環境的包裝產品）、尊重在地文化、愛護自然環境和回饋在地社區的理念，七年的累積與進化下，永續元素已融為月光海音樂活動的 DNA。

Chapter 10

人與溫度的流動——

野柳學在未來觀光發展的新作為，以美國國家公園推展旅遊為借鏡

施照輝

當AI人工智慧、生成式AI、各式AI服務平臺、ChatGPT 4.0、大數據等等詞彙無所不在，運用新科技，提升營運效能，順應時代新趨勢，理所當然。Covid-19衝擊全球觀光旅遊業，市場經過擾動後形成一種新常態（New Normal）旅遊——在需求本質上產生改變。

數位生活來臨，工作、休閒幾乎離不開電腦網路。現代人工作壓力大，相對需要更高強度的休閒生活來釋放、舒緩身心靈的壓力。於是，訴求各類休閒興趣的主題式遊程、瑜伽健身運動風、極限運動挑戰風、心靈成長療癒風、動漫COSPLAY展（妝扮後成為非現實的我），甚至是國際巨星演唱會，都大受民眾青睞，帶動經濟。我們不難發現，休閒的比重增加了，內容與型態也改變。不變的是，觀光產品有著人與溫度的流動，無可取代。

筆者服務於觀光單位卅年，從地方政府風景特定區管理所、單一景點經營（野柳風景區）到國家風景區旅遊線，並派駐美國加州洛杉磯辦事處服務七年，希望以此經驗，從國外看國內，借鏡美國主流社會的思維與做法，提供國內、特別是野柳地質公園面對不同問題的思考角度與可能解決之道。

野柳地質公園當下有什麼問題？未來課題為何（中長期或發展中）？當全世界都在爭取觀光客，野柳需要什麼創新？

▲｜野柳記憶對您來說是什麼呢？（攝影：洪耀東）

一、建構新的旅遊記憶點

「改變」其實就是一種創新，用新的經驗、累積一定的信心、解決新的問題。[1] 野柳地質公園自一九九五年委外經營迄今，將近三十年。大疫過後，或許正是重新思考如何在國際旅遊市場找到新定位的良機，包括開發新產品構想、尋求對應的消費客群與運用數位網站集客式行銷（Inbound marketing）等，希望能開創野柳地質公園新局。

沒有經歷過殘酷的市場考驗，都只是紙上談兵。成功沒有偶然，勇敢嘗試並擁抱失敗，才能萃取出成功關鍵因素，逐一修正、累積，終會有所成。

筆者認為，野柳當下可以著力的改變，是建構新的「旅遊記憶點」。什麼是記憶（Memorize）？與記得（Remember）有何不同？旅遊記憶點又是什麼？

記憶與記得最大的區別在於不需用力。國外網站Buzzfeed曾票選三十三個生命的重要時刻。[2] 人生如列車，隨著成長不斷往前行駛，當打開第一份薪水袋、第一次獨自開車上路、與閨密摯友一段旅行、去做一件自己覺得不可能的事、與家人一段旅遊、與大自然對話、畢業、結婚、生子、辭職那天等，這些都是歷歷在目、毋須用力搜尋的片刻，卻令人永生難忘。

野柳記憶對您而言是什麼？是擔心女王頭是否快斷了？是看石頭（很熱）、畢業旅行、東北季風（很冷）、瘋狗浪、看海？還是好吃的萬里蟹海鮮、石花凍、林添禎先生、大學北海遊？抑或是其他特別的時刻？

若能歸納出好的記憶，好的印象，好的意象（Image），好的旅遊目的地意象（Tourism

1. 徐重仁（2019）。走舊路，到不了新地方：徐重仁的經營筆記。臺北：天下雜誌。本書教大家如何開發市場、找到商機。

Destination Image），可帶動正向營運。以日本為例，其乾淨整潔的旅遊環境、高品質的交通旅宿以及複雜的環保回收，令我印象深刻，其中最特別的是合掌村水溝中悠游的大鯉魚，若非親見，無法置信。[3]

野柳的記憶點較老舊，年輕人不感興趣，缺乏新產品，因此應該思考如何建構新的「旅遊記憶點」。在未來中長期發展上，應善用其獨特的自然地形、海洋資源與漁村風情，凸顯於地質公園（生態）旅遊（新常態旅遊）價值，並將宣傳推廣銷售策略轉被動為主動、擴大國際接待規模等。

- **新常態（New Normal）旅遊**

新冠疫情改變了人們的旅遊方式，大家開始注意防疫、健康衛生及保持社交距離，也更加關注環境議題，優先選擇不干擾自然、永續、綠色的旅遊，以及在地化產品。

所謂新常態旅遊，不再只是滿足吃喝玩樂，而是期待更深度的體驗、放慢、在地、環保。落實永續旅

◀ 觀光產品的特色，在於人與溫度的流動。（圖片提供：施照輝）

2. 33 Moments In Life That Are More Important Than You Think. Retrieved from https://www.buzzfeed.com/mikespohr/33-amazing-moments-to-savor-in-life。
3. 日本是國人最喜歡的出國旅遊目的地之一，也是美國人最喜歡的亞洲旅遊目的地前三名。

遊、擁抱大自然、人文關懷，與家人、朋友透過旅遊，一同創造美好回憶。旅遊的意義因此被重新定義為「激勵」（Inspiration）。

這是臺灣的優勢與未來機會。臺灣擁有獨特的自然、人文景觀，中央山脈高山峻嶺、太魯閣峽谷、板塊擠壓、海岸侵蝕堆積、縱谷平原等，美不勝收，孕育出四千多種維管束植物、近五百種鳥類，生物多樣性豐富。人文方面，保留中華文化最核心的價值，正信正念、謙虛有禮、利他、勤奮、家庭倫理道德觀念濃厚、社會自由民主，治安更是領先全球。

在新常態旅遊概念下，旅遊產品包裝可以朝小團、精緻、深度、有彈性空間與時間、慢活、品味與療癒，甚至公益旅遊（Volunteer Tourism）等方向思考，例如帶旅客去種咖啡、採收，甚至當英文老師等。未來旅行型態將是奢侈旅行與背包客的兩極化。保持社交距離需求，將取代傳統遊覽車。

然而筆者觀察，一切似乎緩慢進行。臺灣是防疫模範生，不曾像美國發生大規模死亡病例；加上地狹人稠，當外來需求不變，供應就不容易改變。雖然如此，仍有越來越多業者看到綠色旅遊趨勢，持續轉型。

地質公園有四大功能面向，希望透過所規劃的地質（生態）旅遊，帶領民眾賞景、讀景，結合社區發展，對大自然產生敬愛，減少破壞行為的發生，帶動在地經濟。地質旅遊中倡議環保、自帶環保杯餐具、搭乘大眾運輸，搭配進行動植物、日夜間觀察、人文文化探索、地方農漁特產品嘗、伴手禮採購等，結合在地觀光圈，促進當地觀光經濟，正是新常態旅遊。

筆者曾參與規劃臺灣賞鳥旅遊，包括二〇一八年美國賞鳥博覽會（American Birding Expo）賞鳥旅遊展以及多場生態旅遊論壇，在與全球營運的生態旅遊公司交流得知，賞鳥產業雖已有一定規模，

旅遊設計策略——供需平衡

在推出產品之前，我們需要先定義觀光（Tourism）、休閒（Leisure）、遊憩（Recreation）三者之異同，使供給、需求兩端對應、平衡，進而提升銷售。

休閒（Leisure）是個人支配時間內，選擇做自己喜歡的事。遊憩（Recreation）是使身心靈獲得恢復，包含戶外休閒活動。旅遊（Travel）是含住宿，不論目的。觀光（Tourism）則是離家或在工作的地方停留 24 小時以上，消費交通餐飲住宿等設施，對應觀光衛星帳（Tourism Satellite Accounts，TSA）統計。

不同的客群、旅客、觀光客會有不同的期待、產品、消費軌跡，需對應不同的供給商，以及行銷組合、銷售方式與行銷策略。如果是休閒一日遊，新鮮好玩加上交通方便足矣。如果目標是國際觀光客，可朝更多異業結盟努力，例如拓展與旅行社、銷售網絡、住宿業者合作銷售，輔以數位預訂服務等。若想以單一產品銷售給所有族群，例如學生、銀髮、家庭、國旅甚至國際觀光客如日韓、歐美等，反而不討好。

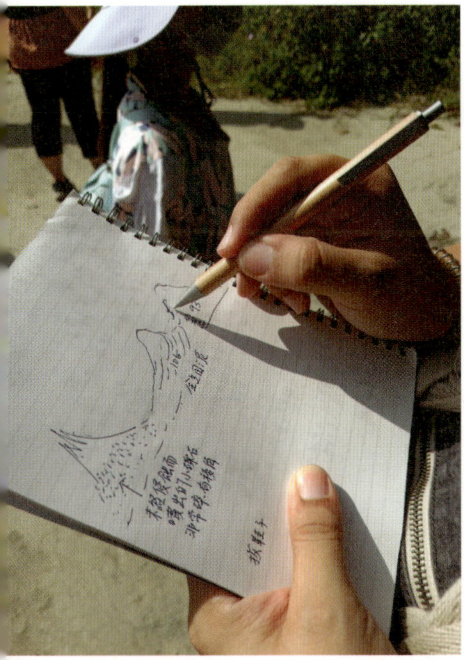

◄ 帶領民眾賞景、讀景，添加自然人文元素的生態旅遊，更受消費者喜愛。（攝影：王梵）

但旅程中若不斷推陳出新，添加更多自然人文元素，例如動植物、攝影、原民、高山溪流、生態及美食，多元自然與人文元素會增加賞鳥旅遊的變化，與生態旅遊價值互補加成，更受到消費者喜愛。[4] 野柳參考新常態旅遊概念，重新建構新的「旅遊記憶點」，是改變的第一步。至於該如何建構記憶點？由每一個人來創造。而這也是臺灣地質（生態）旅遊之價值所在。

行銷學 STP 分析與 5P 組合運用

找出受眾及市場定位的行銷理論 STP 分析，分別為區隔（Segmentation）、選擇目標市場（Targeting）、定位（Poisitioning），能有效找出產品供需、銷售策略及精準行銷。行銷 5P 是產品（Product）、價格（Price）、通路（Place）、人與客群（People）與促銷（Promotion），完整建構產品供需，以人為主要對象。

野柳從早期的無差異遊客自行買票，走馬看花看石頭，到目前遊客中心提供咖啡餐飲、多語解說服務、自然環境教育中心多種環教課程、舉辦相關推廣活動，例如野柳石光夜訪女王、潮間帶體驗、小小地質研究員、兒童節童樂石光等；加以結合周邊的元宵神明淨港過火、萬里蟹美食、金山媽祖回娘家等，都是創新方案，吸引與以往不同的民眾前來。

《DailyView 網路溫度計》透過《KEYPO 大數據關鍵引擎》輿情分析系統調查，野柳為海外旅客最愛的雙北十大景點之一，國際觀光客比例高達 80%。透過野柳學再次找出還未開發的客群，或是可以再經營的客群；將以往的大客群加以細分，或是找出利基市場、透過社團或俱樂部進行內部行銷策略等，都是未來努力方向。

4. 六家合作銷售的國際賞鳥公司包裝銷售臺灣賞鳥行程 8 到 10 天，團費可達美金 3,650 到 4,750 元。

▲｜針對不同受眾設計的解說導覽服務與體驗活動，會吸引不同客層前來。圖為高雄泥岩惡地地質公園的寫生活動以及和平島地質公園的解說活動。（圖片提供：援剿人文協會）

價值分析，找到自己的價值

所謂「價值主張」（Value Proposition），最早由知名的麥肯錫公司（McKinsey & Co.）於 1988 年提出，原文為“A clear, simple statement of the benefits, both tangible and intangible, that the company will provide, along with the approximate price it will charge each customer segment for those benefits.”。譯文簡言之，站在消費者角度，當您有需求時，願意花多少價值去購買一個產品或服務；反之，站在供應角度，這產品或服務可值多少？

如何找到自己的價值？可透過思考顧客來此要完成什麼「任務」、「獲益」有哪些？「痛點」是什麼？

野柳地質公園有獨特的、高品質的地景以及自然與人文資源，且位於頻繁的旅遊動線上，透過觀光、休閒、遊憩三者的區隔，經營者必須針對不同客層需求，提供供給。例如針對不過夜的學校各級學生、過夜或不過夜的國民旅遊、過夜或不過夜休閒遊憩、必須住宿的國際旅遊等，分別推出相對應的產品：環境教育學習單、校外教學專案、解說導覽服務、體驗活動、金山老街小旅行、金山番薯節等。看海、放空、療癒，結合住宿、兩天一夜的溫泉季活動，或是七天環島、三天兩夜北臺灣自由行等，區隔出差異性，方能創造最大價值。

二、旅行的意義與價值——跨域、跨界新體驗

旅行是偏見、固執和小器的死敵。

Travel is fatal to prejudice, bigotry, and narrow-mindedness.

——馬克吐溫（Mark Twain）

喬瑟夫・羅森杜（Joseph Rosendo）是美國公共廣播電視公司旅遊節目（PBS TravelScope）主持人，當我問他，為什麼這麼多年還能保持工作的熱情並樂此不疲，他以幽默大師馬克吐溫這句話回覆我。金庸筆下的老頑童周伯通或可貼切的比擬喬瑟夫，他心中像住了個小孩，盡情享受旅行，用五感去體驗，找出世界各地不同的吸引力，再透過鏡頭引起觀眾的旅遊動機。我從他身上看到的是美國人做事的方法、態度與執行力。

有機會到海外工作、求學或觀光旅行一段時間，常有很大的感觸。面對同樣的問題，若能透過旅行擴展視野，原有的偏見與固執會漸漸消弭，更可從許多實際案例，看到多元的解決方法、可能性與對策。選擇增加，甚至親身實見，偏見與固執就會減低。這正印證了馬可吐溫所說的旅行的意義與價值。

人為何要休閒、旅遊？經過學者長期研究，以科學辯證後得到的答案是「天性」。因為人不是

▲｜觀光局與喬瑟夫・羅森杜（Joseph Rosendo）旅遊節目（PBS TravelScope）合作，透過美國公共廣播電視公司頻道播出臺灣生態山脈主題旅遊影片，於美國與加拿大等主要市場地區播出，結合產品銷售，提高來臺人次。（截圖提供：施照輝）

機器，不是AI演算，需要休息、再出發。

旅遊產品有一定壽命，隨著時代變遷，供需消長，可分為孕育期、成長期、成熟（高原）期、衰退期。經營者需要在成熟期之前，進行品牌、產品重塑與新市場拓展，才能形成第二條品牌、產品成長曲線，以及永續性的第三條、第四條，以維持企業長青。筆者在美國工作多年，嘗試以美國主流思維，提供若干旅遊新產品構想。

1、讓學習變得有趣——以美國國家公園為例

美國國家公園是最受美國人喜愛的國家機構之一，國家公園系統被認為是美國最棒的點子。世界首座黃石國家公園於一八七二年建立，為豐富生活和促進學習，陸續推出例如「公園課堂」（Parks As Classrooms）專案、「健康的公園、健康的人」方案（Healthy Parks Healthy People Program）、「少年管理

◄ 黃石國家公園是全球第一座國家公園，廣受人們喜愛。
（圖片來源：©By Grastel - Own work, Commons Wikimedia Public Domain.）

員」（Junior Ranger Program）等，透過 #FindYourPark 整體行銷專案，運用數位科技幫助使用者找到附近的國家公園和戶外活動，收集相關訊息，計劃旅行和活動，改善身心靈狀態。

二〇一九年美國國家公園推出《孩童戶外活動計畫》與網站（Every Kid Outdoors Program）[5]，其中四年級專案（4th grade project）內容是：每位四年級學生上網註冊後，可以下載獲得一張免費年票，與家人、團體中所有十六歲以下兒童以及最多三名陪同成人（或汽車公園的整輛車）免費進入兩千多個聯邦跨機構合作項目之休閒區、土地和水域。但不含露營、乘船或住宿旅遊等衍生費用。為何是四年級？研究指出，九至十一歲的四年級兒童正處於學習的獨特發展階段，開始對生活周遭環境產生好奇，喜歡探索與接觸大自然。

另一方面，國家公園也鼓勵以學校老師為單位，安排參訪課程。行前透過線上課程與解說員線上視訊，讓孩童參與規劃、提出問題。參訪期間，將照片、影片製作成微電影，寫信感謝國家公園與解說員。一封封天真無邪的圖文，是社群行銷的最佳利器。

此計畫全面採線上數位作業，節省人力，獲得全國熱烈擁護（Advocacy），建立國家公園與孩童最佳的初次體驗，美好回憶烙印在腦海深處，帶來一生難忘的回憶。隨著年齡增長，這些美好回憶讓孩子終身都能保持熱情主動的參與聯繫，進而影響更多家人親友參訪與享受國家公園所帶來絕佳的教育價值。

臺灣的國家公園、國家風景區、森林遊樂區等各經營管理單位，對推廣教育學習有著共同的目標，可以參考美國成功的案例，跨域整合，將可創造一頁保育新局。

就地質公園經營管理而言，可在現有網絡架構下，發展類似孩童戶外活動計畫，輔以整體行銷

5. https://www.nps.gov/orgs/1207/every-kid-outdoors-program-provides-fourth-grade-students-with-free-entrance-to-public-lands.htm

專案，例如我的地質公園 #MyGeopark，發揮網站引導、事前收集資訊、安排行程、預定與下載課程、上傳心得照片影片、集客式行銷、自動化行銷、大數據分析研究等功能，展現環境教育動能。若加上國際化、多語服務等，滿足各國學校學生需求，預期質與量將可大幅成長。

2、海的神奇療癒力在野柳

野柳的特色是石、海，與人。

現代人興起減壓、療癒、健康風。研究文獻指出，在海邊看海、聽海、聞海，能放鬆壓力，自動啟動休假模式，刺激大腦，改善睡眠。

野柳岬深入海中兩千多公尺，造就獨特的地景。海天一色的藍、象石、仙女鞋，附近類似風櫃洞的聲音，步道終點全視野一望無際的海，仔細觀看還稍有弧度，足以見證地球是圓的。此處是陸地的終點，更是海洋的起點。

野柳海洋漁業資源豐厚，漁港、漁村、漁

海天一色的野柳，是陸地的終點，更是海洋的起點。（攝影：洪耀東）

民生活以及早期的海女，是絕佳的文化遺產，鄰近日本韓國都相當重視。韓國濟州島海女文化於二〇一六年列入聯合國教科文組織的人類非物質文化遺產名錄，是該國最有價值的文化傳統之一。濟州島推出海女體驗行程、海鮮料理教室，結合扮裝私人攝影，COSPLAY經濟大行。日本三重縣鳥羽市不遑多讓，舉辦海女節，再現一百四十年前的文化風情，某家珍珠主題娛樂設施聘用專職人員擔任海女，為遊客表演，獲取文化觀光財。

野柳或可嘗試學習、兼容日、韓做法，在石花菜採收或特殊漁獲限定季節，聘任或與潛水俱樂部、志工為遊客實地展演。服裝方面可以重新設計，尋求合作，例如與臺灣專業防寒潛水衣設計製造商、世界潛水第一品牌「AQUATEC」合作，讓人們與海洋相遇與融合。另一方面，保持草鞋、採收法、（部分）製程展示，最後推出在地生產、生津止渴、營養豐富夏季消暑聖品石花凍、石花凍冰淇淋、石花凍咖啡等熱銷商品。

大海帶來豐富的魚蝦貝類，可嘗試推出海鮮當季小品、料理教室、大師食譜影片等。結合國際觀光客需要，特別針對想品嘗在地小食但是時間有限，或非桌菜遊客，推出新品。例如筆者駐外期間，海邊餐廳常有Mexican Shrimp Cocktail、Ultimate Prawn Cocktail，一雞尾酒杯大小，使用在地食材，清爽涼拌，既可帶動地方經濟，更是新的美食展品，再結合環保玉米杯，必受歡迎。

3、公益旅遊——淨海、潛水、珊瑚軟絲

- 友善釣魚

釣魚是很好的休閒活動，更是高產值的休閒產業，在妥當的管理制度下，休閒、漁獲、保育可以平衡，生生不息。

臺灣早期沿海受戒嚴限制，休閒釣魚較缺乏管理。休閒釣魚產業若正常發展，遊憩品質獲改善，環境生態保育因收得基金，可支持更多研究調查、教育推廣與魚苗復育放流，達成多方平衡而永續。

海洋委員會海洋保育署近年推動友善釣魚方案，設置 IOcean 海洋保育網以及公民科學家垂釣回報平臺，包含海洋生物目擊、垂釣成果回報、淨海回報、海漂目視廢棄物回報等項目，未來或可借鏡學習美國正面管理作為。

野柳及周邊海域是不可多得的絕佳釣點，海蝕平臺長年吸引許多釣客。缺乏管理之下，總有釣客違規翻越圍牆、造成髒亂，落海事件亦時有所聞。若與海洋保育署合作，以及尋求臺灣釣具公司合作，舉辦國際磯釣比賽等，將可轉為正面管理，更收保育之效。

- **潛水公益，珊瑚體檢、我愛淨海、軟絲志工**

為保育漁業資源，政府公告劃設野柳水產動植物繁殖保育區，訂定採捕禁止規定。其中很特別的是，為了復育軟絲，將竹子砍收整理後，潛水固定至海中，總數達七、八百支，形成軟絲產房，讓軟絲游到竹叢礁聚集、交配、產卵。

海中竹叢不只吸引軟絲，也吸引其他如甲殼類、珊瑚礁魚類聚集，形成一個生態食物鏈，這是絕佳潛水觀光資源，更能吸引水下攝影愛好者。

政府、地質公園、潛水社團、攝影器材公司、漁會可以合作，架設網站，徵求軟絲志工，在潛

加州的釣魚管理

筆者以派駐加州時的經驗與觀察為例。

加州漁獵法規定，任何 16 歲以上加州居民（合法居留 6 個月以上，如居住滿 6 個月以上的留學生）或非加州居民，只要嘗試非商業釣魚、挖貝類、抓螃蟹、龍蝦、小銀魚、潛水捕魚、潛水抓海參、海膽等，都需要購買加州釣魚執照，而且需隨身攜帶以備檢查。釣友需研讀手冊相關規定、注意安全及魚貨的尺寸及季節管制，內容鉅細靡遺，建構在精準的海洋生態資源調查科學基礎上。

購買方式相當便捷，網路即有（http://dfg.ca.gov/licensing/ols/intro.html），或至加州大部分漁具專賣店、大型百貨公司等皆可購得，如 BIG 5，沃爾瑪等。

釣魚證有效期為一年，從元旦到 12 月 31 日，無論您是在一年中的任何時候購買，都在當年的最後一天作廢，所以筆者往往在 12 月底就準備好隔年的釣魚證。

加州漁獵局以有效的正面管理，將收得的基金做為保育、研究與管理使用。正面管理效果相當不錯。

▲｜釣魚是很好的休閒活動，美國有良好的管理制度，使得休閒、漁獲、保育平衡。圖為黃石公園內的釣魚者，以及公園內的湖鱒。
（圖片來源：©By Mike Cline - Own work, Commons Wikimedia Public Domain.）

水享受休閒遊憩活動的同時，更能近距離觀察軟絲生態、協助珊瑚體檢檢測、撿拾海中垃圾，相信是可以吸引年輕人的創新方案。

為滿足其他客群，可推出例如藝文季、狗狗貓貓日、家庭親子日，並區隔嬰兒車天堂、銀髮族等更多發展。

三、借鏡美國的野柳學

1、擴展合作夥伴，敵人變朋友

美國有個新字「Frenemy」，意思是「友敵」，由 Enemy 加上 Friend 合組而成，是數位時代下新的商業模式，讓敵人變朋友，一起做大市場。例如目前線上串流平臺眾多，原本各自獨立，平臺之間是競爭者，但因數位時代科技興起，片庫再怎麼多，也沒有聯合起來的力量大，加上建置平臺的成本固定，單獨營運終將不敵合作商模。以前 Disneys+、Netflix、National Geographic 是分開獨立，現在則是買 Netflix 送 Disneys+、National Geographic。

另一個例子是出版商、書店與亞馬遜網路書店（Amazon）。以往出版商出書交由書店銷售，亞馬遜網路書店在成為電商前是從網購書店起家，賣的也是書，本應是競爭者，但是出版商、書商選擇與之合作，因為若無數位電商的全球銷售力，傳統出版商、書店市場將不容易生存。出版社持續出好書，書店營造休閒閱讀環境、簽書會、講座，加上亞馬遜網路書店的銷售，讓效益最大化。

野柳地質公園的營運項目幾乎是自營。數位時代來臨，可以結合更多合作夥伴，引入其他品牌效益。例如結合「來去福爾摩沙文化股份有限公司」（Like It Formosa，簡稱 LIF，其為臺灣目前最大的英語導覽公司），針對歐美、國際觀光客擴大服務客群與服務品質；更可結合綠色旅遊旅行社如原森、友種、生態旅遊協會等，鎖定歐美客群，強強聯手，重新分潤效益。

另一是伴手禮經濟。在美國國家公園、博物館甚至是圖書館，門票的花費之外，更大的消費是特色商品、紀念品，旅客買的不只是馬克杯、T-SHIRT、環保袋，而是設計、時尚美學、實用以及滿滿的回憶。例如星巴克的城市杯，日本各地的 HELLO KITTY，IP（Intellectual Property，智慧財產權）設計商品更如旋風般，透過品牌知名度、忠實客群與影響力、消費力，相互吸引，創造更高效益。

外引是一種力量，內創更重要。越在地，越國際。野柳如火星般的地景、鼻頭角的壯麗岬角、雲嘉南濱海的日晒海鹽、臺東利吉惡地、馬祖的黑嘴端鳳頭燕鷗等在地特色元素，對於重視綠色永續、新常態旅遊、高消費客群有極高的吸引力。

2、高端客的新市場開拓

市場經營分為深耕主力市場（現在），強化潛力市場（未來），並應有市場行銷與拓展

▲｜筆者最喜歡購買的 T-SHIRT，結合年輕時尚設計。（攝影：施照輝）

▼｜美國 ARCH 國家公園遊客中心書店，提供書籍、登山健行用品、T-SHIRT、特有生物絨毛娃娃等，遊客趨之若鶩，是銷售、更是最有教育意義的推廣。（攝影：施照輝）

計畫，按期程、市場區域、項目內容去經營。國內受預算期程限制，常以鄰近、短程、已有相當效益的市場投放，例如日韓，此本無可厚非，但是長期過度集中某一市場，供需趨於單一、狹隘，未來較無發展性，且易受政策、天災人禍、不可抗力影響。

為何要鎖定歐美高端潛力市場？因為如果歐美市場賣得動，就可以賣給全世界。

美國社會經濟結構呈M型化，二〇二四年全球十大富豪排行榜中有九個美國人，超過二十萬美元年收入的家庭約占人口比例百分之十二。隨經濟發展，富裕階級家庭數成長，消費幾乎不受景氣影響，追求高質量旅遊產品，注重品質與感受所帶來的愉悅，常定位為高端或奢華消費客群。西岸沿海大城市，移民眾多，很多來自亞洲，也成就了美國經濟。再就地理區隔細分，美國最富裕的十個城市中有七個在加州，加州扮演重要市場引擎。

◄ | 美國 KAIYOTE TOURS 團員 11 人來臺灣賞鳥，屬高端產品，團費達美金 4,750 美元，主打臺灣 27 種特有種。（攝影：施照輝）

美國總人口約三・三三億，是世界第三大國，消費力強，生活質量高，相對花費大，是觀光業者眼中最重要的客群，亞洲各國無不積極布局。美國目前來臺人數遠比日韓少，旅遊業對其旅遊消費偏好也比較陌生，不易掌握。

美國人努力工作，更努力消費。存款率低，喜愛文化、冒險旅遊、異國風情，對亞洲充滿好奇，但是對產品很挑剔。筆者實際接觸，發現美國客群有特別的偏好，或可稱為美式風格。他們愛秀、敢秀，喜歡Sexy（迷人的）、Funny（有趣的）、Sunny（開朗活潑的，例如陽光笑容沙灘比基尼）。

亞洲旅行約需七天以上，美國人通常不會衝動，顯得理性謹慎。一般勞工三天以上長假期少，休假集中在感恩節至聖誕節之間，喜歡自由行，年輕人追求新鮮刺激，中老年人喜歡自然休閒，家庭喜好度假村、造訪非洲看野生動物。習慣預約、使用信用卡。要吸引歐美主流客群，需從根本產品著手。

如果對於美國消費者有一定瞭解，包括消費動機、偏好、市場區隔等，開拓此市場將甚有幫助。一旦打開歐美市場，臺灣旅遊產品就可以賣到全世界。

3、Z世代新市場開拓

Z世代是指九五後的出生人口，消費力是Y世代的兩倍，代表著四四〇億美元的消費力。務實精明、善於表達、反骨自信、表現欲強且沒有典範，與戰後嬰兒潮、X世代、Y世代、千禧世代大不同，更加考驗經營者布局。

美國商業經營者非常重視Z世代，認為是培養未來十年、二十年的國家財。但是要開發Z世代市場，得用Z世代的需求與想法加以規劃。

臺灣環境自由、健康、安全，風景區、國家公園、森林遊樂區、地質公園、環教中心資源豐富，觀光工廠林立，但也很分散，許多特色活動多是地方政府與團體舉辦的一日遊、小旅行，較缺乏國際規模。產品資訊沒有英文、網站可供參考預定。若有在地導遊、區域旅遊中心、外語網站設置，效果可期。

野柳地質公園可主推臺灣獨特的旅遊體驗、無可替代性之遊程。例如推動國際旅客來臺修學旅行，目前以日本發展最多，未來可以慢慢拓展到美國。每年南加州約有三千位學生赴亞洲，因此目標以歐美學生為主的夏令營非常有市場。二〇二三年來自洛杉磯的冰冰親子「冰」團約四十人（南加暑期來臺夏令營），來臺約十天走訪桃園高鐵探索館、大溪、慈湖園區、探索北橫。由於風評相當好，二〇二四年決定招募更多家庭學生來臺灣。

美國父母很樂意送小朋友參加暑期營隊，美國本土也推出許多夏令營；亞裔美籍父母更喜歡讓他們的子弟返回故鄉，認識父母親成長的地方，學習語言，那是維繫家庭最好的地方，可體驗不同的自然人文風情，有機會學習團隊合作、結識新朋友與獨立生活。

州，州政府成立加州旅遊辦公室（California's office of Tourism）執行。1995 年依據《加利福尼亞旅遊行銷法案》（California Tourism Marketing Act, CTMA），成立加利福尼亞旅遊委員會（The California Travel and Tourism Commission, CTTC），資助和管理相關的旅遊業營銷計畫，目前約有 5400 家企業加入。

Visit California 是一個非營利公司，成立於 1998 年，執行發展加州旅遊，其經費由五大行業依收入比例資助：

1、**住宿業：**每 100 萬美元為 1,950 美元（乘以 0.00195）

2、**娛樂休閒：**每 100 萬美元為 975 美元（乘以 0.000975）

3、**餐飲與零售：**每 100 萬美元為 975 美元（乘以 0.000975）

4、**交通和旅遊服務：**每 100 萬美元為 975 美元（乘以 0.000975）

5、**客車租賃：**最高為 3.5%

由業者組成的 Visit California 組織目標在於行銷，各觀光產業獲取商業利益後，再投入更多的經費資源做更大的行銷宣傳。這與我們政府主導的觀光圈截然不同。依美國商業部 2018 年公布美國民眾前往亞洲旅遊統計資料：

旅遊目的	訪友探親（43.3%）、度假（35.8%）、商務（12.2%）、教育（3.9%）
資訊來源	航空（53.7%）、OTA（Online Travel Agency）（34.7%）、個人推薦（22.2%）、零售商（16.5%）、商務旅遊部門（10.4%）、旅遊指引（6.4%）
活動參與	觀光賞景（79.3%）、購物（78.7%）、小鎮（38.4%）、文化景點（34.9%）、美食（34%）、歷史景點（34%）、國家公園（33.7%）、博物美術館（26.6%）、主題公園（17.6%）
旅客特質	平均決定日期（81.9 天）、預購團體（4.8%）、平均停留晚（24.1）、首次出國（7.3%）、家戶所得中位數（$100,000）、拜訪 1 個國家（82.5%）（平均 1.2 個國家）、亞裔（63.1%）、白人（34.5%）、西裔（5.5%）

以上這些資料，可做為市場區隔、客群、定位、產品包裝及行銷推廣策略依據，相當有價值。例如平均決定日期 81.9 天，代表 3 個月前決定出遊地點，最晚約半年前需上架，布建銷售網絡系統。

（資料來源：U.S. Department of Commerce. 2018. International Trade Administration, National Travel and Tourism Office （NTTO））

洞悉資訊，滿足美式客群偏好

美國的旅遊業主要由民間部門推廣，政府制定法令、奠定稅基，並不過多涉入參與推廣，與臺灣制度截然不同。

2008 年爆發經濟危機，赴美旅遊的海外旅客減少了 4,000 萬人次，且許多國家辦理赴美簽證等待時間都十分漫長。歐巴馬總統意識到旅遊業對於整個美國經濟的重要性，決定強化政府角色，以公私協力方式，成立專責公司，推動觀光旅遊。美國商務部（Department of Commerce）成立美國國家旅遊辦公室（National Travel and Tourism Office, NTTO），依 2009 年《旅遊促進法案》（the Travel Promotion, U.S. code §2131）建立了政策理事會，多個聯邦政府部門橫向合作，由商務部長擔任主席，成立 Brand USA 非營利公司，用創新行銷的方式在全球宣傳美國旅遊觀光政策，推廣外國旅客入境，以促進國內服務業及就業市場成長。

美國以州為自治團體，稅基為先，先立法取得徵收財源依據，在議會下成立監督委員會（有權），籌組推廣機構負責行銷，聘用 CEO 擬訂整體、年度計畫目標，採商業模式執行，就像一間公關行銷公司推動觀光產業。KPI 著重經濟產值、就業率、住宿率等，因為有觀光客的消費，才有稅收。

加州是美國排行第一的旅遊目的地，也是第一個達成旅遊消費超過百億美元的

▲｜加州是美國排名第一的旅遊目的地。圖為加州中部知名海岸線大蘇爾 Big Sur 以南。
（資料來源：©By Diliff, Commons Wikimedia Public Domain.）

Z世代的反骨、自信、愛秀，體現在IG美照上。例如走紅的挪威之路—巨魔之舌（Trolltunga）。這個深山裡的特殊景點，步行需二十公里，山峰中突出一塊巨石，聳立於湖灣七百多公尺之上，是世界罕見美景。一群大膽青年IG照，紅遍世界。四年內參訪人數從十萬暴增到七十萬，一張張征服自然的美照，透過社群，帶動更多模仿、追求，列為旅遊目的地清單。

社群活動（Social media campaign）的捲動力無窮。若讓歐美真實素人粉絲幫助臺灣宣傳，創造內容（Content），以大量美式文宣再轉至Yotube、IG，當可增加粉絲與黏著度，持續銷售。例如舉辦 #Yehliu_geopark 公關社群活動

（Media compaign），鼓勵入境臺灣來野柳的人參加，將在野柳拍的照片廣泛發送；例如最多朋友一起的（Tag friends）、最好吃的美食、母親節在臺灣告訴媽媽的話……，從中評選最瘋狂的、特別的，安排上雜誌封面，不斷滾動。

美國從小教育孩子獨立，去冒險、圓夢，針對Z世代可舉辦全球圓夢臺灣計畫（Dream of TAIWAN），結合前述人生重要時刻，去做一件壯舉，例如跟閨蜜親友來一趟永生難忘的旅程、騎車環島、臺南穿旗袍、登玉山、清水斷崖划獨木舟、至偏鄉教英文等。更可透過正式學校的宣傳系統、社群活動、美式文宣（Content）等，擴大參與。

紅遍世界的巨魔之舌（Trolltunga）。（圖片來源：©By By Steinar Talmoen - Own work, Commons Wikimedia Public Domain.）

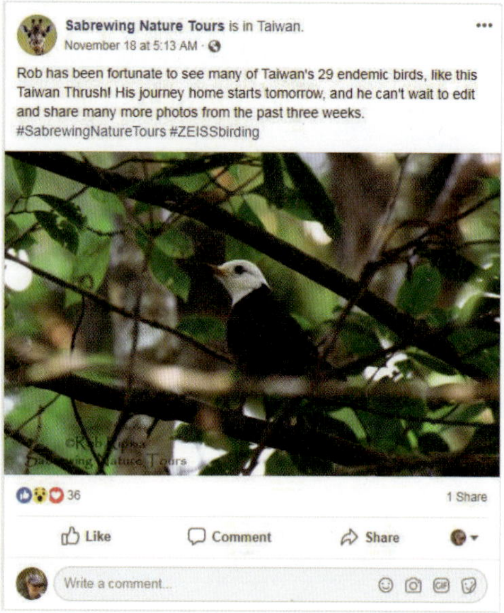

▲｜觀光局邀請美國 Sabrewing Nature Tours 來臺參加 2018 雲嘉南濱海賞鳥馬拉松活動，透過專業導遊 Robert John 的眼光及社群宣傳臺灣生態賞鳥旅遊。（資料提供：施照輝）

4、集客式行銷（Inbound Marketing）讓顧客來找您！——結合大數據與數位趨勢

「集客式行銷」是一種通過吸引和保留客戶來增加銷售和利潤的策略。通常包括通過提供有價值的內容和體驗來吸引潛在客戶，並通過建立長期關係來保持現有客戶，創造高轉換率。已有數家新創公司專門提供集客式行銷服務，包含整合社群、數位行銷、大數據分析、異業結盟等，透過行銷式網站，讓顧客來找您。

大數據時代，建置系統相當重要。結合統計學與程式語言，透過大數據（Python＋統計學＋機器學習）可達成即時動態精準分析，使網站行銷自動化、自動進行數據挖掘分析、文章內容產出、發送 Email 與電子報等。

美國網站上常見擁護（Advocacy）頁面，不論是個人或企業組織，透過擁護參與，出錢出力，讓專案獲得更多資源、達成目標。例如本篇前段文章提到的國家公園推出的 FindYourPark 專案（https://findyourpark.com/），與行政網區分，更開放、且結合商業，由十二個聯邦機構與公私機構組成平臺，可註冊報名、預定、上傳分享；結合志工、電子報等多元電商平臺，輔以集客式行銷整合，成為最受美國人支持的專案之一。

另一個例子是筆者常常預定露營的網站 https://www.recreation.gov/，由十餘個聯邦機構合組，鼓勵國民從事戶外遊憩，增進身心靈健康。服務流程完備，應有盡有，每年有百萬美金的網站使用費收入。

以下是集客式行銷幾個重要思考內涵與執行方向。

- STEP1、瞭解你的消費者

《假如杜拉克是店長》[6] 一書闡釋瞭解客戶的重要，包括創造對顧客有用的價值，傾聽、收集市場的聲音，刺激店員的成長（提升同仁知能），不做推銷做暢銷，一定要創新等。

消費者行為 AIDA Model（sales funnel）也稱「愛達」公式，是國際推銷專家海英茲·姆·戈得曼（Heinz M Goldmann）總結的推銷模式，包含四個重要歷程，銷售員第一步必須把顧客的注意力吸引或轉移到產品上，使顧客對產品產生興趣，再促使採取購買行為，達成交易。

- STEP2、消費者軌跡（Customer Trajectory，顧客旅程）

在互聯網的時代，前五大旅遊趨勢是行動裝置線上訂購、行前規劃、線上搜尋比價網站、社群

6. 結城義晴著、連宜萍譯（2012）。假如杜拉克是店長。臺北：時報出版。

效能擴大、手機服務優先等。簡言之，就是資訊加上便捷。

傳統行銷仍未消失，但需數位化。「新虛實融合時代，行銷 4.0」引導經營者，欲贏得客戶，全新思維的重點包含掌握年輕人、5A（Aware 關注、Appeal 吸引力、Ask 期望、Action 行動、Advocate 擁護）、建立值得信賴的好品牌、引起消費者的好奇——內容行銷（Content Marketing）、數位與實體通路無縫相連、用心經營社群關係以及努力創造 Wow（新產品）。

- STEP 3、社群只是藥引子，商業模式才是王道

製作「消費者會有興趣（有用）的內容」。例如家裡總有水龍頭壞掉，想 DIY 卻不知如何開始，一般人會先上網 Google（銷售數據顯示八一%的客戶在購買之前會先上網搜尋資料），發現 Home Depot 已經為大家拍攝實用的解說影片，最後貼心的引導到網站、最近的店、線上訂購，以及連工帶料預訂、刷卡、完成。

同樣走實用路線，野柳石花凍人人愛，買了不知該如何洗？或可拍攝系列影片，從海女採集開始到完成餐桌上的成品，相信會很吸引人。

四、上位思考，Thinking Big——擴大尺度，以野柳做為臺灣地質公園旅遊入口

沒有人能拒絕野柳（臺灣）奉獻一座地質公園予世界。是時候再創造第二個新品牌、第二條成長曲線。

野柳地質公園應跳脫單一景點經營規模，以北海岸、甚至北臺灣、全臺灣為景區尺度，跨界合作，包裝新的觀光旅遊產品，結合獨特的資源與體驗，串聯鄰近的國家公園、地質公園景點，以及海洋、動植物、鳥類、文化等在地特色，提供歐美客群最好的生態（地質）旅遊體驗與預訂服務。例如舉辦全國和國際市場公關活動、臺灣地質公園旅遊月 #MyGeopark、圓夢臺灣計畫等，捲動全民參與，並主動觸及年輕冒險的Z世代。

頗受歡迎的美國夏威夷州歐胡島北海岸（North Shore）旅遊線，二〇二一年吸引了六百八十萬人次，文宣上寫著：

> 悠閒的北岸（North Shore）是一片海岸，以威美亞灣（Waimea Bay）、日落海灘（Sunset Beach）的大浪和專業衝浪比賽聞名。夏季（五月至十月），普普奇海洋生物保護區（Pūpūkea Marine Life Conservation District）有平靜的水面，可以在五彩繽紛的珊瑚和魚類間浮潛。獨立畫廊、衝浪店、夏威夷午餐店位於哈雷瓦（Haleiwa）鎮，而多爾（Dole）植物園則可以參觀鳳梨田和熱帶花園。

野柳、北海岸、北部旅遊線、北臺灣的吸引力不亞於歐胡島，野柳可從景區單點接待，擴展區域遊程，再轉成臺灣經典地質（生態）旅遊目的地的「起點」。

所謂旅遊目的地，不限於實際土地大小，端視知名度及其遊客意象、觀光吸引力而定。例如日本山陰海岸國立公園，面積八七・八平方公里、海岸線七十五公里，包含京都府、兵庫縣、鳥取縣，公園核心區域被列為山陰海岸世界地質公園，二〇一八年遊客約六百三十萬人次。

地方越大，資源越多元，產品越好包裝，就像經營山陰。野柳面積為〇・二三四八平方公里，如果服務範圍拓展至北海岸，海陸合計一三〇・八一平方公里，放大至北臺灣即達七三五三・三九平方公里，以野柳做為生態地質旅遊的起點，拓展夥伴關係，結合旅行社、巴士、解說導遊、地方觀光產品等供應商，加上改版野柳網站為集客式行銷網站，具備相當潛力。

此外，關於整合食宿遊購行線上銷售及遊憩承載的問題，可參考馬丘比丘（Machu Picchu）。馬丘比丘為聯合國教科文組織定為世界文化與自然雙重遺產，二〇〇七年被評為世界新七大奇蹟之一。疫情前每日限定開放人次，全年近一百五十萬人次，觀光收益可達十億美元。因為過於熱門，政府暫時關閉了景區內三個區域，每日最多允許四千五百人進入，特定日期可至五千六百人，避免過度觀光（Over-Tourism）。

祕魯政府為收取門票及進行遊憩承載管制，自二〇二四年一月起委託 Joinnus 公司使用新的電子票務平臺，釋出 API 介接至各大旅行社與銷售平臺，一舉透過為數不少的數位平臺與世界旅客鏈結，國際觀光客可線上預訂包含門票、解說、食宿遊購行等，一站購足，輕鬆刷卡成行。看似簡單，實是順應歐美國際客早已習慣的消費軌跡，相較於國內景區經營者，幾乎未能同時結合與解決交通、住宿痛點，例如去一趟太魯閣、花東縱谷、澎湖、雲嘉南濱海，無法一站訂購火車票、住宿、接駁、餐飲與解說，非常不方便，更何況是國外遊客，還須解決語言障礙。

野柳地質公園網站可以思考擴展成臺灣地質（生態）旅遊入口網（HUB），以歐美客群為目標，推動遊憩承載機制，為未來營運做準備。

◄｜野柳地質公園是筆者的娘家，有著難忘的情感記憶。（攝影：洪耀東）

野柳地質公園是筆者的娘家，我在這裡完成人生五大樂事，成家立業，有著特殊、濃厚、難忘的情感記憶。從風景區到地質公園，再到成為臺灣第一座依促參法（OT）委託民間營運的風景區，經過二十四年寒暑，從一天不到百位遊客，到首創遊客尖峰分流（紅綠燈）計畫；從以國民旅遊為主，到國際觀光客絡繹不絕，點點滴滴，永誌於心。

筆者自二〇一五年至二〇二二年奉派至美國洛杉磯辦事處服務七年，負責推動美國民眾赴臺旅遊，積極包裝、宣傳推廣及銷售臺灣旅遊產品。美國來臺觀光人數已由四十二萬（二〇一五年）增加到七十四萬（二〇一九年）人次，這是觀光局、全臺灣觀光人的努力。希望能有機會籌辦臺灣專賣店Asiahub.com，將臺灣最在地、最獨特的體驗行銷全世界。

Chapter 11

永遠加 1 的追尋之路——

野柳學觀光政策創新普拉斯＋(Plus) 的四大前瞻思維

劉喜臨

對於野柳這片土地，筆者一路見證它成長，有著深深的情感和期待。野柳是臺灣北部一處重要景點，更是臺灣的國寶，甚至是國際級旅遊勝地，本文希望提出野柳學觀光政策的創新思維，讓野柳真正走向國際舞臺，成為臺灣之光。

本文擬以「觀光政策創新普拉斯＋」的概念，從「與趨勢共舞」與「觀光政策創新 Plus」的理念出發，提出野柳學的前瞻構思。為什麼稱為觀光政策創新普拉斯＋(Plus)？現今許多人談論政策時，常以 2.0、3.0 等做為指標，然而，盡頭何在？用 Plus（＋）的概念，是永遠都在前面、永遠都加 1（+1）的一種追尋。

做為一個國際景點，野柳地質公園未來發展潛力無窮，本文以其中最重要的四個面向加以闡釋，從前瞻趨勢的角度出發，透過消費者的視角來思考，以確保政策創新能夠與市場需求相符合。其次，數位轉型是不可忽視的趨勢，需要善用數位科技，實現智慧觀光，讓野柳更具吸引力。再者，體驗經濟已成為主流，將知識能量融入觀光體驗中，讓遊客用五感參與、學習，並進行跨業整合，才能提供更豐富多元的體驗。最後，創意加值是推動政策創新的關鍵，需要不斷嘗試新的理念和方法，以激發野柳的潛力。

▲｜臺灣的國寶野柳地質公園，未來觀光發展潛力無窮。（攝影：洪耀東）

一、疫後前瞻趨勢，消費視角擒拿術——找出內在價值，成為身心靈能量來源！

在觀光蓬勃發展的過程中，我們時常陷入「供給者視角」的思維定式，忽略消費者的真正需求。洞悉消費者的期望與渴望，將成為塑造未來觀光升級的關鍵。

1、辨識利害關係人，建立互利共榮關係

如何讓消費者的需求與期待能真正被考量？當我們思考觀光發展的過程時，首先要辨識利害關係人，這包括了業者、遊客、政府以及在地居民，他們在整個觀光發展圈系統中扮演著不可或缺的角色。

傳統上，旅遊目的地或觀光產業經營者常專注於如何提供「自己認為」最佳、最多、最好的服務與資源。若能換位思考，並且維繫利害關係人之間的交互作用，重視消費者的回應與期待，才能滿足其需求與體驗。

當觀光業開展至一個地區時，我們不得不考慮當地居民的利益與感受。如果居民對於觀光客的到來感到不悅，將直接影響該地區成為一處優質觀光目的地的可能性。因此，互利共榮的理念需要透過與各利害關係人之間的溝通與合作來實現。

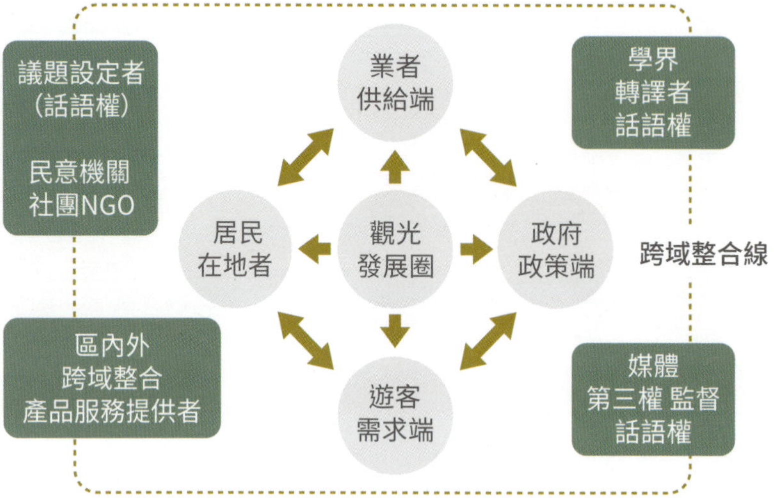

觀光發展圈利害關係人圖

從學界、媒體、民意機關到相關組織，各方角色都很重要。筆者做為學界的一份子，期許扮演「轉譯者」的角色，彌合公部門、商業部門和消費者之間的想法差距，透過跨領域的合作，理解消費者的需求，制定更加貼近市場的策略。媒體的功能在於監督市場，以及提供相關資訊給予大眾；民意機關和非政府組織（NGO）則代表公眾利益發聲，推動相關政策的制定與實施。區內與區外的整合與共生關係建立，才能實現觀光產業的互利、共榮、共享、共好，並朝健康永續發展。

2、找出消費者內在價值：從CP值到VP值的轉變

消費者尋求的是一種全面性的體驗。舉例來說，在選擇住宿地點時，他們要的不僅僅是一張床而已，還包括整體氛圍和體驗價值。因此，業者應該將重點放在「價值供給」而非「價格內容的滿足」。所謂的「CP值」（Content Price）和「VP值」（Value Price），即「內容價格」和「價值價格」的關係，業者應該從行銷策略的角度出發，主動尋找消費者的需求，並提供具有價值的體驗。傳統上，我們經常著重於CP值，即物超所值的概念；然而，隨著消費者心態的轉變，更應關注VP值，即真正的價值所在。要實現這種轉變，需要從行銷的角度出發，深入挖掘他們的內在價值觀。

3、掌握疫後觀光趨勢：健康、安全、永續、數位與社會責任，以及消費產品開發的案例

全球在疫情之後，觀光政策、業界的思維以及旅遊新興商機，主要有五項：1、健康和安全重視程度增加；2、旅遊動機和心理因素改變；3、永續性和社會責任；4、數位技術融入；5、社交距離和隱私保護。

・重視健康和安全程度的「安心點」

疫後「健康與安全」成為消費者選擇目的地的重要考量。在服務中注重細節，讓消費者感到安心與安全，可以滿足他們對品質與健康的需求。例如，筆者住在京都的四星級飯店時，早餐看起來並不豐盛，事實上他們並非以量取勝，而是使用當地的食材，做出屬於在地的京料理。仔細觀察他們在準備料理時做了哪些工作，會讓您覺得安心安全。在食品安全方面，除了材料新鮮，佐料衛生，保鮮細節亦值得我們參考。業者不需多花錢，只要在小細節上注意，消費者的感受將會完全不同。

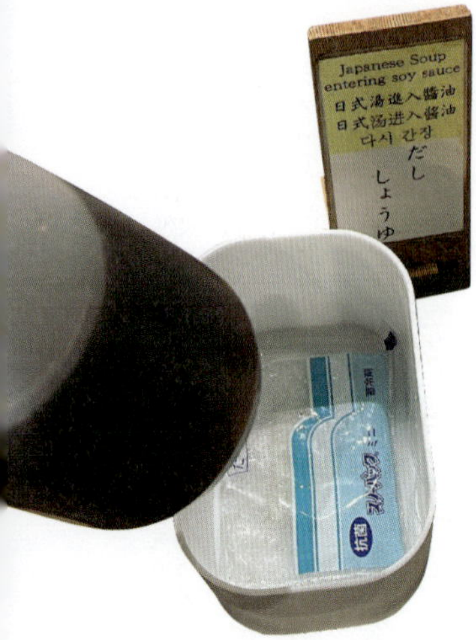

▲｜日本旅館的餐食於醬汁底下放置保冷袋，以維持溫度一致，避免變質產生食安問題。（攝影：劉喜臨）

國際旅遊組織簡介及其策略

1 聯合國 世界旅遊組織 （UNWTO）	UNWTO 是聯合國下屬的一個專門機構，致力於促進全球旅遊業的可持續發展。疫情後，UNWTO 強調健康和安全、可持續性、數位轉型以及創新的重要性，提出促進安全旅遊的指南、支持可持續旅遊的倡議，以及在數位化方面的合作計畫。
2 亞太旅行協會 （PATA）	PATA 雖是亞太地區的旅遊業協會，目前參與會員已遍布全球，包括旅行業、旅宿業、航空業、政府等機構，其設立宗旨在於促進地區旅遊業的發展。疫情前 PATA 強調了創新、可持續發展、文化旅遊和技術應用的重要性。疫情後，PATA 強化重新構思旅遊模式必要性的論述，並提出數位化、可持續性和社會責任方面的倡議。
3 OTA （線上旅遊 代理商）	OTA 是最能掌握趨勢的觀光機構，疫情後，OTA 界迅速調整了他們的業務模式，將健康和安全相關的資訊納入預訂流程，強調可退訂政策的靈活性，開始推廣更多的虛擬體驗、本地體驗和戶外活動，滿足遊客對安全和多樣化體驗的需求。

・旅遊動機和心理因素改變之「健康能量點」

日本京都金宮神社中的石神「阿呆賢」是個排隊名點，成功結合健康和信仰，以特有的祈福活動打響名號。神社中設有導覽解說牌介紹阿呆賢的故事傳說與祈福方式，參拜民眾常常會在自媒體分享阿呆賢與健康的關聯、參與特定儀式如何帶來身心健康的好處等。遊客可以按圖索驥摸觸、祈禱或透過其他特定動作，親身感受到心靈穩定、健康能量的力量，以求得身心健康和平安。

信仰是美好的、是穩定心情的力量。筆者想強調的是，「觀光，不要創造製造神話」，應導入科學與數據佐證。

4、如何導入野柳學？

・創造「情緒能量點」：野柳的新視野

上述「阿呆賢」以信仰做為心靈健康能量點，臺灣亦有很多可以發展的能量點，例如：溫泉、O_2、芬多精等。而野柳可以怎麼做？

筆者發想，野柳可以參考阿呆賢的邏輯，建構地質公園成為「健康能量點」，評估發展具體步驟：選擇地點、設立符號、建立儀式、科學佐證、宣傳推廣等；它更有潛力成為「情緒能量點」，

▲｜日本京都金宮神社中的「阿呆賢」石神。（攝影：劉喜臨）

讓消費者將身心靈在此沉澱。例如現在有很多 Share Lodge（開放式的辦公室）提供空間需求，特別是疫後，數位遊牧族興盛，人們帶著電腦離開城市到其他地方，隨時隨地都可以辦公。野柳可思考如何讓大家願意帶著電腦或是放下電腦來到這裡，成為一個吸收能量或再次充電的場域？

岬里島有發呆亭，野柳擁有無垠的海洋、絕美的地質景觀，輔以在地文化精粹，可以發展成為一個發呆成長區、阿宅特區，甚至提供年票服務。不斷創造能量點，一定可以吸引更多遊客來到野柳。透過創新的體驗和活動，野柳將成為一個充滿活力的地方，吸引更多遊客前來探索。

- 提升「品牌價值」

如何提升野柳的品牌價值是未來永續發展的重要課題。我們可以先從 WOW 行銷（驚喜和快樂）與口碑行銷入手，打造一個讓消費者驚豔的觀光體驗，進而塑造野柳的品牌形象。

要建立良好的口碑，必須優先「辨識消費者類型」，這可以通過提供差異化服務、豐富的體驗和優質的設施來滿足其需求。例如，對於知識型遊客，野柳可以提供不同類型的體驗學習活動，從知識研發到國際連結，讓他們有真實的感受和收穫。

而對於走馬看花型的旅客，野柳可以通過創造 WOW 效應來提升品牌價值。這意味著野柳需要提供令人驚嘆和難忘的體驗，才能超出遊客的預期。例如，通過豐富的展演（夜訪女王頭）、多樣化的觀光經濟活動和精心設計的遊憩設施，為遊客帶來全方位的享受和滿足。

透過口碑和 WOW 效應，提升品牌價值和知名度，有助於增加野柳的收益來源，並為其永續發展打下堅實的基礎。

疫情之後，消費者對於觀光產業的安全和衛生關注度大幅提高，因此，業者需要及

►｜體驗學習野柳學，就是知性全場域野柳學（知識、研發、國際連結）。（圖片來源：交通部觀光署）

▲｜走馬看花野柳學，就是價值 100% 野柳學（遊憩、展演、觀光經濟）。（圖片來源：交通部觀光署北海岸及觀音山國家風景區管理處）

早做出應對措施，例如加強清潔和衛生設施，以及提供更加靈活的退訂政策。總結而言，從消費者的角度出發，洞見趨勢，才能重新建構觀光發展的方向與策略，打造更前瞻、有價值的觀光體驗。

二、智慧觀光，數位轉型駕馭術——導入科技、結合永續、融入溫度

在當今快速變化的觀光產業中，「智慧觀光、數位轉型」是不可忽視的趨勢，其重要性提升到前所未有的高度。然而，實踐數位轉型並非易事，需要全新思維與深度投入。透過智慧觀光數位轉型，觀光業不僅僅只是一個個景點，更是充滿活力和創新的領域。

1、數位轉型結合減碳，才能永續

數位轉型是一個艱難的過程，它不僅涉及到技術上的變革，更需要從思維模式到服務理念全方位轉變。然而單純的數位轉型並不能將觀光業帶入一個新的階段，應當與減碳和永續發展結合，才足以應對全球觀光業面臨的挑戰，例如人才短缺和過度觀光。也就是說，數位轉型應該被視為一個減碳、永續的過程，而非僅僅是簡單的技術更新，如此才能讓觀光產業翻身。

2、數位轉型仍需要人的溫度

在野柳，智慧觀光的概念可以得到很好的實踐。以日本為例，無人旅館以及機器人服務的導入，展示了其科技在觀光業中的潛力；然而如前所述，單純依賴技術無法解決所有問題。在日本的無人

旅館中，機器人服務雖然曾一度被認為是未來的趨勢，但實際應用中遇到了許多問題，最終仍需「人工」介入。因此，智慧觀光的核心不僅僅是節省人力與成本，更應該將節省的人力與成本，轉化投資於更「需要溫度」的地方，簡言之，就是持續提升服務品質，為消費者提供更好的體驗與溫度。

3、從個人到全方位服務

- **導入市場調查，優化定位與個人化行銷策略**

在數位轉型的過程中，「市場調查」是至關重要的一環。瞭解消費者的需求、行為模式及偏好，可以幫助業者更好地定位市場和推出符合需求的產品與服務。此外，針對不同的目標客群，開展個人化的行銷策略也非常必要。

- **智慧導覽系統應用**

智慧導覽系統應用是智慧觀光的另一個重要面向。通過AR（擴增實境）、VR（虛擬實境）及AI

▲｜屏東觀光圈 AI 智能商店，使用手機 24 小時都可以買到伴手禮。（圖片來源：旅奇傳媒）

技術，遊客可以在旅遊前、旅遊中和旅遊後得到全方位的導覽和服務。例如，利用AR技術在觀光景點提供智慧型導覽服務，提升遊客的旅遊體驗；利用VR技術模擬旅遊景點，可以在一定程度上解決過度觀光的問題，提前瞭解景點的情況，減少人群擁擠，保護自然環境。

4、野柳學可以怎麼做？

針對野柳學思考，應以數據分析與預測的概念，掌握數據在指導觀光業發展中的重要性。其次，更加關注顧客的個人化需求，提供貼心和有效的服務。第三，智慧型導覽與系統的推薦為遊客提供更加便捷和準確的導覽體驗，提高遊客的滿意度和忠誠度。最後，應重視智慧型科技在提升客戶服務品質和效率方面的重要作用。

- AR：再現女王的前世今生

野柳可以利用AR技術開發女王頭的導覽解說應用程式，讓遊客透過手機或平板電腦上的AR程式，就可以在女王頭景點上直接獲得相關資訊和導覽服務。當遊客對著女王頭觀看，AR程式會在其設備的螢幕上顯示出女王頭的歷史故事、文化背景等相關資訊，使遊客能夠更深入地瞭解這個景點的前世今生。

VR技術亦可開發虛擬導覽解說服務。遊客可以戴上VR眼鏡，進入一個虛擬的野柳景點，在這個虛擬世界中，他們身臨其境地觀賞女王頭的全貌，並通過導覽解說瞭解其歷史、文化和景觀特色。這種虛擬解說服務使遊客感受到彷彿置身於真實場景中。系統背後，需要建立完善的資料庫與大數據，

記錄女王頭各個階段和未來的變化。

這些資料不僅實現對女王頭景觀的全面紀錄和分析，成為提供解說服務的依據，也可以用於未來的科研和文化保護工作，為未來的觀光開發和保護工作提供支援。

科技解說服務可以提升遊客的觀光體驗，還可以為野柳建立一個現代化和創新的形象，吸引更多遊客前來探訪。通過記錄和分析遊客的數據，可以為野柳提供更精準的營運行銷和服務策略，提高遊客滿意度和品牌忠誠度。

・女王IP實體化：打造女王頭智慧機器人

智慧觀光數位轉型還需要注重內容經濟和IP化的建設。通過記錄和整理過去的觀光資源和事件，可以豐富資料庫，為遊客提供更多元化和個人化的觀光體驗。同時，將知名景點和文化元素進行IP化，可打造品牌形象。

以野柳IP化思考為例，首先，可利用最新的人工智慧技術，設計一個外觀可愛、功能多元的「女王頭智慧機器人」。這款機器人擁有女王頭的形象和特徵，並具備語音識別、對話互動、情感表達等功能，使其更具人性化和親和力。其次，女王頭智慧機

▲｜日本發展功能型智慧機器人已臻成熟。（攝影：劉喜臨）

器人可以擁有多種實用功能，如提醒用藥、陪伴散步、播放音樂等，滿足遊客日常生活的需求。同時，它還可以透過智慧技術，根據遊客的喜好和需求，提供個性化的服務和建議，增強遊客的使用體驗。此外，女王頭智慧機器人可以設計為「可移動式」，讓遊客可以隨時隨地與它互動，無論是在野柳景點內還是在遊客的家中。這樣一來，遊客就可以在旅程中隨時享受女王頭的陪伴和服務，增強他們對野柳景點的情感聯繫和記憶。

利用智慧技術和人工智慧，將野柳女王頭IP實體化為智慧機器人，可以為遊客提供個性化和豐富的觀光體驗，同時加強景點的品牌形象和文化價值。

智慧觀光數位轉型是觀光產業不可逆轉的趨勢，並非一蹴可幾。通過運用先進的技術和創新的服務理念，不斷提升競爭力，是需要持續努力和創新的過程。

「數位野柳學」的實踐

策略 1 數據分析 和預測	智慧觀光的成功與否很大程度上取決於對市場的調查和分析。利用大數據分析過去旅客行為、偏好以及消費模式；預測未來可能的趨勢，從而提前做出調整和改進。
策略 2 個人化服務	使用客戶關係管理（CRM）系統，收集和分析客戶數據；提供個別旅客量身訂作的建議，包括餐飲、旅遊行程、住宿等。
策略 3 智能導覽 和推薦系統	開發或整合智能導覽應用程式；提供旅客即時導覽、景點推薦、交通指引等資訊；提升遊客在野柳的旅遊體驗 VP 值。
策略 4 AI/VR/AR 技術	提供虛擬或擴增實境體驗，讓旅客在預先模擬的環境中探索野柳，提前感受萬里（野柳）當地風土民情；並整合 VR/AR 技術於旅遊導覽中。
策略 5 智能客戶服務	整合智能聊天機器人或虛擬助手；提供 24 小時即時客戶服務；解答遊客疑問、提供建議的技巧。

► 智能客戶服務導入旅宿業經營管理。（攝影：劉喜臨）

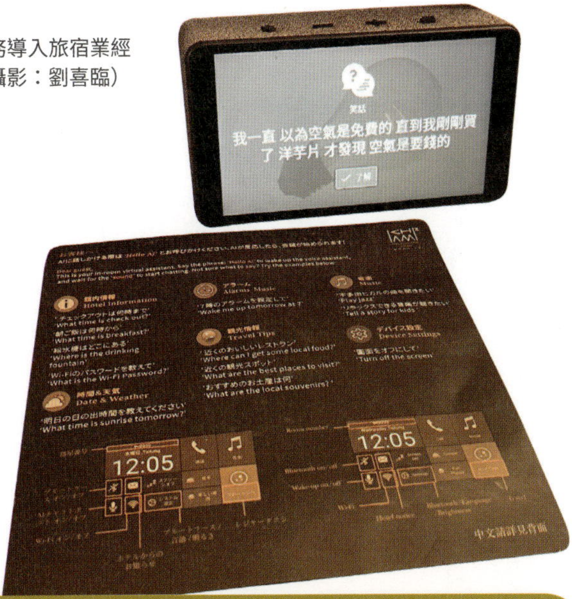

發展「數位行銷野柳學」思維

思維 1 **社群媒體行銷**	利用社群平臺 fb、IG、Dcard、Threads 分享；提升野柳在社群媒體上的曝光度；吸引潛在旅客關注和互動。
思維 2 **內容行銷**	創建具價值及吸引力的野柳旅遊內容；提升在搜索引擎中的排名、品牌曝光；吸引更多搜尋引擎流量的技巧。
思維 3 **搜索引擎優化** **（SEO）**	如何最佳化野柳旅遊相關網站內容；提升在搜索引擎中的排名；有效運用關鍵字的技巧。
思維 4 **線上廣告投放**	利用線上廣告吸引潛在遊客；精準投放；數據分析和優化。
思維 5 **網路口碑管理**	監控評論和社群討論；積極回應遊客反饋；維護良好口碑。

三、體驗經濟，跨域整合不歸路——打造共同體

這是一個體驗經濟的時代，如何實現跨域整合，讓旅客感受到真正的「賓至如歸」？這個挑戰關乎整個觀光產業的轉型與升級，在野柳亦然。

1、體驗經濟與跨域整合

‧觀光供給差異化，凸顯在地文化特色

體驗經濟強調觀光供給的差異化與獨特性，野柳地區透過凸顯地景保育、當地文化特色與場域故事化，可成功吸引遊客；地景文化的保存與展示，將成為另一亮點。在地文化在國際間會成為吸引國際觀光客的重要因素。

‧以觀光為平臺，整合跨界資源能量

跨越不同產業的合作，使得觀光產業能夠更具活力。例如野柳可利用在地產業資源，與其他產業展開合作，以當地特產製作的美

▲｜咖啡廳內部仍保有原來錢湯（澡堂）的風情。（攝影：劉喜臨）

◀｜傳統文化保存與現代科技導入。點餐運用 QR code 現代科技，結帳用澡堂寄物牌前去櫃檯付費。（攝影：劉喜臨）

食與在地文化相結合，提升觀光產業吸引力與競爭力。

2、體驗經濟與跨域整合案例觀察與借鏡

・活の博物館

日本京都西陣地區網紅咖啡廳「Café さらさ」是一個成功的案例。前身是錢湯老屋，後被改造成咖啡廳，保留了原有的建築結構和歷史元素，讓遊客在品嚐咖啡的同時，也能感受到當地的歷史氛圍。這裡不僅是觀光景點，更是一個充滿在地文化特色的生活博物館。遊客在此可以感受到地方特有的生活方式，品味當地的美食，瞭解當地的歷史與文化。

・我の博物館

「我的博物館」是一個很值得推廣的概念，旨在讓所有人共同參與和建立博物館的內

►｜日本京都西陣地區網紅咖啡廳「Café さらさ」。（攝影：劉喜臨）

◀｜90 年前的澡堂，25 年前轉身成為咖啡廳。（攝影：劉喜臨）

容和展示，是一個共同體。以日本舞鶴「引揚紀念館」為例，展出內容除了政府常設展，更由當地居民和日本民眾一起參與布置和建造。這座博物館通過一套制度，允許民眾提供相關的史料、歷史文物和口述歷史，並參與展館的設計和布置。這種共同參與的方式，使博物館不僅僅成為一個供給者（政府）的展示場所，更是社區和民眾共同的文化記憶和身分認同的象徵。

此概念可以應用在野柳的發展上。在跨域合作的過程中，建立共同的精神，同時也豐富和活化野柳的觀光體驗，讓遊客更有意義地參與其中。

▼｜跨域共榮實踐場首要應建立關係網絡。（攝影：劉喜臨）

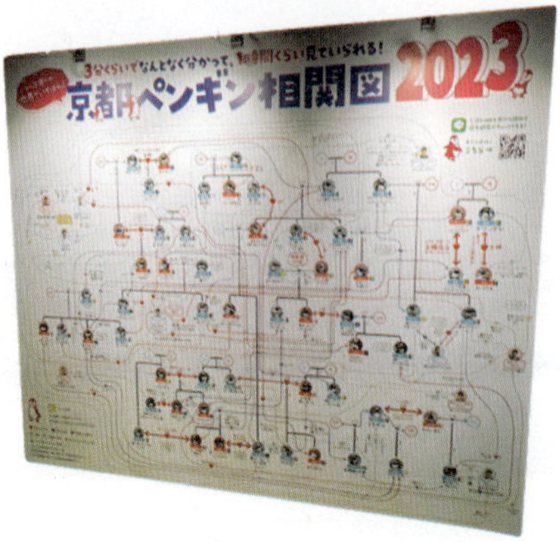

3、建立跨域共榮網絡

在京都水族館裡，保護員們照顧著百來隻企鵝，並且精心繪製出企鵝之間的複雜關係圖，記錄了牠們之間的愛恨情仇。這啟發了我。

單打獨鬥已不是最佳

綠色旅遊、責任旅遊正當道

責任旅遊正當道的原因在於其促進了環境、社會和經濟的永續發展，為未來世代留下更美好的生活環境。筆者給予責任旅遊的操作型定義如下：用心盡己之力地減少對環境、社會和文化的不良影響，同時為在地經濟和社區帶來正向的影響。倘若，未來的觀光客、旅遊者皆選擇綠色旅遊做為旅行的準則，野柳當可思考如何透過場域改善、服務再設計等作為，來協助觀光客實踐「責任旅遊」。

綠色旅遊的實踐路徑

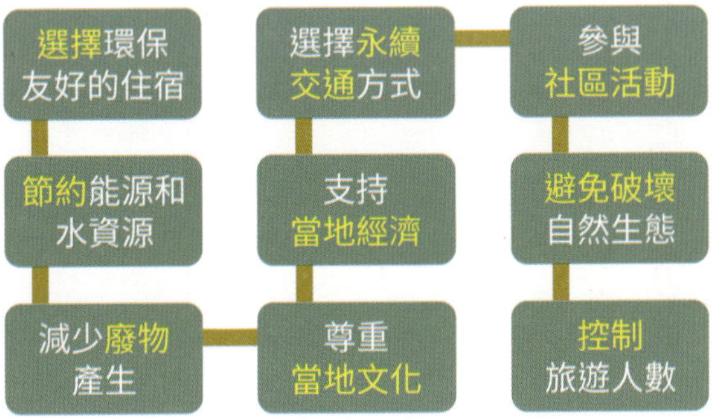

►｜日本舞鶴的「引揚紀念館」。（攝影：劉喜臨）
▼｜「引揚紀念館」館藏收集步驟之三（共有九步驟）。（攝影：劉喜臨）

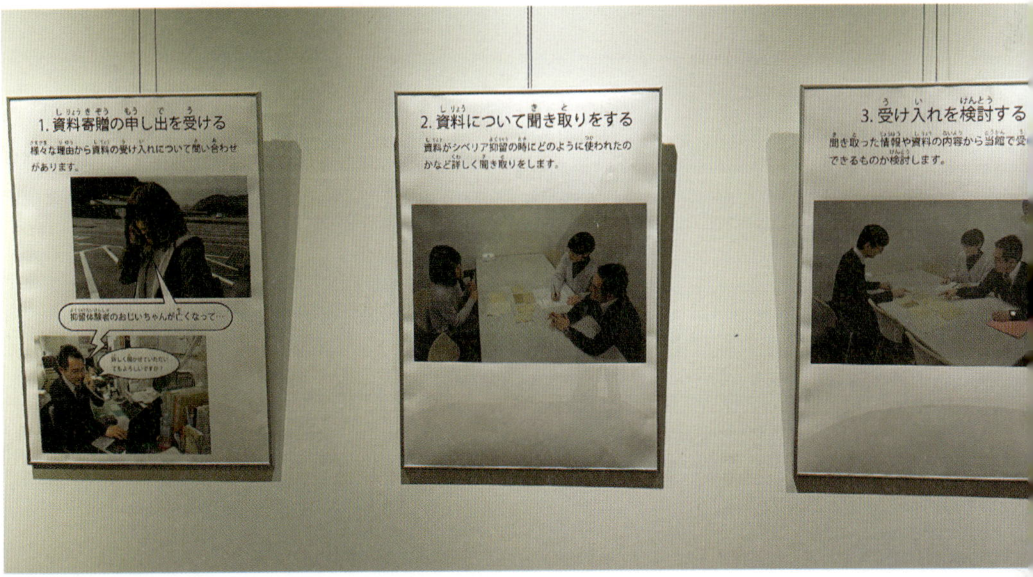

選擇。我們需要將不同產業聯繫起來，共同合作，建立跨域共榮實踐場，共創互利共榮的局面。例如在「皇冠海岸觀光圈」輔導在地產業中，將牧蜂農場蜂蜜產品與將捷金鬱金香酒店產品及通路進行產品合作串聯，發展在地（觀音山型）特色甜點，達成一加一大於二的效果。

當我們建立了良好的關係網絡，各方可以扮演不同的角色，有助於創造出各種可能性。例如上段提到的生活博物館、我的生活博覽會等。因此，建立關係網絡是實現跨域共榮的關鍵一步。

4、以野柳為例的跨域整合與聯名

跨域整合在野柳可以如何實踐？例如，野柳的女王頭可以思考做成塔吉鍋，與當地飯店合作，將觀光資源轉化為消費品，增加當地經濟收入。同時，透過跨界合作，例如與航空公司、高鐵等交通公司合作，將野柳的特色產品推廣到更廣泛的範圍，吸引更多的遊客。另外，野柳地區的跨域聯名活動也為觀光產業帶來了新的可能性。透過與其他知名品牌合作，野柳可將自身形象與其他知名品牌聯

▲｜皇冠海岸觀光圈跨域聯名產品：塔吉鍋。（攝影：劉喜臨）

繫起來，進一步提升知名度與吸引力。這種跨域合作不僅為觀光產業注入了新的活力，也為當地經濟帶來了更多的機遇。

將永續旅遊的理念融入產業發展，可進一步提升野柳的吸引力。例如，提倡節能環保、尊重當地文化、支持當地經濟等，使得遊客在體驗觀光的同時也能夠承擔起對環境與社區的責任，實現觀光產業的永續發展。

體驗經濟跨域整合面臨一些挑戰和困難，需要克服產業間的利益衝突和合作困難，實現各方共贏。其次，需要在保護當地文化和環境的前提下，實現觀光業的發展，而這需要政府、企業和社會各界的共同努力。最後，要將永續發展理念融入體驗經濟的過程，實現綠色旅遊目標，這對於保護環境和社區的可持續發展至關重要。

若能深刻理解體驗經濟概念、實踐跨域整合、打造生活博物館、推動跨域聯名活動以及融入永續旅遊理念，野柳將可打造成為吸引遊客的獨特景點，並為未來觀光發展帶來新的思路與模式。

如果，您來一趟野柳地質公園，就能讓世界變得更美好，您會來嗎？

四、創意加值，政策創新永續路

1、永續成為生活態度

永續發展在今日已成為一種生活態度，不僅應表現在個人行為上，更應融入各個領域的政策與行動，在我們生活的各個角落，隨時隨地都可實踐。只要願意去做，便有無盡的可能。

野柳地質公園真正的挑戰並非在於保護本身，而是如何引領更多人加入這個永續的行列，一起參與其中。這需要借鏡創意加值與永續的概念，將其融入生活、工作和旅遊之中，讓永續發展成為人們的生活態度。

2、減塑行動與減碳策略

以日本旅宿業在永續方面的做法為例，他們實行嚴格的資源回收政策，將瓶蓋、瓶身，甚至吸管分類回收，房務提供瓶裝水的同時，也提供重複使用的水瓶容器，雖然這樣的舉措可能會面臨部分消費者的不解，但讓消費者自主選擇擁抱永續，是永續旅宿業的重要一環。

在旅遊過程中，通過鼓勵使用低碳交通運具，可以有效減少碳排放，降低對環境的影響。從近期高鐵車票上的碳足跡提醒，到悠遊付的「減碳存摺」，都是我們將減碳行動融入日常生活中的改變，不僅是個人行為，更是對地球的負責任態度。

▲｜日本旅宿業房務提供瓶裝水的同時，也提供重複使用的水瓶容器。（攝影：劉喜臨）

▲｜悠遊付的「減碳存摺」。（攝影：劉喜臨）

▲｜舞鶴地區的公車一日券。（攝影：劉喜臨）

▲｜神山湧泉不僅製酒，還發展咖啡美學。（攝影：劉喜臨）

日本旅宿業者的減塑措施，為旅客提供了更環保的住宿體驗，同時也提高企業的永續形象。旅行社可通過計算旅行中的碳排放量，為客戶提供碳中和的方案，從而吸引更多環保意識較高的消費者前來，讓遊客在旅行中也能做出實際的減碳貢獻。

3、地方創意來自尊重文化與資源

充分發揮當地資源和文化特色是觀光創意產出的泉源。以日本舞鶴一日券為例，利用廢材轉化為實用的旅遊憑據，這種創意資源再利用的做法不僅有助於減少浪費，還能凸顯當地文化特色。而其以當地特產「魚板」的意象為靈感所做的設計，融入傳統「手形」文化元素，凸顯了當地獨特的文化特色，使得產品更具地方性和認同感（在地文化結合）。透過入園戳章，增加了遊客的互動性和參與感（獨特體驗和價值）。

永續旅遊不僅是保護自然環境，還包括對當地文化的尊重與儲存。在地創意是推動永續發展的重要手段之一，透過將當地的文化、資源與創意相結合，可以創造出更具吸引力的產品與服務。例如日本的賀茂大社利用當地的神山湧泉水，製作出獨特的神山湧泉咖啡，將當地的資源與旅遊體驗相結合。

五、只要用心、願意做，野柳學之永續觀光不難！

透過重新解構及建構資源特色，野柳應以在地資源為核心，結合當地文化元素和設計創新，創造獨特而具吸引力的觀光體驗，提供豐富且多樣的旅遊活動產品，吸引遊客前來探索。其次，應著眼於智慧科技的應用，積極探索VR、AR等技術，為遊客提供更生動、豐富的觀光體驗。這不僅是為了增強遊客的參與感和互動性，更能提升野柳的知名度和競爭力。

以跨域共榮的理念，建立廣泛的合作網絡，整合各方資源，實現觀光產業與在地社區、文化產業等的共生共榮。這種跨界合作不僅為了促進地方經濟發展，還能增進當地居民的生活品質和社會凝聚力。在推動永續發展的過程中，創意加值政策扮演著重要的角色。通過減塑行動、減碳策略、觀光產業與在地創意等方面的努力，可以有效推動永續發展，實現經濟、社會與環境的共贏。

・野柳未來可以怎麼做？

1、**資源保育與管理：**地景是資源，需要採取措施來保護，以免過度開發或汙染；建立嚴格的法規和監管機制，確保觀光發展過程符合永續標準，並進行有效的監控。

2、**地方社區參與：**將當地居民納入野柳學觀光發展過程，以確保他們的權益得到保護，並分享觀光業帶來的利益；鼓勵當地社區參與開發、經營，以促進地方經濟發展。

3、**綜合開發：**以多元化的方式開發野柳及周邊旅遊產品，結合休閒、健康、文化等元素，提升遊客的體驗價值；發展相關的旅遊基礎設施，如酒店、餐飲、娛樂等，以提供完整的旅遊服務。

4、**推動責任旅遊：**採用環保技術和做法，減少對環境的負擔，如節能減碳、垃圾分類等；鼓勵遊客使用大眾交通工具或共享交通工具，減少私家車的使用。

5、**推廣文化交流：**透過展示當地的文化、傳統藝術等，吸引更多的國內外遊客前來體驗；舉辦文化活動、節慶等，增進當地的文化軟實力。

6、**發展國際化：**透過提升服務品質和國際宣傳，吸引更多國際遊客前來臺灣享受野柳學在地風情；加強與其他地景旅遊地區或跨域、跨國的合作，進行經驗交流和資源共享。

7、**科技整合：**藉助科技手段，提升旅遊體驗，如使用虛擬實境、人工智慧等技術；透過數據分析，優化營運和服務，提高遊客滿意度。

8、**健康促進：**將野柳學與健康相關產業相結合，提供更多的健康體驗和服務；開發相應的醫療、保健產品，滿足遊客對健康的需求。

野柳未來發展應定位為一座具有全球影響力的旅遊目的地，致力打造一座「融合自然景觀、文化傳承和科技創新的綜合性旅遊景點」。在這個願景下，以創新、合作和永續發展為核心價值，與時俱進，不斷創新，觀光旅遊將為當地經濟和社區發展做出積極貢獻。

Chapter 12

這裡是我朋友——地質旅遊永續關鍵與新野柳行動：創造善的循環

吳宗瓊

野柳地質公園是臺灣地質公園的縮影，地質旅遊以一個愉悅的途徑將其價值分享給世人，召喚更多人感動地質資源的美，進一步支持重要地景的保育。筆者希望以本文討論如何以地方為核心落實永續旅遊，論述地質旅遊發展成為永續旅遊的關鍵與行動。在以地方為核心的永續旅遊發展架構為基礎下，分別檢視地質旅遊邁向地方的永續、環境的永續與經濟的永續之重要課題與機制作為。最後，回到野柳地質公園，提出地質旅遊發展的建議與期許。

地質公園包含「地景保育」、「環境教育」、「地方參與」以及「地質旅遊」四個重要的支柱。地質旅遊的發展要如何呼應聯合國教科文組織所倡議的「地質公園」精神與價值，其永續內涵的深化是絕對必要的。一九八七年格羅．哈萊姆．布倫特蘭（Gro Harlem Brundtland）在聯合國大會上發表《我們共同的未來》（*Our Common Future*，又稱為《布倫特蘭報告》）報告，正式定義「永續發展是一發展模式，資源的利用既能滿足我們現今的需求，同時又不損及後代子孫滿足他們的需求」。此後，永續發展更被廣泛的重視，強調不應限在環境面，應該納入經濟與社會等多面向的考量；同時需要重視保護重要的生態系統服務、生物多樣性以及人類的襲產；更講求跨

◄ 野柳地質公園有極具魅力的地方性活動與地質特色。（攝影：湯錦惠）

世代的公平及跨區域的正義。

然而，在永續發展的理念一再被強調的同時，全球不永續的現象卻不斷地加深惡化，因此，國際社會認為應該更積極的實踐「永續發展」精神，不應只是停留在抽象化「永續」概念。二〇一五年提出的十七項永續發展目標（SDGs）被世界各國列為實踐的指標，聯合國世界旅遊組織（UNWTO）也將永續列入全球觀光發展的關鍵。基於這十七項永續指標，觀光將永續的概念落實到各類旅遊產業、目的地以及旅遊相關發展，期使確實面對環境資源、經濟產業以及社會文化三面向的影響與衝擊，希望達到長期的永續願景。

二〇一九年爆發的新冠疫情帶給人類社會巨大衝擊，許多觀光學者進一步倡議Regenerative Tourism，亦即善循環觀光、再生觀光，認為永續觀光不應該只限於處理觀光的負面影響，觀光旅遊活動應該「積極促進」旅遊地區與環境的正向影響。強調旅遊者應在心態上轉換，真正的旅遊不只是帶回家好的回憶，更需要帶給地方社區與環境正向的價值，把景區當成是自己的朋友。相對地，地方社區可以更正向地接受遊客的到訪，形成一個「永續的正向循環」。克洛伊．金（Chloe King, 2022）更提出善循環（再生）觀光的行動架構，包括了：1、把社區的需求放在第一位；2、改善生態服務系統以及生物多樣性；3、採取多元與包容的企業運營模式；4、重視透明與公義的治理；5、強化善循環（再生）旅遊的夥伴關係。紐西蘭國家旅遊局在二〇二三年就把善循環旅遊當成是國家永續旅遊的重要行動。

當地質公園成為地質旅遊的目的地，就表示地質公園內的重要地質資源等會變成吸引觀光客到訪的「明星」資源，同時地質公園的資源運用也需要合理地納入旅遊供給的需求，例如餐飲、遊憩、解說、購買、住宿、資訊交通服務等。

如何將永續原則納入地質旅遊（目的地）發展中，面對環境資源、地方社區以及觀光客的需求，尋求環境、經濟與社會文化多面向的平衡？為了探究永續精神在旅遊地落實的行動方案，筆者及沃爾（Wu & Wall，2017）提出以地方為核心的永續旅遊發展架構，包括了社區經營、資源管理以及旅遊管理等三大面向，以及七個重要項目：1、社區共識與社區主導創造社區永續利益；2、健全的共構式社區組織運作；3、持續地參與及培力與實作；4、涵養優質生態品質的資源管理機制；5、計劃性的觀光衝擊管理；6、創造資源價值的遊客市場機制，以及7、建立高品質的旅遊供給系統等。本文將以此架構說明。

一、發揮具魅力的地方性——朝向地方永續的旅遊行動

1、在地性之於地方永續的經營

地方發展旅遊最主要的目的之一在振興地方經濟，而永續理念卻多立基於環境保育的重要性。「要『顧佛祖』還是要『顧肚子』」的諺語反映出地方推動永續旅遊時，常在「資源保育」理想與「經濟利益」現實間掙扎。此時，「在地性」即扮演了關鍵性的角色，地方的永續性應該以「在地性」為核心建構均衡「環境保育」與「經濟發展」的地方旅遊。「在地性」強調在地範疇認同與地方知識（楊弘任，二〇一一）。當地方以「在地性」核心來建構地方旅遊，表示地方旅遊不僅僅是提振地方經濟的

◄| 宜蘭縣中山休閒農業區的「放牛吃草」運動。（圖片來源：徐文良）

一環，更需要把地方關鍵課題與地方知識性納入旅遊發展的首要。具有魅力的「地方性」原本就是吸引遊客最主要的動力，例如，野柳獨特的地質資源（蕈狀岩、燭臺石、刻劃地表作用、岩層年輪等）以及地方文史（大航海時代的魔鬼岬、瑪鍊漁村文化、保安宮的神明淨港、金包里二媽回娘家等）。

但是，單單把這些具有魅力的地方資源當成旅遊吸引力經營，會失去與地方鏈結的契機，地方旅遊的經營將像失根的蘭花一樣，失去地方性的底氣，長久以往與地方發展關鍵斷鏈，甚至轉變為「地方性」的對立面，對地方永續造成傷害。相對地，把「地方性」當成旅遊發展的首要，強調在地旅遊除了掌握地方資源、發揮旅遊魅力外，同時應該擔任「所在地方經營與生活品質提升」的推手，透過深耕在地，建構更具品質的幸福鄉村，厚實鄉村社會資本的累積。

透過「地方性」把地方旅遊以及地方發展鏈結，使旅遊同時促進「環境保育」與「經濟發展」的均衡，邁向地方發展以及地方旅遊的永續性。宜蘭縣中山休閒農業區的「放牛吃草」運動（春樹，二〇〇七）即是一案例。中山休閒農業區需要引新寮溪灌溉農田，但河堤邊雜草茂密，公所總是要花費一百多

萬疏浚，是地方發展上的重要課題。老一輩居民建議用傳統的方法「放牛吃草」，不但免費且有效，幾經嘗試，河道疏浚效果佳，同時以河岸為家的牛群，成為最動人的農村景致，「放牛吃草」的遊憩體驗也大大增加地方旅遊的深度（春樹，二〇〇七）。

2、邁向永續的地方發展

以地方為核心經營永續旅遊是一個重要但複雜又緩慢的工程。地方社區在資源擁有及運用權力的狀況差異很大，人的組成背景與人們對地方發展經營的看法也不同，加上複雜的社會政治網絡，讓地方發展的任何行動都不容易，更何況是永續旅遊。

發展永續旅遊的地方經營，有幾個關鍵課題。首先是地方權力（影響力）、地方組織以及社會脈絡關係的轉變，當旅遊這個新興元素加入既有的地方發展架構，很自然地牽動了

▲｜臺灣也有很棒的地方小旅行，宜蘭少年阿公方子維先生的傳統市場之旅就是越在地、越國際的案例。（圖片來源：方子維）

地方權力、組織以及社會關係脈絡的更迭，地方社區的既有平衡受到挑戰，組織發展架構與重要的領導人是否能支持永續旅遊的發展，是永續旅遊能否成功的關鍵之一。

再則，旅遊這個新興產業的發展需要新的資本、知識與技術。地方相關資本（財務、人力、自然、社會等）的累積以及地方賦權行動也關係著永續旅遊能否確實地在地方深耕。最終的目標是，地方需要能秉持自身的能量長期經營發展；但首先如何讓地方在永續旅遊的道路上「動起來」，人們需要參與，才能在此道路上受益，需要建立正確的價值與知覺；也需要透過地方能接受的學習方式，傳達與溝通永續旅遊的理念、做法與案例。

最後，相關文獻也指出，新移民（二代、青年移居、退休移居）（Bhatta & Ohe, 2020; Von Reichert, Cromartie, & Arthun, 2014）以及關係人口與外部網絡（Barbieri, Mahoney & Butler, 2008）均會影響新一代對地方的經營。《二代牽手，回家》一書陳述了二代回家鄉接手鄉村旅遊的案例。旺山休閒農場的二代，帶進了永續與行銷的新經營概念，但期間也不乏與一代無數次衝突與溝通的歷程。在日本與臺灣火紅的地方創生，強調關係人口經營與社會企業等外部網絡對地方經營的重要性。何培鈞以「天空的院子」出發，在竹山推動文創小鎮，就是透過關係人口的經營，重塑竹山共好環境的例子（林保寶，二〇一六）；泰國社會企業「像在地」（Local Alike）則是透過打造深度旅遊，與上百個社區一起實踐永續旅行。

以地方為核心的永續旅遊經營有四個重要的任務：1、怎樣的旅遊發展才能使地方社區真正的（永續的）獲利或受益？需要如何尋求有效地觸動地方內部與外部的動能，建構地方可長久運作的永續旅遊發展模式？2、怎樣的旅遊發展才能推出合乎遊客市場偏好及維繫資源品質的旅遊產品？3、怎樣的旅遊發展才能達到環境及文化價值與教育？4、怎樣的旅遊發展才能達到最低負面影響？

以地方為核心的永續旅遊發展架構的「社區經營」，應該致力於以下三類行動方案：1、社區共識與社區主導創造社區永續利益；2、健全的共構式社區組織運作；3、持續參與之培力與實作，可以促進地質旅遊的地方永續性經營。

在發展旅遊的同時，關切地方社區現在與長遠的課題與福祉，可以促進地方共識的建立。例如，關切阿里山達邦部落耆老智慧的文化傳承，因此在部落涼亭的建設時，採取青銀手作共建的模式。在新增部落觀光遊憩設施的同時，回應部落對傳統文化工藝傳承的關切，也彰顯部落耆老的文化價值，

◄ 關切阿里山達邦部落地方社區福祉與永續旅遊課題，可以促進地方共識的建立。（攝影：吳宗瓊）

深化與遊客分享部落傳統文化的內涵與故事性。另外，為了強化地方經營與治理的能力與資本，透過不斷的會議討論、教育課程、工作坊、交流參訪、專業輔導、事件／活動、比賽競賽等，可持續提升地方人們的參與、培力、賦權及組織運作。而與外部不同專業的組織與政策單位維繫良好的關係，是吸取經驗、累積增長地方發展永續旅遊的資本與能量。

二、把生態放在旅人心上——納入環境永續的地方認同

1、環境永續的關鍵課題

地質旅遊發展需要採取支持環境永續的取徑。不同於一般的旅遊發展，資源盤點與監測（Nickerson, 1996; Wu & Wall, 2017）、環境友善的知識與技術能力（Dolnicar, 2020; Yaw, 2005）以及綠色議題與價值的倡議（Dolnicar, 2020; Mihali , Žabkar, & Cvelbar, 2012）等，是維繫旅遊發展下堅持環境永續的關鍵。

資源的盤點與監測使得旅遊地得以掌握該地資源與環境的品質與變化，進而適時地研擬因應環境資源變化的永續行動；另外，旅遊發展需要增加相關的遊憩設施與體驗環境，環境友善的知識與技術能力能讓旅遊地在建設旅遊環境時，採用符合環境永續的施作行動，例如，地方的步道施作採用生態工法、社區施工或是工作假期的方式進行。綠色議題與價值倡議不但能強化旅遊地的環境建設，同時也能夠將一般的旅遊形塑成深化旅遊體驗的綠色旅遊。

筆者及沃爾（Wu & Wall, 2017）提出以地方為核心的永續旅遊發展架構，在資源管理面歸納出

兩個重要的任務：1、涵養優質生態品質的資源管理機制；2、計劃性的觀光衝擊管理。發展以地方為核心的永續旅遊發展模式，需要更進一步嘗試把「在地」的元素放入環境永續的行動方案中，提升在地人對資源（價值）的瞭解與賞識、在環境資源管理中納入具地方文化呈現與認同的做法，以及採用地方經濟可承擔的運作方式，並發展出地方參與的環境資源管理運作模式。例如，嘉義鄒族部落在發展生態旅遊時，進行在地的植物調查，就加入了民俗利用層面，植物在傳統「食」、「衣」、「住」、「藥用」與「祭儀」上的使用，讓後續發展遊憩體驗或解說時提供了更多的素材。

阿里山鄉的達邦部落發展社區自主式的資源調查與監測模式，首先是結合專家與地方資深解說員的聯合資源調查，接著設計出居民參與監測流程的監測表格並加以簡化，因此得以讓資深解說員進行定期定點環境監測；後續透過專家定期協助資料分析，並且針對環境課題，及時研擬出觀光衝擊的調適性管理方案，同時也能提供更多更深入的在地環境解

◄ 透過當地獵人步道解說員的帶領，讓遊客得以在步道間驚嘆原民狩獵知識與自然資源對話的傳統智慧。（攝影：吳宗瓊）

鄒族部落生態資源資料庫建立

月桃

山蘇

黃藤的果實

冇骨消

鄒族民俗植物資源包括以下：

「食」的方面	山蘇、刺莓、水麻、桑葉、昭和草等。
「衣」的方面	苧麻、黃藤、月桃是編織材料。
「住」的方面	與居家生活有關，例如芒草可做屋頂，無患子洗刷器物，漆樹可做油漆等。
「藥用植物」方面	冇骨消、菁芳草、倒地蜈蚣、菝契、金狗毛蕨、野萵苣等。
「傳統祭儀」方面	芒草、小舌菊、山芙蓉、金草蘭、雀榕、野桐等。

說與資源體驗設計（Wu & Wall, 2017）。

部落的獵人古道，是將打獵傳統知識與原民資源保育概念納入地方步道建構，展現對原民文化的呈現與認同。另一方面，環境保育方案的推動通常需要經費支持，過去往往是依靠國家政策補助，因此很難在地參與或是長久的持續。要讓環境經營永續，需要尋找地方經濟可以支持的模式，或是該環境管理可以同時創造地方經濟收入的行動方案。達邦部落的自主式資源調查與監測以及部落的獵人步道就是因為納入「經濟與地方運作」的環境社會主張，才使得資源環境管理有機會永續落實，是理想的環境永續經營行動。

2、把生態環境放在心上的綠色旅遊體驗

大眾旅遊為旅遊地帶來的環境及社會文化的負面衝擊，使得許多呼應重視自然與資源保育旅遊的倡議被不斷地提出，包括了綠色旅遊、自然旅遊、生態旅遊、里山里海、扶貧旅遊、襲產旅遊、鄉村旅遊以及地質旅遊。這些可以被視為是永續旅遊的系列。

永續旅遊強調把綠色價值與倡議納入旅遊體驗。節能減碳、資源回收、公平交易、循環利用、綠色消費等都是綠色價值的具體主張。在全球飽受環境惡化威脅之際，發展以倡議綠色價值為主的旅遊型態，彰顯旅遊可以也應該致力於環境永續的任務。宜蘭頭城農場近年來提出「開箱頭農 ESG」的方案，透過溪流水域生物監測、森林生態監測、循環農業、永續漁業、重視在地文化及提振地方經濟等永續行動，實踐了ESG中的八項重要指標，同時將這些農場的永續環境行動，內化成農場的永續精神，發展出具有永續指標內涵的農場遊憩體驗：「生態咖啡莊園之旅」講述喝一杯咖啡，從種森

1、2、3：擬蜜蜂在森林中採蜜，配合解說讓遊客體驗的「蜜蜂餐桌」。
（1 攝影：吳宗瓊）(2、3 圖片提供：林宏達）
4：梗枋南溪的溪流療育體驗。（圖片提供：林宏達）

林開始；「鳥類餐桌」、「蜜蜂餐桌」、「山豬餐桌」、「森林魔法湯」等食物設計，以沉浸式體驗傳達農村價值與環境永續的概念，融入環境教育內涵；「梗枋南溪的溪流療育」則以花草曼陀羅的藝術創作、疊石等溪流靜心活動，帶領遊客體驗溪畔的身心靈饗宴，也與遊客分享在溪流及森林保育下生物多樣性的豐碩成果（林宏達，二〇二四）。

如何把生態放在旅人的心上需要經過細緻的體驗與環境設計。下圖說明沉浸式生態體驗設計的架構，首先先瞭解遊憩活動所倚賴的自然環境偏好與該項戶外活動的特質；再則規劃納入的生態意識或綠色價值，以及期待的旅人覺受；透過巧妙的環境設計與體驗設計，讓遊客在自然環境中找回人的自然境界，以及在自然環境中內化生態的價值與倫理。

三、把利益留在地方——適地、具創意、有味道的經濟永續與資源商業化

1、經濟永續的關鍵課題

增加經濟收益與創造就業機會是地方發展旅遊最主要的動機。透過地方資源的運用，創造地方資源的觀光價值，提供觀光旅遊產品及服務，滿足遊客的遊憩需求，這也創造了地方的經濟效益。換句話說，創

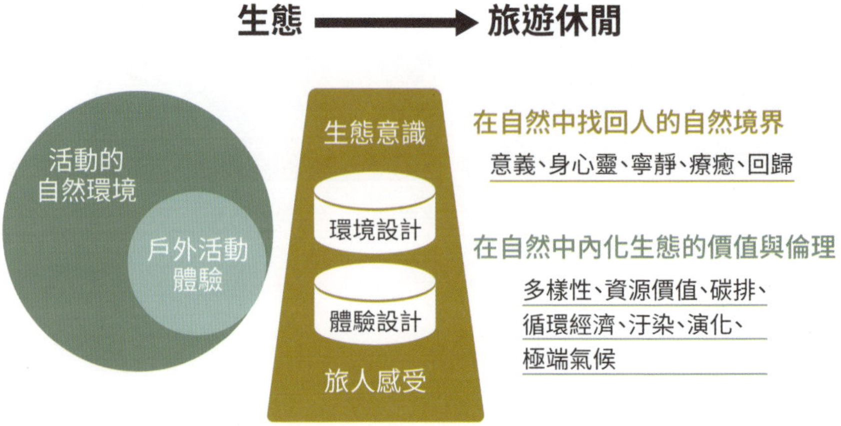

造地方旅遊的經濟效益，資源商業化（Commercialization）是必須的步驟。但是檢視資源商業化的歷程與結果影響，許多學者也提出不少的隱憂。

「鄉村地方」已經變成是一個可以被「買」及「賣」的商品（Little and Austin, 1996）。鄉村地區越來越多由市場主導的商業活動，形成對鄉村社會文化的一種入侵（Watts, 1999）。文化商品化會改變傳統、降低文化品質，以朝向配合觀光客的需求發展，如此觀光發展會造成傳統文化崩壞（Cohen, 1988）。觀光將資源以「舞臺化」的方式來娛樂遊客，經過修飾與加工後的假象資源已然失去地方文化的真實性（MacCannel, 1976）。擔心在轉變的過程中，地方鄉村性的意象或詮釋常被用來商業宣傳或是建構鄉村的賣（景）點，鄉村逐漸失去自我特性的主導與認同（Garrod, Wornell, and Youell, 2006）。

自然條件優美的鄉村，遊客人潮有了戲劇性的增加，鄉村不再是鄉村（Hall and Hall, 2006）。對於資源商品化（Commodification）的批判與擔心，包括地方的資源傳統上並不具有市場經濟價值，經過觀光商業化之後，原本的社會、文化或精神價值被市場價值取代或削弱，原本具有地方價值的資源不再是地方認同的資源；長久以往，資源的地方魅力逐漸被削弱，在觀光旅遊市場上也終將降低其市場價值，無法達到經濟

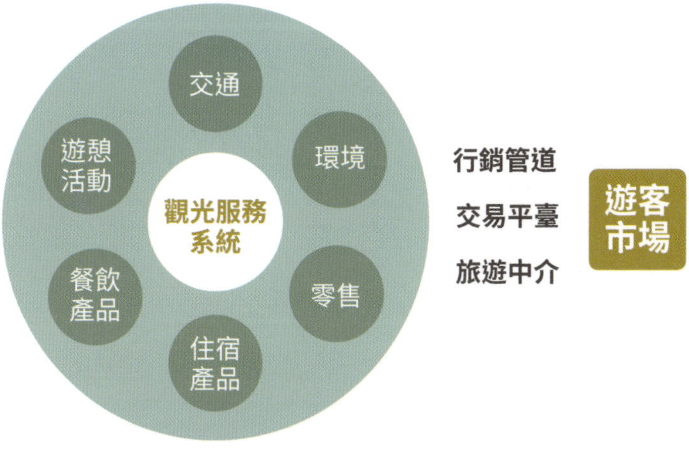

永續。

地方觀光的經濟永續，除了需要關切資源的利用是否能滿足遊客的品味與期待之外，也需要更細緻的設計資源商業化的歷程，以避免資源不當的商品化造成無可回溯的傷害。透過商品鏈的分析，瞭解在資源商業化的不同階段（生產—交易—消費），能掌控經濟效益的是誰？具有哪些技術或是機會的人才能去得到這些效益？資源價值的過度受損或扭曲是發生在哪個階段？被哪些關鍵人物或因素影響？因此，邁向經濟永續的旅遊發展關鍵有：1、經濟利益的創造與分配；2、工作機會的創造與樣態；3、觀光供給系統的建置；4、商業運營模式；5、真實性與資源商品化的改變與影響。

在地旅遊當然需要發展有品質的旅遊產品及具創意的行銷，但單單有旅遊產品是不夠的，地方需要發展完整的觀光供給系統，才能有品質且持續地面對遊客的需求。地方旅遊的發展需要盡量以地方為核心，將經濟利益留在地方；但也需要維持與外部的合作，以提供更豐富的旅遊體驗及更有效率的旅遊安排。地方旅遊要能保持經濟的永續，需要適地具創意的商業運營模式，特別是發展出「永續精神」的商業模式，例如，回應環境影響課題、社會創新、資金創新、多元非典等。

筆者及沃爾（Wu & Wall, 2017）以地方為核心的永續旅遊發展架構，提出兩類旅遊管理的行動方案：1、創造資源價值的遊客市場機制；2、建立高品質的旅遊供給系統。以阿里山達邦

◄ 徜徉在美麗的吉拉米代，聽著他們梯田水圳的故事、體驗里山生活的恬靜安詳，是一輩子也忘不了的感動。（圖片提供：王佳涵）

部落發展手工紀念品為例，說明如何以更細緻的產品開發模式回應經濟永續的關鍵課題。

首先在紀念品的研發階段，透過資源商業化的觀摩及課程，協助地方居民瞭解旅遊紀念品的商業性考量，透過商品設計大賽鼓勵當地居民參與投入，並透過外部專業人士補強社區當時所缺乏的商品設計元素。採用類家庭代工模式的聯合手工量產，讓部落的旅遊紀念品得以標準化生產，可以量產與上架；以兼職參與的方式讓更多居民可以參與部落紀念品的生產，獲得工作機會及經濟報酬；選擇部落可以負擔得起的方式包裝，加入產品文案，彰顯地方文化價值，並強調「部落手工製作」提升紀念品的附加價值；生產之初即研擬合理的定價與利益分配，採用自媒體及配合活動行銷。

2、有味道、有記憶的旅遊體驗

旅遊體驗是地方觀光產品的基礎。過去的旅

遊商品設計往往偏重於技術層面的安排，以活動及重要景點的串聯為主。然而近年來越加重視旅遊內涵以及對旅行者的意義創造。微旅行、走讀旅行、慢食慢遊、小鎮旅行、志工旅行等都是這樣的產品。其實休閒旅遊產業本質上就是販賣「感動人」的故事與體驗，一圓人們內心各式各樣的夢想，特別是實踐人們在平日單調生活下無法達成的價值，就像人們在迪士尼樂園中滿足童話世界的想像。

南投縣桃米里生態村述說的是九二一地震後鄉村社區生態營造的故事，新北市的貢寮區以及花蓮富里的豐南村傳達了里山倡議的味道，苗栗縣上館社區的鴨間米呼喚農業與自然循環的生態價值。這些設定了特定味道的旅遊，巧妙的結合在地的自然與人文環境、在地資源價值、理念與夢想以及在地人的真誠，創造一個令人懷念、有價值的旅遊體驗。有味道的旅遊體驗才能讓當地旅遊永續，在旅人及當地居民心中烙下深深的記憶。

四、新野柳行動：野柳地質公園生態博物館的想像與祝福

野柳在地質公園成立之前，因為具有優質地景資源與鄰近遊客市場的優勢，早早就是北臺灣一個遊客眾多的風景區。然而，野柳風景區的旅遊供給現況與刻板印象，卻也在發展永續旅遊上帶來許多的挑戰。

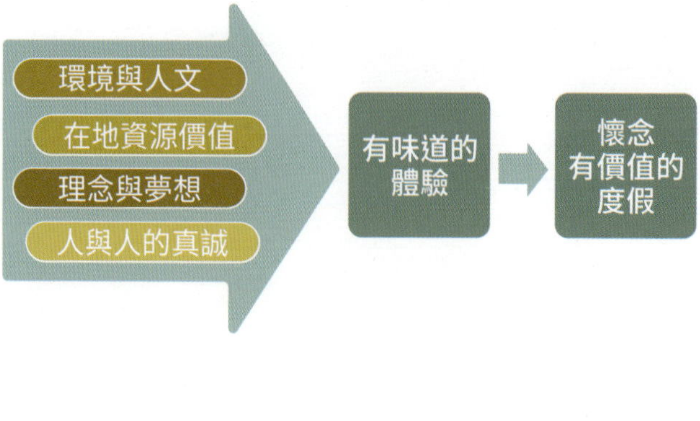

依據「以地方為核心的永續旅遊發展」的論述，筆者提供野柳地質公園以下三點建議。

1、翻轉老化印象，從傳統的旅遊景點轉身為一個「地質生態博物館」：從「逛逛」野柳的娛樂遊憩轉變成為「品」野柳的欣賞學習之旅。野柳豐富的地質資源，不但是「奇岩怪石」的視覺饗宴，其背後展現的各種地表刻劃作用，千萬年的演變足跡，在這片地景環境下傳唱著的人文史歌與動植物的展演妙匯，在在顯示野柳就是一個天然的地質生態博物館。讓到訪的旅人以「品味」野柳的方式，進行一場有價值、有記憶的地質旅遊。

2、優化旅遊供給系統：旅遊的品質是建構在優質的旅遊供給系統。野柳旅遊服務系統的品質，需要進一步優化、美化及市場區隔化，以符合野柳「地質生態博物館」的定位。另外，野柳屬於臺灣北海岸旅遊區帶的一環，也可以透過觀光圈或是區域軸帶的合作，擴大旅遊體驗的豐富度。過去野柳的訪客群較多是風景區的大眾旅遊遊客，提升為野柳地質生態博物館之後，應該更聚焦在特殊興趣觀光（地質、自然、深度）的旅遊市場開發。

3、強化在地性與在地經營：在地性的提升對野柳地質旅遊的永續經營十分關鍵，讓野柳在地居民深深地覺知野柳地質公園是野柳人的瑰寶，進而促成在地共識與共創；需要把更多有興趣的在地人找出來、把關係人找進來，一起做一些「新野柳」行動，深化在地的永續性。

野柳地質公園是臺灣地質公園的縮影。（攝影：湯錦惠）

後記

林俊全

《野柳學》終於出版了。這本書帶著許多的理想、執著，在眾多人的協助下完成，要感謝許多夥伴的共襄盛舉。

籌備的初衷，是希望邀集各領域專家、學者一起探討、檢討野柳相關發展的問題，並提出往後十年、二十年可以發展的方向。但遲至一年前（二〇二三年），才開始具體討論野柳學如何推動，因此，系列演講、出版、短片的製作等，的確是經過很長時間醞釀、折衝才完成。

野柳是我國很早就發展的觀光景點，過去許多學校的校外旅行，就是將野柳、北海一周列為首選。野柳這樣一個位處海岸、海岬之地，既是國家風景區，也是地質公園的海角勝地；曾是我國護照內第一頁的照片，每年有三百三十萬遊客造訪；也曾歷經 COVID-19 衝擊，員工比遊客多。

疫情過後，如何重拾昔日光華，繼續邁向觀光發展的浪頭，並善盡社會企業責任，讓野柳風景區的經營管理，一掃過去陳舊，提振新亮點以及環境教育的豐富內涵，是重要課題。希望能在地質公園的社區參與精神下，讓野柳煥然一新，讓在地的子民與造訪者，都能以臺灣擁有野柳多樣的地景為榮。

「野柳學」就在這樣的背景之下產生了。結合各領域的專家、學者，勾勒出野柳未來努力的方向；同時更藉「野柳學」這個嶄新的地方學概念，思考未來各個地方如何以此做為借鏡參考。

這些面向包括觀光發展的策略、環境教育的檢討與新的方向、地景保育的概念如何在這裡落實？生態保育的策略又該如何與時俱進？如何融入新的生態保育概念？以及生態、歷史學者如何看待這塊曾經被稱為惡魔角的地方？

因此，《野柳學》這本書，是當代專家、學者一起努力整理的成果，希望能超越過去傳統地方學的範疇，成為引領未來地方學更多元思考與拓展的指引。

為國家社會往後十、二十年可能的問題，提出因應概念與發展策略，是「野柳學」的心願。當然，一場演講不足以說明一切。藉著《野柳學》出版，十二場演講的主題，共同轉化為五十個短講，除了出版成書以外，也能透過影音的紀錄，為野柳學留下一個時代的見證。

野柳地質公園肩負推動企業永續發展的責任，除了地景保育課題之外，環境教育更應該落實，向下一代扎根；並推動社區參與，使地景旅遊開展另一番新風貌。相關觀光發展、區域研究的領域，野柳學也提供參考的價值。

這是首次在國家風景區內的景點，以面向未來的企圖心，引領地質公園乃至於國家風景區朝前瞻發展。新空間公司與交通部觀光署北海岸及觀音山國家風景區完成了一件深具洞見與未來展望的任務。

很高興野柳學的出版構想，能獲得十二位專家學者的支持，並獲得交通部觀光署北觀處以及新空間公司的協助，觀光署周永暉署長也在百忙中，抽空一起參與、思考觀光發展的未來。集產、官、學、研各領域眾人之力，出版、演講、影片方能夠順利完成。

另外要非常感謝讀書共和國的郭重興社長與野人出版社的王梵主編，透過深入統整，讓這本書增添可讀性與完整性，也讓所有執筆作者的想法得到更好的呈現。出版社能製作出對社會有意義的書籍，是文化人最值得驕傲的地方。本書為讀書共和國又做了一次新的註腳。

期待地質公園的夥伴與關心臺灣環境的讀者們，藉著這個集思廣益的機會，與專家、學者一起開拓島嶼的視野，邁向環境永續更好的經營管理之可能，以及韌性發展的未來。

致謝

- 新空間公司
- 交通部觀光署
- 交通部觀光署北海岸及觀音山國家風景區管理處
- 臺灣地質公園學會
- 臺灣大學地理環境資源學系
- 臺灣師範大學地理系
- 讀書共和國出版集團、野人文化
- 參與十二場野柳學現場與線上演講的所有夥伴
- 臺灣地形研究室陳以秤、鄭遠昌、蔡惠娟，以及所有協助完成的同學們

參考文獻

Chapter 04 重新連結自然——探野柳學如何透過環境教育與保育促進全民健康福祉

1. 王喜青、周儒（2018）。埋下幸福的種子：以東眼山自然教育中心過夜型環境教育課程為例。環境教育研究，14（1），76-116。
2. 內政部（2010）。國家公園法。檢自：https://law.moj.gov.tw/LawClass/LawAll.aspx?pcode=D0070105
3. 余家斌（2022）。森林療癒力：forest, for + rest，走進森林讓身心靈休息、讓健康永續。新北市：聯經出版。
4. 宋上仁（2018）。探討林務局解說志工自然連結與環境行動之關聯（未出版之碩士論文）。國立臺灣師範大學環境教育研究所，臺北市。
5. 林東良（2017）。以持續型自然體驗方案探討自然經驗對家庭之影響（未出版之碩士論文）。國立臺灣師範大學環境教育研究所，臺北市。
6. 林奎嚴（2022）。探索具積極接觸自然課程之國小高年級學生的自然連結感及環境關切（未出版之碩士論文）。國立臺灣師範大學環境教育研究所，臺北市。
7. 周儒、曾鈺琪、宋上仁、蔡佩勳（2018）。探究解說員自然連結、人格特質與心理幸福感之關聯。科技部補助專題研究計畫成果報告（編號：MOST105-2511-S003-035）。臺北市：科技部。
8. 徐子惠（2014）。登山者自然關聯性之探究一以臺灣大專校院登山社團為例（未出版之碩士論文）。國立臺灣師範大學環境教育研究所，臺北市。
9. 原巖（Iwao Uehara）著，姚巧梅譯（2013）。療癒之森：進入森林療法的世界。臺北市：張老師文化。
10. 理查・洛夫（Richard Louv）著，郝冰、王西敏譯（2009）。失去山林的孩子：拯救「大自然缺失症」兒童。臺北市：野人文化。
11. 久賀谷亮（Akira Kugaya）著，陳亦苓譯（2018）。最高休息法。臺北市：悅知文化。
12. 張朝翔（2022）。探究墾丁國家公園解說員自然連結感與心理幸福感之關聯（未出版之碩士論文）。國立臺灣師範大學環境教育研究所，臺北市。
13. 潘之甫（2021）。探究自然連結感與心理幸福感之關聯性一以公民科學團體「臺灣兩棲類保育志工」為例（未出版之碩士論文）。國立臺灣師範大學環境教育研究所，臺北市。
14. 李卿（Qing Li）著，莊安祺譯（2019）。森林癒：你的生活也有芬多精，樹木如何為你創造健康和快樂。新北市：聯經出版。
15. 蔡佩勳（2018）。探究關渡自然公園志工自然連結感與心理幸福感之關係（未出版之碩士論文）。國立臺灣師範大學環境教育研究所，臺北市。
16. Bragg, R., Atkins, G.（2016）. A review of nature-based interventions for mental health care. *Natural England Commissioned Reports*, Number 204.
17. Cambridge Dictionary（2024）. Meaning of well-being in English. Retrieved from https://dictionary.cambridge.org/dictionary/english/well-being
18. Chou, J.（1997）. Identification of the essential elements and development of a related graphic representation of basic concepts in environmental education in Taiwan. *Proceedings of the National Science Council, Part D: Mathematics, Science, and Technology Education*, 7（3）, 155-163.
19. Department of Interior.（2018）. *Healthy parks healthy people 2018-2023 strategic plan*. Department of Interior. National Park Service. Retrieved from https://www.nps.gov/subjects/healthandsafety/upload/HP2-Strat-Plan-Release-June_2018.pdf
20. Diener, E.（1984）. Subjective well-being. *Psychological Bulletin*, 95, 542-575.
21. Dudley, N.（Editor）（2008）. *Guidelines for applying protected area management categories*. Gland, Switzerland: International Union for Conservation of Nature and Natural Resources.
22. Howard, G. S.（1997）. *Ecological psychology: Creating a more earth-friendly human nature*. Notre Dame, IN: University of Notre Dame Press.
23. Howell, A. J., Dopko, R. L., Passmore, H., & Buro, K.（2011）. Nature connectedness: Associations with well-being and mindfulness. *Personality and Individual Differences*, 51, 166-171.
24. Kellert, S. R.（1997）. *Kinship to mastery: Biophilia in human evolution and development.* Washington, DC: Island Press.
25. Keniger, L. E., Gaston, K. J., Irvine, K. N., & Fuller, R. A.（2013）. What are the benefits of interacting with nature? *International Journal of Environmental Research and Public Health*, 10（3）, 913-935.

26. Keyes, C. L. M., Shmotkin, D., & Ryff, C. D.（2002）. Optimizing well-being: The empirical encounter of two traditions. *Journal of Personality and Social Psychology*, 82（6）, 1007-1022. doi:10.1037/0022-3514.82.6.1007
27. Mayer, S. F., & Frantz, C. M.（2004）. The connectedness to nature scale: A measure of individuals' feeling in community with nature. *Journal of Environmental Psychology*, 24, 503-515.
28. Nisbet, E. K., Zelenski, J. M., & Murphy, S. A.（2009）. The nature relatedness scale: Linking individuals' connection with nature to environmental concern and 25 behavior. *Environment and Behavior*, 41（5）, 715-740.
29. Nisbet, E. K., Zelenski, J. M., & Murphy, S. A.（2011）. Happiness is in our nature: Exploring nature relatedness as a contributor to subjective well-being. *Journal of Happiness Studies*, 12, 303-322.
30. Parks Victoria（2020）. *Healthy Parks Healthy People Framework 2020*. Melbourne, Australia: Parks Victoria, Victoria State Government.
31. Ryff, C. D.（1989）. Happiness is everything, or is it? Exploration on the meaning of psychological well-being. *Journal of Personality and Social Psychology*, 57（6）, 1069-1081. doi: 10.1037/0022-3514.57.6.1069
32. Schultz, P. W.（2002）. Inclusion with nature: The psychology of human-nature relations. In P. Schmuck & W. P. Schultz（Eds.）, *Psychology of sustainable development*（pp. 62-78）. Norwell, MA: Kluwer Academic.
33. U.S. Department of Interior, National Park Service（2018）. *Healthy Parks, Healthy People Strategic Plan 2018-2023*. Washington, DC.: U.S. Department of Interior, National Park Service.
34. Wilson, E. O.（1984）. *Biophilia*. Cambridge, MA: Harvard University Press.

Chapter 05 流動與多元：海洋文化與海洋保育——從全球回望野柳

1. 全國法規資料庫（2024）。發展觀光條例 – 沿革。檢自：https://law.moj.gov.tw/LawClass/LawHistory.aspx?pcode=K0110001（下載日期：2024/3/30）。
2. 陳佳聖（2004）。國家公園 vs 國家風景區。環境資訊中心，10 月 27 日。檢自：https://e-info.org.tw/node/7330（下載日期：2024/3/30）。
3. 行政院（2024）。國情簡介 – 國家公園簡介。檢自：https://www.ey.gov.tw/state/4447F4A951A1EC45/dc08391a-c57c-4cf7-af9a-cc0d9e4ebb1c（下載日期：2024/3/30）。
4. 農業部林業及自然保育署自然保育網（n.d.）。地質公園。檢自：https://conservation.forest.gov.tw/0001803（下載日期：2024/3/30）。
5. UNESCO（2024）. International Geoscience and Geoparks Programme. UNESCO Global Geoparks . Retrieved from https://www.unesco.org/en/iggp/geoparks/about（Accessed: 2024/3/30）.
6. UNESCO（2024）. UNESCO Universal Declaration on Cultural Diversity. Retrieved from https://en.unesco.org/about-us/legal-affairs/unesco-universal-declaration-cultural-diversity.（Accessed: 2024/3/30）.
7. UNESCO（2024）. Convention on the Protection and Promotion of the Diversity of Cultural Expressions 2005. Retrieved from https://www.unesco.org/creativity/en/2005-convention（Accessed: 2024/3/30）.
8. Unite Cities and Local Governments（UCLG）（2010）. Culture: Fourth Pillar of Sustainable Development. Retrieved from https://www.agenda21culture.net/sites/default/files/files/documents/en/zz_culture4pillarsd_eng.pdf（Accessed: 2024/3/30）.
9. Global Geopark Network（2024）. Cultural Heritage – Mankind's Memory. Retrieved from https://www.visitgeoparks.org/geopark-cultural-heritage（Accessed: 2024/3/31）.
10. Japan National Tourism Organization（n.d.）。山陰海岸地質公園。檢自：https://www.japan.travel/national-parks/zh-hant/parks/saninkaigan/（下載日期：2024/3/31）。
11. rippose（2016）。國立海洋文化財研究所。檢自：https://tw.trippose.com/culture/the-national-maritime-museum（下載日期：2024/3/31）。
12. 國家海洋研究院（2019）。海洋文化政策概念形成研究。檢自：https://www.namr.gov.tw/filedownload?file=research/201912191024100.pdf&filedisplay=%28%E6%AD%A3%E5%BC%8F%E6%B5%AE%E6%B0%B4%29+%E6%B5%B7%E6%B4%8B%E6%96%87%E5%8C%96%E6%94%BF%E7%AD%96%E6%A6%82%E5%BF%B5%E5%BD%A2%E6%88%90%E7%A0%94%E7%A9%B6++%282019.12.02%29%E4%BF%AE1.pdf&flag=doc（下載日期：2024/3/30）。

13. 維基百科（2023）。新安沉船。檢自：https://zh.wikipedia.org/zh-tw/%E6%96%B0%E5%AE%89%E6%B2%89%E8%88%B9（下載日期：2024/3/31）。
14. 維基百科（2023）。南海一號。檢自：https://zh.wikipedia.org/zh-tw/%E5%8D%97%E6%B5%B7%E4%B8%80%E8%99%9F（下載日期：2024/3/31）。
15. WCSNewroom（2022）. The Republic of the Congo Announces the Creation of the Country's First Marine Protected Areas. Retrieved from https://newsroom.wcs.org/News-Releases/articleType/ArticleView/articleId/17981/The-Republic-of-the-Congo-Announces-the-Creation-of-the-Countrys-First-Marine-Protected-Areas.aspx（Accessed: 2024/3/31）.
16. The Guardian（2024）. Dominica creates world's first marine protected area for sperm whales. Retrieved from https://www.theguardian.com/environment/2023/nov/13/caribbean-dominica-whale-reserve（Accessed: 2024/3/31）.
17. United Nations Treaty Collection（2023）. Agreement under the United Nations Convention on the Law of the Sea on the Conservation and Sustainable Use of Marine Biological Diversity of Areas beyond National Jurisdiction. Retrieved from https://treaties.un.org/doc/Treaties/2023/06/20230620%2004-28%20PM/Ch_XXI_10.pdf（Accessed: 2024/3/31）.
18. UNESCO/IOC（2021）. MSPglobal: international guide on marine/maritime spatial planning. Retrieved from https://unesdoc.unesco.org/ark:/48223/pf0000379196（Accessed: 2024/3/31）.
19. 經濟部能源署（2005）。「布拉格油輪」事件─談臺灣首宗巨大油輪汙染。能源報導。檢自：https://magazine.twenergy.org.tw/Cont.aspx?CatID=&ContID=882（下載日期：2024/3/31）。
20. 于立平、陳慶鍾（2008）。又見油汙─晨曦號擱淺石門海岸。「我們的島」。檢自：https://ourisland.pts.org.tw/content/1045（下載日期：2024/3/31）。
21. 林倩如（2016）。北海岸生態浩劫再起．直擊「德翔臺北」擱淺油汙事件。環境資訊中心，3月28日。檢自：https://e-info.org.tw/node/114146（下載日期：2024/3/31）。
22. 臺灣宗教文化資產（2008）。野柳神明淨港。檢自：https://taiwangods.moi.gov.tw/html/cultural/3_0011.aspx?i=204（下載日期：2024/3/31）。
23. North West Highlands Geopark Ltd.（2022）. Call for Marine Heritage Researchers. Retrieved from https://www.nwhgeopark.com/call-for-marine-heritage-researchers/（Accessed: 2024/3/31）.
24. Ocean Visions（2023）. Ocean Visions Creates Road Map to Advance Research for the Restoration of Blue Carbon -- Effort to improve understanding of the potential of restoring blue carbon as a carbon dioxide removal strategy, / . Retrieved from https://oceanvisions.org/bluecarbon_roadmap/（Accessed: 2024/01/05）.
25. Gruver, M.（2022）. Algae a winner in Elon Musk-funded greenhouse gas contest, April 22, Phys.org News. Retrieved from https://phys.org/news/2022-04-algae-winner-elon-musk-funded-greenhouse.html（Accessed: 2024/3/31）.
26. IUCN（n.d.）. Introduction to Other Effective Area-based Conservation Measures（OECMs）. Retrieved from https://www.iucn.org/resources/video/introduction-other-effective-area-based-conservation-measures-oecms（Accessed: 2024/3/31）.
27. Park Chasers（n.d.）. 13 Things You Should Know about John Muir. Retrieved from https://www.parkchasers.com/2016/04/13-things-you-should-know-about-john-muir（Accessed: 2024/3/31）.

Chapter 06 土地、生態、文化與人——來自惡魔岬（Punto Diablos）的故事：野柳學新境

1. 簡義雄（2006）。臺灣錢淹腳目。臺北市：科基出版社。
2. 曾澤祿（2004）。臺灣貨幣的精神與文化。嘉義：自行出版。
3. 臺史博線上博物館。檢自：https://the.nmth.gov.tw/nmth/zh-TW/Item/Detail/759a5b33-2b46-4a36-9724-147a502d518dw96j0
4. 戴昌鳳、詹森（2018）。臺灣區域海洋學（二版）。臺北市：國立臺灣大學。
5. 劉益昌（1997）。臺北縣北海岸地區考古遺址調查報告。臺北縣：臺北縣立文化中心。
6. 臺灣宗教文化資產。檢自：https://taiwangods.moi.gov.tw/html/cultural/3_0011.aspx?i=204
7. 國家文化資產網。檢自：https://nchdb.boch.gov.tw/assets/overview/folklore/20190128000004
8. ©Argos Services. Powered by CLS。檢自：https://uda-argos.cls.fr/umv/index.html?token=zZxsRasEiB5AwBzpMeip#!&page=mapPage
9. 臺北縣政府文化局，太乙廣告行銷股份有限公司（2010）。野柳神明淨港口述歷史影像紀錄光碟。新北市：新北市政府文化局。

10. 海洋委員會海洋保育署 109 年年報（2021）。高雄市：海洋保育署。

Chapter 07 海不是阻隔，而是道路——海岸型風景區的文化意涵及野柳學的探討

1. 張光直（1995）。中國考古學論文集。臺北：聯經出版。
2. 陳文山主編（2016）。臺灣地質概論。臺北：中華民國地質學會。
3. 陳耀昌（2015）。島嶼 DNA。新北市：印刻文學生活雜誌出版。
4. 曹永和（1979）。臺灣早期歷史研究。臺北：聯經出版。
5. 劉益昌（2019）。典藏臺灣史（一）史前人群與文化。臺北市：玉山社。
6. Chang, Kwang-chih & the Collaborators（張光直等）（1969）, *Fengpitou, Tapenkeng, and the Prehistory of Taiwan*. New Haven: Yale University Publications in Anthropology No.73.
7. Elizabeth Matisoo-Smith.（2015）. Ancient DNA and the human settlement of the Pacific: A review, *Journal of Human Evolution* 79, 93-104.

Chapter 08 凍結在地名中的歷史——野柳海岸歷史與人文資源解讀

一. 檔案資料庫
1. 國史館臺灣文獻館文獻檔案查詢系統
2. 國家檔案資訊網

二. 中文報紙
1. 公論報
2. 聯合報

三. 論文與專書
1. 土田滋（1985）。Kulon：yet another Austronesian in Taiwan?。中研院民族所集刊 60 期，頁 1-59。
2. 林武雄（2019）。野柳：阮せ故鄉魔鬼岬。臺北：博客思。
3. 柯旗化（2002）。臺灣監獄島：柯旗化回憶錄。高雄：第一出版社。
4. 姚瑩（1959〔1842〕）。東溟奏稿，文叢，49。臺北：臺灣銀行經濟研究室。
5. 原幹洲（1937）。臺灣史蹟（附）主要市街史竝概況名所舊蹟。臺北：拓務評論臺灣支社、勤勞ご富社。
6. 翁佳音（1998）。大臺北古地圖考釋。板橋：臺北縣立文化中心。
7. 荷西・馬利亞・阿瓦列斯（José María Alvarez）著，李毓中、吳孟真譯（2006）。西班牙人在臺灣（1626-1642）。南投：國史館臺灣文獻館。
8. 陳培桂（1963〔1871〕）。淡水廳志。文叢，172。臺北：臺灣銀行經濟研究室。
9. 康培德（2003）。十七世紀上半的馬賽人。臺灣史研究，10.1：頁 1-32。
10. 黃則修（2011）。臺灣攝影獨行俠：黃則修 82 影展。臺北：臺北市立美術館。
11. 詹素娟（2010）。金山鄉志・歷史篇。臺北：金山鄉公所。
12. 薛化元、翁佳音總編纂（1997）。萬里鄉志。臺北：萬里鄉公所。
13. 臺灣事務局編纂（1898）。臺灣事情。東京：臺灣事務局。
14. 臺灣省警備總部司令部編（1948）。日軍佔領臺灣期間之軍事設施史實。臺北：臺灣省警備總部司令部。
15. 編者不詳（1927）。臺北州漁村調查報告書。出版者不詳。
16. 劉懷仁（2023）。野柳：海平港安漁貨豐，收於海派漁村：東北角到北海岸的地名漫步，頁 194-215。高雄：國家海洋研究院。
17. 藤井志津枝（2001）。臺灣原住民史 ・ 政策篇（三）。南投：臺灣省文獻委員會。

Chapter 10 人與溫度的流動——野柳學在未來觀光發展的新作為，以美國國家公園推展旅遊為借鏡

1. 施照輝（2023）。美國的地景保育。地景保育通訊，55，頁 33-39。
2. 施照輝（2017）。美國最棒的點子（America's Best Idea）（一）。地景保育通訊 43 期，頁 2-8。

3. 施照輝（2017）。美國最棒的點子（二）。地景保育通訊，44，頁 5-11。
4. Lanning, Michael J., and Edward G. Michaels.（1988）. A business is a value delivery system. *McKinsey staff paper* No. 41. July, 1988.
5. The White House（白宮觀光網站）. *Retrieved from* http://www.whitehouse.gov
6. Brand USA Report. Retrieved from http://www.thebrandusa.com/about/reports
7. Visit California Report. Retrieved from http://industry.visitcalifornia.com/

Chapter 12 這裡是我朋友——地質旅遊永續關鍵與新野柳行動：創造善的循環

1. Mars（2018 年 7 月）。泰國社會企業 Local Alike 打造深度旅遊路線，陪伴上百個社區實踐永續旅行。微笑臺灣。檢自：https://smiletaiwan.cw.com.tw/article/5733
2. 林宏達（2024 年 1 月）。循環農業在休閒農場之應用 - 以頭城休閒農場為例。休閒農業產業評論，14，頁 92-99。
3. 林保寶（2016 年 1 月）。天空的院子 何培鈞：「竹山最美的是努力的過程中，有人拉你一把。」。微笑臺灣。檢自：https://smiletaiwan.cw.com.tw/article/902
4. 春樹（2007）。沒有「碳足跡」，只有「嘆足跡」。鄉間小路，33（12），頁 77-80。檢自：https://kmweb.moa.gov.tw/redirect_files.php?id=169597
5. 陳志東（2018）。二代牽手，回家：休閒農業走過 20 年，承傳兩代的 20 篇生命故事。臺北市：飛鳥季社。
6. 楊弘任（2011）。何謂在地性？：從地方知識與在地範疇出發。思與言，49（4），頁 5-29。
7. Barbieri, C., E. Mahoney & L. Butler（2008）. Understanding the nature and extent of farm and ranch diversification in North America. *Rural Sociology*, 7（2）, 205-229.
8. Bhatta, K. & Y. Ohe（2020）. A review of quantitative studies in agritourism: The implications for developing countries. *Tourism and Hospitality*, 1（1）, 23-40.
9. Dolnicar, S.（2020）. Designing for more environmentally friendly tourism. *Annals of Tourism Research*, 84, 102933.
10. Garrod, B., Wornell, R. & Youell, R.（2006）. Re-conceptualizing rural resources as countryside capital: The case of rural tourism. *Journal of Rural Studies*, 22, 177-128.
11. Hall, S. J. P., Hall, C. M.（2006）. *The geography of tourism and recreation: environment, place and space*. London: Routledge.
12. King, C.（2022）. Beyond Sustainability: A Global Study of Nature-based Solutions in Regenerative Tourism. *Travel and Tourism Research Association: Advancing Tourism Research Globally*. 38.
13. Little, J., & Austin, P.（1996）. Women and the rural idyll. *Journal of rural studies*, 12（2）, 101-111.
14. MacCannell, D.（1976）. *The Tourist: A New Theory of the Leisure Class*. Berkeley: University of California Press.
15. Mihalič, T., Žabkar, V., & Cvelbar, L. K.（2012）. A hotel sustainability business model: evidence from Slovenia. *Journal of Sustainable Tourism*, 20（5）, 701-719.
16. Nickerson, N.P.（1996）. *Foundations of Tourism*. Englewood Cliffs, NJ: Prentice Hall.
17. Von Reichert, C., Cromartie, J. B., & Arthun, R. O.（2014）. Impacts of Return Migration on Rural U.S Communities. *Rural Sociology*, 79（2）, 200-226.
18. Watts, M.（1999）. Commodities. In P. Cloke, P. Crang, M. Goodwin（Eds.）, *Introducing human geographies*. London: Arnold.
19. Wu, Tsung-chiung & Wall, Geoffrey（2017）. Learning from Dabang: Sustainability and Resilience in Action in Indigenous Tourism Development. In Joseph M. Cheer and Alan .A. Lew（Eds.）, *Tourism, Resilience and Sustainability: Adapting to Social, Political and Economic Change*（pp. 222-242）. London: Routledge.
20. Yaw Jr, F.（2005）. Cleaner technologies for sustainable tourism: Caribbean case studies. *Journal of Cleaner Production*, 13（2）, 117-134.

beNature 09

野柳學：走向未來的臺灣——21 世紀環境觀與永續實踐

Beyond Yehliu Geopark: A Sustainable Future for Taiwan

作者　林俊全、蘇淑娟、王文誠、周儒、邱文彥、黃光瀛、劉益昌、詹素娟、周永暉、施照輝、劉喜臨、吳宗瓊
召集統籌　林俊全
合作出版　野人文化、臺灣地質公園學會、新空間公司

野人文化股份有限公司 第二編輯部

主編　王梵
封面設計　林宜賢
內文排版製圖　吳貞儒
校對　林昌榮

出版　野人文化股份有限公司
發行　遠足文化事業股份有限公司（讀書共和國出版集團）
地址　231 新北市新店區民權路 108-2 號 9 樓
電話　(02)2218-1417　傳真：(02)8667-1065
電子信箱　service@bookrep.com.tw
網址　www.bookrep.com.tw
郵撥帳號　19504465 遠足文化事業股份有限公司
客服專線　0800-221-029
法律顧問　華洋法律事務所 蘇文生律師
印製　呈靖彩藝有限公司
初版一刷　2024 年 8 月
定價　660 元
ISBN　978-626-7428-89-4
EISBN(PDF)　978-626-7428-86-3
EISBN(EPUB)　978-626-7428-84-9

國家圖書館出版品預行編目 (CIP) 資料

野柳學：走向未來的臺灣：21 世紀環境觀與永續實踐 = Beyond Yehliu Geopark : a sustainable future for Taiwan/林俊全, 蘇淑娟, 王文誠, 周儒, 邱文彥, 黃光瀛, 劉益昌, 詹素娟, 周永暉, 施照輝, 劉喜臨, 吳宗瓊著. -- 初版. -- 新北市：野人文化股份有限公司出版；[花蓮縣壽豐鄉]：臺灣地質公園學會出版；[新北市]：新空間公司出版；新北市：遠足文化事業股份有限公司發行, 2024.08
面；　公分. -- (beNature ; 9)
ISBN 978-626-7428-89-4(平裝)

1.CST: 環境保護 2.CST: 永續發展 3.CST: 臺灣
445.99　　113010456